CAD/CAM 软件精品教程系列

Pro/Engineer野火版5.0 实用教程

主　编　张忠林

副主编　李永涛　赵　飞　廖丰政

電子工業出版社

Publishing House of Electronics Industry

北京 • BEIJING

内 容 简 介

本书以Pro/Engineer Wildfire 5.0中文版为基础，是Pro/Engineer Wildfire 5.0（简称Pro/E 5.0）的初、中级教程。全书共9章，主要包括Pro/E 5.0概述、草图绘制、零件基础特征建模、工程特征建模、典型机械零件建模、齿轮零件建模、箱体建模、装配特征建模和综合实例设计，涵盖了Pro/E 5.0的常用功能，并详细介绍了其工程应用。书中选择的实例都是经典的机械设计题目，也是读者在实际工作中经常会遇到的问题，如盘类零件、轴类零件、连接件、齿轮零件、箱体、轴承、气缸、海底钻机装配体等产品的开发设计。

本书结合实例详细讲解基本指令的使用方法，操作过程配有非常详细的图片，内容翔实、实践性强，在章节后又给出了一些具有创新性的练习题目，并作了明确的指导，通过这些练习，让读者真实地设计和操作，给读者以更大的学习与发挥空间。本书可以作为相关培训机构的培训教材，也可作为高等大专院校机械类专业的CAD/CAM教材，也是机械设计工程师、制图员，以及从事三维建模工作者的理想参考书。

图书在版编目（CIP）数据

Pro/Engineer野火版5.0实用教程 / 张忠林主编. —北京：电子工业出版社，2013.10
CAD/CAM软件精品教程系列

ISBN 978-7-121-21551-3

Ⅰ. ①P… Ⅱ. ①张… Ⅲ. ①机械设计－计算机辅助设计－应用软件－中等专业学校－教材 Ⅳ. ①TH122

中国版本图书馆CIP数据核字（2013）第225452号

策划编辑：张　凌
责任编辑：张　凌　特约编辑：王　纲
印　　刷：北京丰源印刷厂
装　　订：三河市鹏成印业有限公司
出版发行：电子工业出版社
　　　　　北京市海淀区万寿路173信箱　邮编 100036
开　　本：787×1 092　1/16　印张：14.25　字数：364.8千字
印　　次：2013年10月第1次印刷
定　　价：28.50元

凡所购买电子工业出版社图书有缺损问题，请向购买书店调换。若书店售缺，请与本社发行部联系，联系及邮购电话：（010）88254888。

质量投诉请发邮件至zlts@phei.com.cn，盗版侵权举报请发邮件至dbqq@phei.com.cn。

服务热线：（010）88258888。

前言
Preface

随着现代生活节奏的加快，科技进步日新月异，激烈的竞争要求企业更快地将产品推向市场。CAD/CAM/CAE 技术是提升产品性能、加快产品研发过程、提高效益的有效手段。同样，CAD/CAM 的应用也对从业人员提出了新的要求，掌握 CAD/CAM 软件已经成为其必备的职业技能。Pro/E 是最优秀的面向工业设计的专业 CAD/CAM/CAE 类软件之一。Pro/Engineer Wildfire 5.0 蕴涵了丰富的实践内容，可以帮助用户更快、更轻松地完成工作，是集 CAD/CAE/CAM 为一体的全三维参数化机械设计平台，它提供了基于特征的参数化设计、基于草图的参数化设计和基于装配的参数化设计，给出了从小零件到复杂零件的参数化设计解决方案。该软件的功能覆盖了整个产品的开发过程，覆盖了从概念设计、功能工程、工程分析、加工制造到产品发布的全过程，在航空航天、汽车、机械、电气电子等各工业领域的应用非常广泛。新版本旨在增强功能，大幅提高工作效率。

本书以 Pro/Engineer Wildfire 5.0 中文版为基础，介绍其 CAD 功能，具体包括草绘、建模和装配三大功能模块。本书的写作思想是立足于实际工程技能的培养，目标是使读者在掌握基础知识的同时，通过实例讲解与练习，开拓思路，掌握方法，提高综合运用知识的能力。在讲解过程中，突出“基本功能”和“工程应用”两个重点，不仅讲解了软件常用的基本功能和技巧，使读者快速认识和掌握软件的基本操作，还通过具体实例讲解软件在机械工程设计上的具体应用，阐述工程项目的设计理念和分析方法，使读者能够把基本知识、基础技能和设计思想有机地结合起来，面对实际造型设计工作，能够有一个清晰的思路，真正做到“为用而学、学以致用”。内容编排上依次是基本知识、造型分析、相关命令介绍、使用技巧和工程实例，主要针对具有较少基础的 Pro/E 学习或使用人员，旨在帮助他们在较短时间内熟悉和掌握 Pro/E 的使用方法，并具有一定解决实际问题的能力。本书以功能为主线，以由浅入深、循序渐进的认知规律为指导，共包括 9 章内容。

第 1 章 Pro/E 5.0 概述：介绍了 CAD/CAE/CAM 技术、Pro/Engineer Wildfire 5.0 的参数化造型思想、Pro/E 5.0 的操作环境以及文件管理，使读者对 Pro/E 5.0 有一个全面的认识，增加读者学习 Pro/E 的热情。

第 2 章 草图绘制：介绍了草绘编辑工具栏、草图约束工具栏等草绘功能，包括图元的绘制、编辑和标注等方法，并给出了简单但又非常典型的草绘实例，以帮助读者熟悉 Pro/E 软件在实践中的应用，为零件三维建模打下基础。

第 3 章 零件基础特征建模：主要介绍了 Pro/E 5.0 零件的基础特征建立方法，包括基准特征建模和基础特征建模等零件基础特征建模的特点和一般方法。

第 4 章 工程特征建模：主要介绍了 Pro/E 5.0 零件的工程特征建模方法，如孔、筋、拔模、边界混合、镜像和阵列等，向读者介绍工程特征建模的特点和一般方法。

第 5 章 典型机械零件建模：主要介绍了 Pro/E 5.0 典型机械零件的造型分析、特征建立方法和操作步骤，包括槽轮拨盘、法兰盘、拉力传感器、阶梯轴、螺母、螺旋弹簧和涡卷形盘簧的造型设计，使读者能够完全掌握典型机械零件的建模方法和操作技巧。

第 6 章 齿轮零件建模：向读者展示了齿轮零件造型设计的一般方法与步骤，包括直齿、斜齿、人字齿、蜗杆、蜗轮和螺旋齿廓等的造型方法和技巧，使读者学会利用 Pro/E 软件进行相关零件的分析与设计。

第 7 章 箱体建模：向读者展示了复杂零件（箱体）造型设计的一般方法与步骤，包括分度头、减速器上箱体和减速器下箱体等的造型方法和技巧，使读者学会利用 Pro/E 软件进行复杂零件的分析与设计。

第 8 章 装配特征建模：主要介绍了 Pro/ E5.0 装配建模模块的装配功能，并通过实例讲解了 Pro/E 的装配设计方法和步骤，包括轴承、气缸等的造型方法和技巧，使读者学会利用 Pro/E 软件进行多体零件的装配分析与设计。

第 9 章 综合实例设计：主要介绍了复杂装配设计的方法和技巧，通过水下海底钻机的设计，使读者学会利用 Pro/E 软件进行复杂多体零件的装配分析与设计，全面掌握 Pro/E 软件机械设计的技能和方法，可培养读者综合设计的能力。

本书配有电子教学参考资料包，内容丰富实用，既有源文件又有相应操作步骤的视频录像，可以大大提高学习效率，使读者快速成为高级机械零件造型师。

具体地讲，本书具有以下鲜明的特点：

零点启航，特别适合初学 Pro/E 软件的读者。

条例清晰、系统全面、由浅入深、实例引导、图文并茂、步骤详尽。

实例经典，紧贴行业应用、实用性强，对解决实际问题有很好的指导意义。

简洁地引入了具有真正意义的高级产品开发技术——装配造型技术，使较低基础者也可以轻松掌握、使用高级造型技术。

本书结合了编者的多年实际创作的经验和体会，特色鲜明，分析与实例相结合；典型实用，实例与工程实际紧密结合；简明清晰、重点突出，在叙述上力求深入浅出、通俗易懂，相信会为读者的学习和工作带来一定的帮助。

本书由张忠林担任主编，李永涛、赵飞、廖丰政担任副主编，参加本书编写工作的还有管殿柱、宋一兵、赵景波、张洪信、赵秋玲、赵景伟、王献红、王臣业、谈世哲等。

感谢您选择了本书，希望我们的努力对您的工作和学习有所帮助，也希望您把对本书的意见和建议告诉我们。

零点工作室网站地址：www.zerobook.net

零点工作室联系信箱：gdz_zero@126.com

主要编写者联系信箱：fubenguo@sohu.com

零点工作室
2013 年 8 月

目录

Contents

第 1 章

Pro/E 5.0 概述

Pro/E 软件功能强大，涵盖产品从设计、分析到制造的各个方面，分为多个模块，堪称 CAD/CAE/CAM 软件的典范，而被广泛应用于机械、电子、模具、汽车、家电、航空航天等领域。

本章简要介绍 Pro/E 软件的造型特点、造型技术，主要介绍 Pro/E 5.0 的造型技术、功能特性、用户界面、基本文件管理等相关内容，这些都是 Pro/E 5.0 软件的基本入门知识。

1.1 CAD/CAE/CAM 技术简介

电子计算机是现代科学技术发展的重大成就之一，已经普及应用到各个领域。随着计算机的迅速发展，产品设计和生产的方法也都在发生着显著的变化，CAD/CAE/CAM 技术便应运而生，它是计算机技术与数值计算技术、机械设计、制造技术相互结合、渗透而产生的计算机辅助设计（Computer Aided Design，CAD）、计算机辅助工程（Computer Aided Engineering，CAE）与计算机辅助制造（Computer Aided Manufacturing，CAM）。

CAD、CAE、CAM 技术的发展，改变了人们设计、制造各种产品的常规方式，有利于发挥设计人员的创造性，三者的有机结合，意味着可以进一步提高设计和生产的效率，实现产品设计、制造、分析的一体化，在设计过程中其优越性主要表现在：

- 设计人员从大量烦琐的重复劳动中解放出来，可以集中精力发挥创造性；
- 缩短了设计周期，减少了设计、计算、制图表所需时间，提高了产品设计质量；
- 很容易从多个设计方案中分析、比较、遴选最佳方案，实现设计方案优化；
- 有利于实现产品设计自动化、生产过程自动化，以及产品的标准化、通用化和系列化；
- CAD、CAE、CAM 的一体化，使得产品设计、制造、分析过程形成了一个有机的整体，在经济和技术上会带来可观的产品效益。

Pro/E 是一款优秀的 CAD/CAE/CAM 软件，它可为用户提供一个完整、准确地建立和显示三维实体几何形状的方法和工具，具有消隐、着色、浓淡处理、实体参数计算、质量特性计算等功能，从而被广泛应用于机械、电子、模具、汽车、家电、航空航天等领域。

1.2 产品造型技术

CAD 技术的发展与计算机技术、计算机图形化技术的发展密切相关，CAD 产品造型技术大致经历了二维造型、线框造型、曲面造型、实体造型、特征造型、基于特征的参数化和变量化造型等发展阶段。

1．线框造型技术

线框造型是在二维图形的基础上增加了深度坐标（*Z* 坐标），用三维空间的线条表达设计棱边的造型系统。这是二维计算机绘图技术，也是 CAD 产品造型的初级阶段，它起步于 20 世纪 50 年代后期，该算法一直持续到 20 世纪 70 年代末期，其后作为 CAD 技术的一个分支，相对独立、平稳地发展。

2．曲面造型技术

70 年代，法国人提出了贝塞尔算法，在二维绘图基础上，开发出以表面模型为特点的自由曲面建模方法，也叫表面造型技术，通过在线框造型的基础上添加面的信息，用空间的曲线来表示物体的外表面，用面的集合来表示物体。这是 CAD 的第一次技术革命。

3．实体造型技术

80 年代，由于表面模型技术只能表达形体的表面信息，难以准确表达产品的其他特性信息，如质量、重心、惯性矩等，对 CAE 不利，造成 CAE 的前处理非常困难。基于 CAD/CAE 一体化探索，SDRC 公司在 1979 年发布了第一个完全基于实体造型技术的大型 CAD/CAE 软件——I-DEAS。它通过点、线、面等集合元素经过旋转等几何变换，以及定义基本体素，比如立方体、圆柱体、球体、锥体、环状体等，并利用体素的集合运算（布尔运算）生成实体。由于实体造型技术能够精确表达产品的全部属性，在理论上利于统一 CAD、CAE、CAM 的模型表达，给设计带来了惊人的方便性，因此，其他 CAD 系统纷纷仿效。可以说，实体造型技术的普及应用代表着 CAD 发展的第二次技术革命。

4．参数化和变量化造型技术

80 年代中期，CV 公司内部提出了一种比无约束自由造型更新颖、更好的算法——参数化实体造型技术。其主要的特点是基于特征、全尺寸约束、全数据相关、尺寸驱动设计修改。由于当时的参数化技术处于初级阶段，还不能提供解决自由曲面的有效工具，如实体曲面问题等，因此 CV 公司否决了参数化技术方案。策划参数化技术的这些人于是离开了 CV 公司，另成立了参数技术 PTC 公司（Parametric Technology Corp），开始研制 Pro/E 的参数化软件，到了 90 年代，参数化技术成熟起来，代表了 CAD 的第三次技术革命。

之后，SDRC 公司的开发人员以参数化技术为蓝本，提出了变量化实体造型技术，目前流行的 CAD 技术基础理论主要是以 PTC 公司的 Pro/E 为代表的参数化造型理论和以 SDRC 公司的 I-DEAS 为代表的变量化造型理论两大流派，它们都属于基于约束的实体造型技术。

从用户操作和图形显示上，一般感觉不到特征模型与实体模型的不同，主要区别表现在内部的数据表示上。表现线框模型、曲面模型、实体模型与特征模型的三维图形如图 1-1 所示。

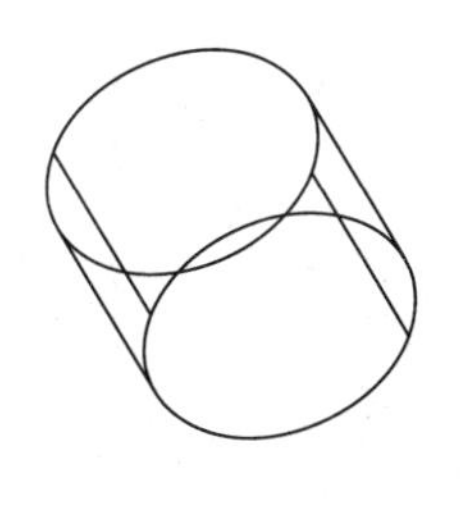

（a）线框模型

（b）曲面模型

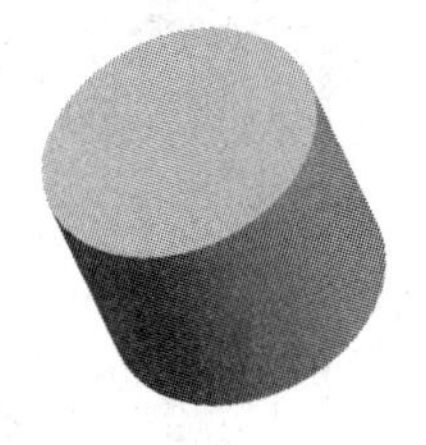

（c）实体模型与特征模型

图 1-1　三种模型的比较

1.3 Pro/E 软件的造型技术

1. 基于特征的参数化造型

在 Pro/E 中，“特征”是建立模型的基础，用一些基本的特征如拉伸、旋转、圆角、倒角、壳体等作为产品的几何模型的构造要素，通过加入相应参数形成特征，在创建特征时遵循整体的设计思想，一个一个创建特征，然后将特征组合起来，形成零件，再将零件组装起来，实现整个产品设计。建模时尽量使用简单的特征来组合形成模型，特征越简单，以后修改也越容易，这样使设计意图更加有弹性，如图 1-2 所示。

2. 基于全尺寸约束的参数化造型

Pro/E 软件是基于全尺寸约束的。其任何特征的约束尺寸不能少于要求的约束尺寸，在实际建模时，往往会因为尺寸不足，而不能形成特征实体，当然也不能因约束过多，而形成过约束。

3. 基于尺寸驱动的参数化造型

Pro/E 使用尺寸来驱动特征，通过修改尺寸可以驱动模型，也就是说，已建立的模型随尺寸的改变而改变。一般来说，在产品设计之初，对要设计的模型不可能事先决定全部的细节，尺寸驱动可以很方便地修改模型尺寸，改变模型形状，满足设计要求，从而为设计带来方便。

4. 基于单一数据库的全相关数据管理的造型技术

Pro/E 不像其他传统的 CAD/CAM 系统建立在多个数据库上，而是将所有数据都建立在单一的数据库上，Pro/E 的所有模块都是全相关的，即在整个设计过程中，任何一处特征参数发生改动，全可以反映在整个设计过程的相关环节上，这就意味着在产品设计开发过程中，某处特征进行的修改能够扩展到整个设计中，同时自动更新所有的工程文档，包括装配体设计、工程图以及制造数据，这样可以降低资料转换时间，大大提高设计的效率。

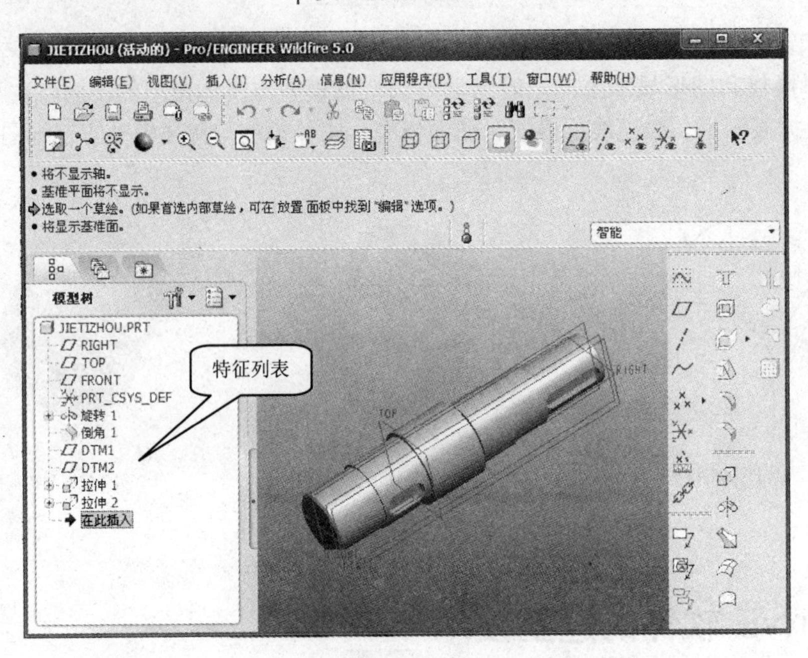

图 1-2　零件特征列表

1.4　Pro/E 5.0 的界面和文件操作

启动 Pro/ENGINEER Wildfire 5.0 后，首先出现系统的启动界面，稍后自动进入软件窗口。Pro/E 软件的机械设计建模包括草图绘制、单体零件设计绘制和组件装配设计。

常用的基本文件管理操作包括设置工作目录、新建文件、打开文件、保存文件、保存副本、备份文件、拭除文件、关闭文件等，显然执行的操作命令在【文件】菜单或常用工具栏中均可找到。

下面介绍 Pro/E 的界面和文件操作。

1.4.1　Pro/E 5.0 的界面

一般创建零件实体模型，需要由绘制的剖面来生成。草图绘制是指绘制二维几何图形，用来创建二维截面特征（剖面），它是创建三维零件模型实体特征的基础，要绘制特征，必须绘制二维剖面。

Pro/E 5.0 三维零件造型设计模块分为单体零件设计模块和组件装配设计模块，单体零件设计模块设计的是制造单元的零件，而组件装配设计模块设计的是多个零件的组合体，即部件，甚至是整个的机械设计全部组装体的三维造型。

1. 草图绘制模块

Pro/E 5.0 提供了草图绘制模块，包括草绘环境的建立、激活和退出，约束和定位草图的方法，尺寸标注及其他一些功能等。选择【文件】/【新建】命令或直接单击【新建】按钮，选择【草绘】进入 Pro/E 草绘模式，草图文件名的默认文件名为 s2d0001、s2d0002

等，其文件格式为*.sec。草绘工具栏位于草绘工作界面的上部，其功能是控制设计图形截面的编辑过程、各种截面尺寸、几何关系的显示与切换。草绘编辑工具栏位于草绘工作界面的右侧，由命令图标组成，借助草绘编辑工具栏，可以完成设计截面的绘制，包括尺寸的标注、修改以及约束条件定义等。草图绘制模块界面如图 1-3 所示。

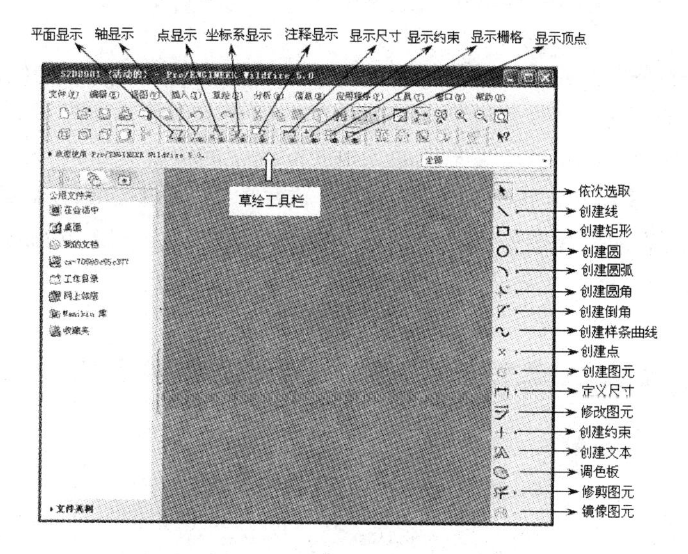

图 1-3　草图绘制模块界面

2. 单体零件设计

Pro/E 5.0 提供了单体零件设计绘制模块，包括各种零件的特征创建，如拉伸、旋转等许多特征的建立和退出，约束和定位草图的方法，尺寸标注及其他一些功能等。选择【文件】/【新建】命令或直接单击【新建】按钮，选择【零件】进入 Pro/E 单体零件设计模块界面，如图 1-4 所示，零件的默认文件名为 prt0001、prt0002 等，其文件格式为*.prt。

特征工具栏中的命令将在后面的章节中学习。

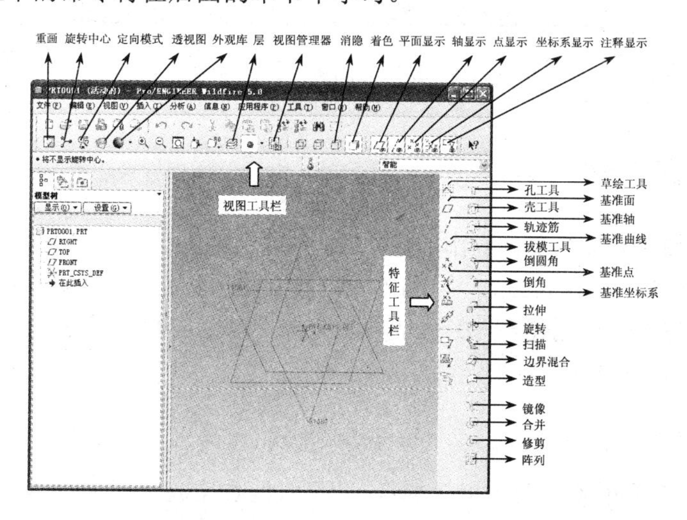

图 1-4　单体零件设计模块界面

3. 组件装配设计

零件设计只是产品开发过程中一个简单、基本的操作过程，为了满足机器的使用要求和实现设计功能，往往需要进行装配设计。装配设计是在零件设计的基础上，进一步对零件组合或配合，Pro/E 的装配建模模块（组件模块）为多体设计提供了基于三维模型的装配工具和手段。

组件是指由多个零件或零部件按一定的约束关系构成的装配件，把组件中的零件称为元件，零件装配是通过定义零件模型之间的装配约束来实现的，装配设计的重点不在几何造型的设计上，而在于确立各个被装配的元件之间的空间位置关系。

选择【文件】/【新建】命令或直接单击【新建】按钮，选择【组件】进入 Pro/E 组件装配设计模块界面，如图 1-5 所示，组件零部件的默认文件名为 asm0001、asm0002 等，其文件格式为*.asm。

特征工具栏中的命令将在后面的章节中学习。

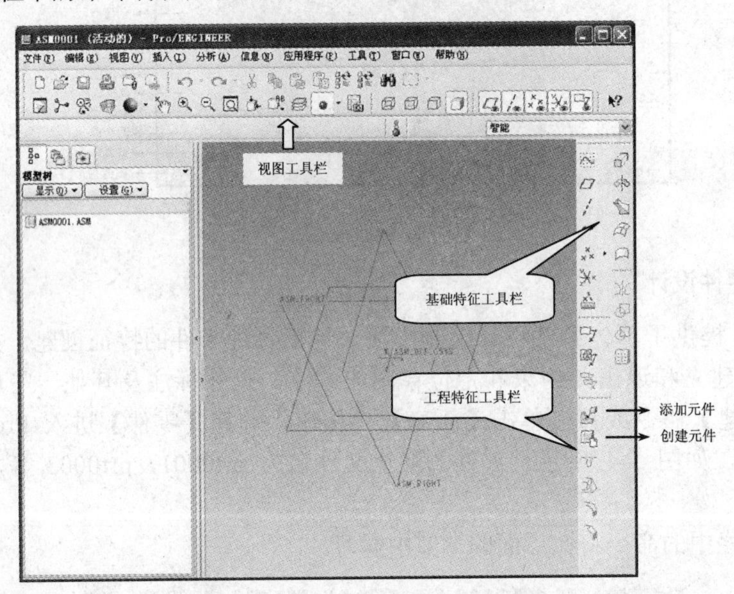

图 1-5　组件装配设计模块界面

1.4.2　新建文件

Pro/E 5.0 系统中对图形文件操作，主要是通过【文件】菜单来实现的，【文件】菜单和 Windows 系统菜单有许多相同的命令，如【新建】、【打开】、【保存】、【关闭】等操作。

在 Pro/E 系统中可以创建多种类型的应用文件，以创建新的零件文件为例，其扩展名为.prt，步骤如下。

操作步骤

从【文件】菜单中选择【新建】命令，或直接在常用工具栏上单击【新建】按钮，具体过程如图 1-6 所示。

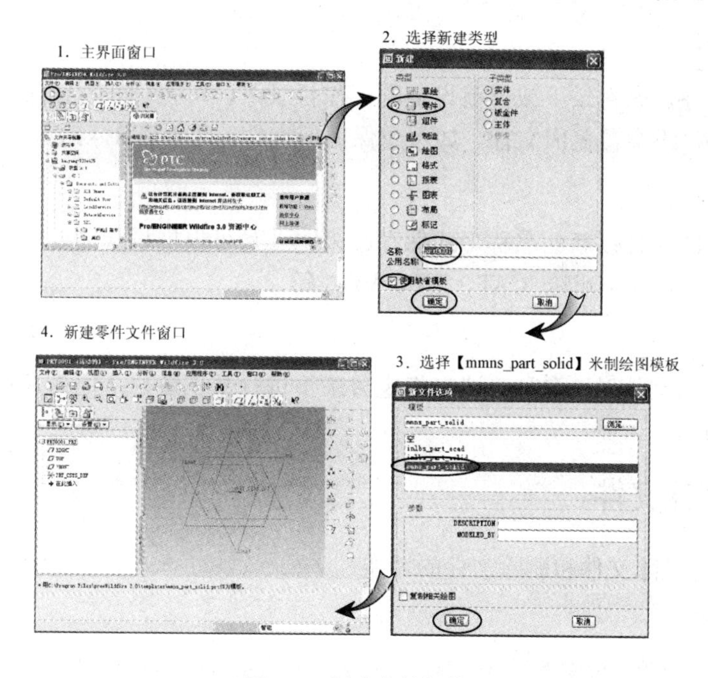

图 1-6　新建文件操作

1.4.3　打开文件

在 Pro/E 主窗口中，选择【文件】/【打开】命令或直接单击常用工具栏的【打开】按钮，出现如图 1-7 所示【文件打开】对话框，从中选择要打开的文件，或在指定目录下选择文件，单击【打开】按钮即可。

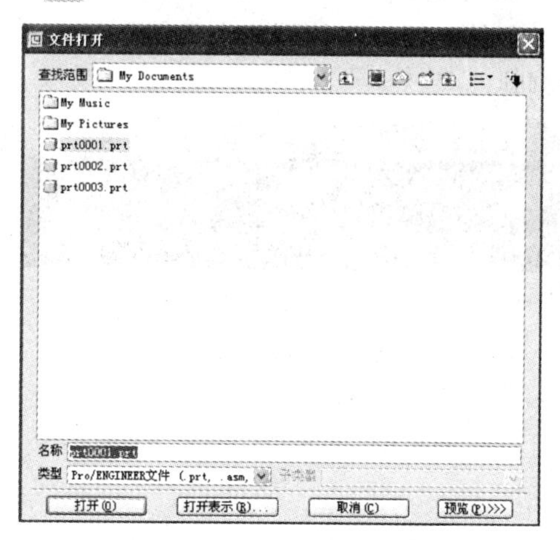

图 1-7　【文件打开】对话框

1.4.4　保存文件

Pro/E 软件保存文件的命令主要有保存、保存副本和备份。

1．保存文件

将文件保存在原来目录下或当前设定的工作目录下，每执行一次该命令所保存的文件都是一个新文件，不会覆盖旧文件。如不想保留旧文件，可参考 1.4.5 节。

2．保存副本

将当前活动的文件以新的名称形式保存起来，并且可根据设计需要为新文件指定系统所认可的数据类型，如 IGES、CAT、TIF、VDA 等。

3．备份

将当前活动的文件以原名称形式在指定目录下进行数据备份，而内存和活动窗口不加载该备份文件。

1.4.5 拭除文件

Pro/E 系统有拭除文件和删除文件的功能。

1．拭除文件

从系统内存中删除，但文件仍然保存在硬盘中，有当前（Current）和不显示（Not Displayed）两个选项，前者是将当前窗口文件从内存中删除，但不删除硬盘中的文件，后者是将不在任何窗口上但存在于系统内存中的所有文件从内存中删除。

2．删除文件

删除文件有旧版本（Old Versions）和所有版本（All Versions）两个选项。前者表示一个文件的所有旧版本从硬盘中删除，只留下新版本，可以选择【开始】/【所有程序】/【附件】/【DOS 窗口】，如图 1-8 所示，在指定目录下输入【purge】，然后按【Enter】键，这样系统便将指定目录下的旧版本文件删除，只保留新版本文件。后者则表示将一个文件的所有版本从硬盘中删除。

图 1-8　DOS 窗口

1.4.6 关闭文件

从【文件】菜单中选择【退出】，如果希望在退出系统时，让系统给设计者提供询问：【是否保存文件】，则须对配置文件（Config.pro）进行设置，如图 1-9 所示。

这样，在每次退出系统时，系统状态栏中就会出现【是否要保存零件】对话框，如图 1-10 所示，单击图 1-10 中的☑按钮后，出现图 1-11 所示的再一次询问【是否要保存截面】，单击☑按钮后，则完成了零件及其截面的文件保存。

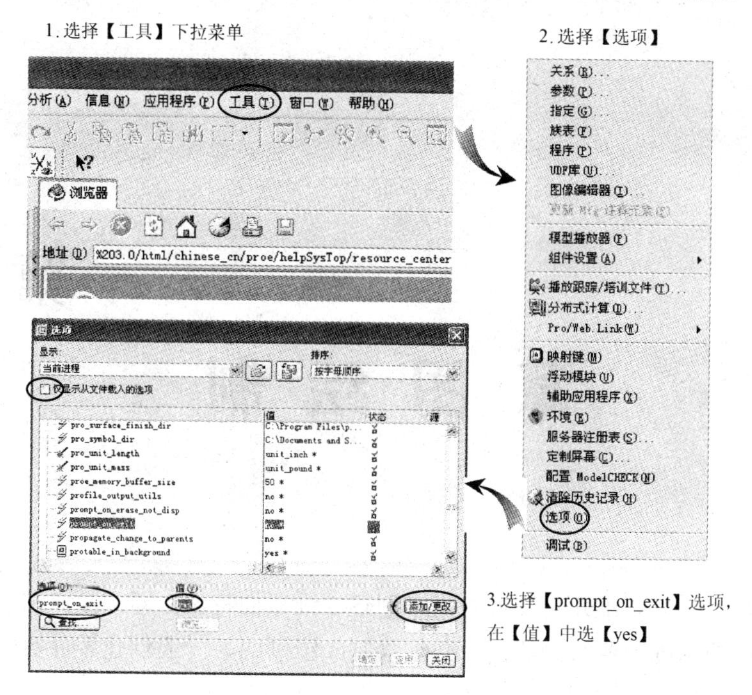

图 1-9　设置系统配置文件

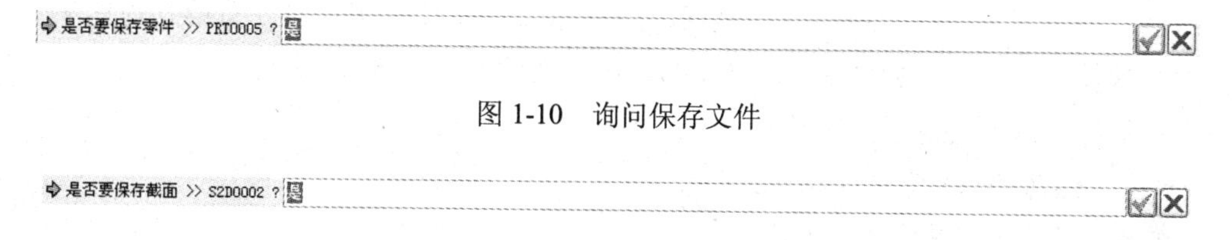

图 1-10　询问保存文件

图 1-11　询问保存截面

1.5 思考与练习

1．Pro/E 5.0 的三维零件造型设计的思路是什么？

2．我们希望设计的产品造型美观，其中背景颜色和零件颜色决定了人们的视觉，那么，如何改变主窗口的背景颜色和零件本身的颜色呢？

第 2 章

草 图 绘 制

草图绘制是指绘制二维几何图形，用来创建二维截面特征，即剖面，它是创建三维零件模型实体特征的基础，要绘制特征，必须绘制二维剖面，一般创建零件实体模型，需要由绘制的剖面来生成。

本章主要介绍草绘环境的建立、激活和退出，约束和定位草图的方法，尺寸标注及其他一些功能，本章主要内容有建立、激活、退出草绘，草绘常用工具，草绘几何约束，倒角和曲线编辑与操作等，向读者介绍 Pro/E 绘制平面草图的一般方法。

在草图绘制时应注意以下方面：

- 建立、激活和退出草绘平面的路径；
- 掌握常用草绘工具的使用方法；
- 熟练使用各种常用约束；
- 在已绘制草图上进行修改；
- 草绘的标注；
- 曲线的编辑和操作方法。

2.1 草图概述

草图是三维造型的基础，绘制草图是创建零件的第一步。草图有二维的也有三维的，在创建二维草图时要先创建二维草图所依附的平面，即草图坐标系所确定的平面。

选择【文件】/【新建】命令或直接单击【新建】按钮，在弹出的草绘对话框中单击【草绘】，然后在下方的【名称】栏中输入草绘名称，相当于给要草绘的图形起名字，单击【确定】按钮，进入草绘界面，如图 2-1 所示。草图文件名的默认文件名为 s2d0001、s2d0002 等，其文件格式为*.sec。

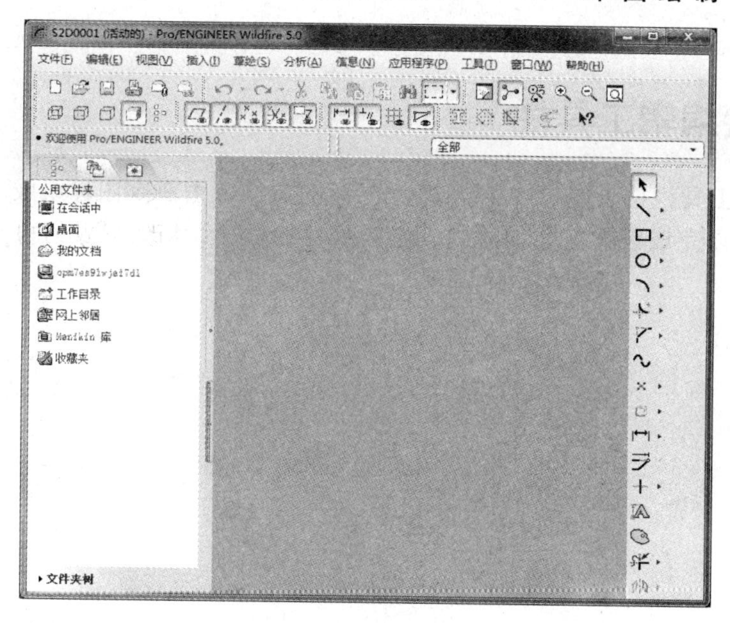

图 2-1　草绘界面

2.2 草绘工具栏

草绘工具栏位于图 2-1 所示草绘界面的上部（图 2-2），其功能是控制设计图形截面的编辑过程、各种截面尺寸、几何关系的显示与切换。

图 2-2　部分草绘工具栏

草绘工具栏各按钮功能介绍如下：

- ——尺寸显示切换。
- ——约束条件显示切换。
- ——网格线显示切换。
- ——端点显示切换。
- ——撤销当前命令。
- ——恢复上一操作。
- ——基准平面显示切换。
- ——基准轴显示切换。
- ——基准点显示切换。
- ——坐标系显示切换。
- ——注释元素显示切换。
- ——着色封闭环，对草绘图元的封闭链内部着色。
- ——加量开放端点，加亮不为多个图元共有的草绘图元的顶点。
- ——重叠几何，加亮重叠几何图元的显示。

- ——曲率，曲线的曲率、半径、相切选项，曲面的曲率、垂直选项。

2.3 草绘编辑工具栏

草绘编辑工具栏位于图 2-1 所示草绘界面的右侧，由命令图标组成，借助草绘编辑工具栏，可以完成设计截面的绘制，包括尺寸的标注、修改以及约束条件定义等，如图 2-3 所示。

图 2-3　草绘编辑工具栏

草绘编辑工具栏各图标功能介绍如下：

- ——选取项目的切换，与 Ctrl 键配合可多选项目。
- ——创建两点线，分别绘制直线、切线和点画线，可单击黑三角获得扩展功能。
- ——创建矩形、斜矩形和平行四边形框。
- ——创建圆形，分别绘制圆、同心圆、外接圆、内切圆和椭圆。
- ——创建圆弧，分别绘制圆弧、同心圆弧、切线弧和锥形弧。
- ——创建圆角和椭圆形圆角。
- ——创建样条曲线。
- ——创建点、几何点、坐标系和几何坐标系。
- ——以已经存在的边界创建图元和偏置图元。
- ——创建定义尺寸（手动标注）。
- ——修改尺寸、样条几何和文本内容。
- ——定义或修改截面线段约束条件。
- ——创建文本。

- ——修剪、延伸和截断图元。
- ——创建镜像复制和旋转复制。

2.3.1 直线绘制

在草图制作过程中，直线是常用的线型，在直线绘制中包括直线、直线相切、中心线和几何中心线。

（1）直线用来创建两点线，即绘制一条直线。

单击该按钮即可在草绘工作界面中绘制所需要的直线，单击鼠标左键可完成两点线的绘制，单击鼠标中键进行确认，再次单击鼠标中键则完成直线的绘制。

（2）若要绘制与两曲线相切的直线，则可用直线相切。

单击该按钮，则会弹出一个选取对话框，提示选取一个曲线，单击曲线后会自动生成切线并捕捉切点，通过不同切点的选取，可创建外公切线、内公切线。步骤如图 2-4 所示。

图 2-4　直线相切

中心线和几何中心线是一条参考线，经常用在具有对称、等分、镜像等特点的图形中。

2.3.2 圆的创建

圆的创建在这里有如下四种方式。

（1）通过圆心和点按钮创建圆，即通过拾取圆心和圆上一点来创建圆。

（2）通过同心按钮创建圆，所创建圆与原来的圆为同心圆。

使用同心圆按钮时，需要先有参照的圆或者圆弧，然后使用鼠标左键单击所要参照的圆或者圆弧，拖动鼠标则会有一圆随着鼠标移动变大或者变小，此时可以继续单击左键绘制多个同心圆；若同心圆绘制完成则单击鼠标中键确认，再次单击鼠标中键完成同心圆创建，如图 2-5 所示。

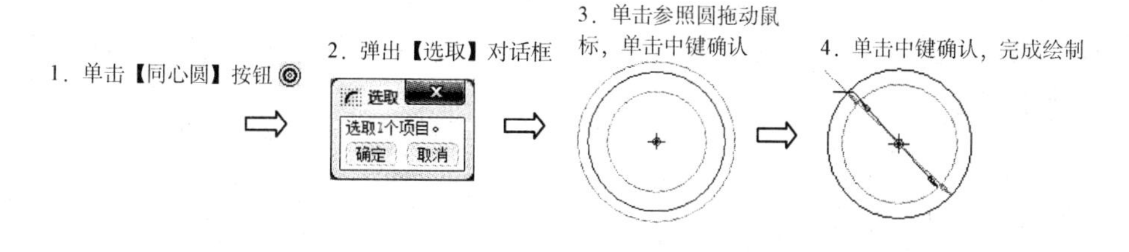

图 2-5　绘制同心圆

（3）通过三点按钮创建圆，即通过拾取三点来创建圆。

（4）通过三相切按钮创建相切圆，即创建与三个图元相切的圆。

创建相切圆时，通过鼠标左键单击三个要相切的圆的不同位置可创建内切、外切以及内切和外切同时存在的相切圆，如图 2-6 所示。

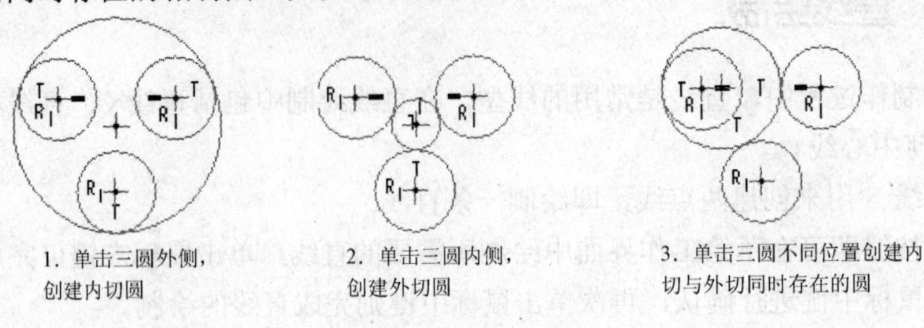

图 2-6　创建相切圆

2.3.3　圆弧的创建

圆弧的创建有几种形式，分别为 3 点/相切端按钮创建圆弧、同心按钮创建同心弧、圆心和端点按钮创建圆弧、3 相切按钮创建弧以及圆锥按钮创建锥形弧。

使用 3 点 / 相切端按钮创建圆弧，即用三点创建一个圆弧，或创建一个其端点相切于图元的弧。

使用同心按钮创建同心圆弧，单击【同心】按钮，选择所要参照的同心弧，则在草图界面中出现一个虚线圆，在虚线圆上有一小圆，拖动鼠标则圆大小和小圆的位置也随着改变，然后单击鼠标左键选取所要绘制的同心圆弧的指定第一点，再拖动鼠标选取第二点，然后单击鼠标中键确定，再次单击鼠标中键完成同心圆弧的创建，如图 2-7 所示。

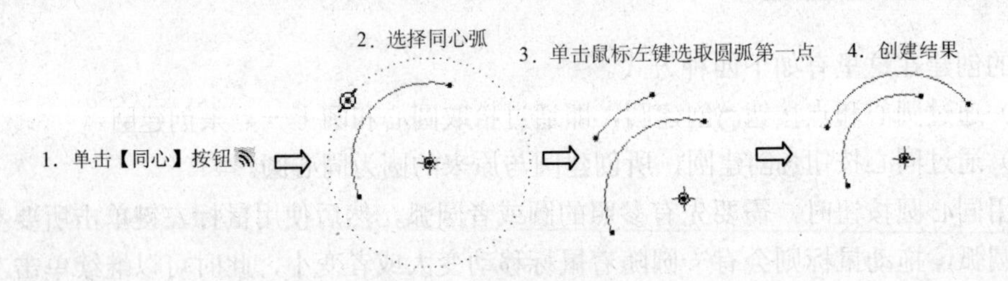

图 2-7　创建同心圆弧

使用圆心和端点按钮，即通过选取弧圆心和端点来创建圆弧，单击【圆心和端点】按钮，选择圆弧圆心点所在的位置然后单击鼠标左键确定圆弧的圆心，再拖动鼠标则圆弧大小随着改变，单击鼠标左键确定圆弧第一点，拖动鼠标生成圆弧，最后单击左键完成圆弧创建，如图 2-8 所示。

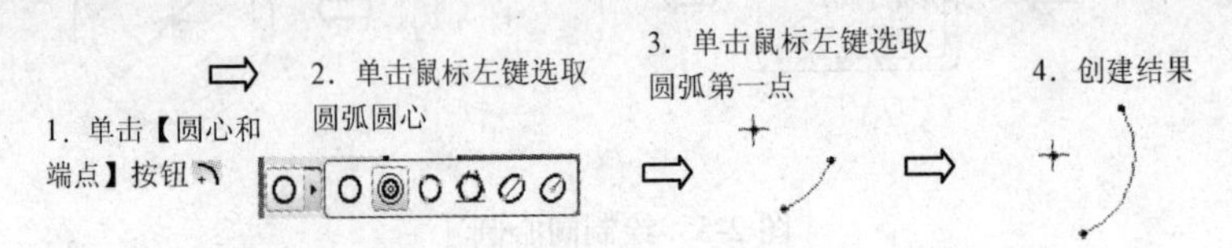

图 2-8　创建圆心和端点圆弧

使用3相切按钮，创建与3个图元相切的弧，三个图元可以是圆、圆弧和直线三者的任意组合，创建时依次单击三个图元，最后自动生成与三图元相切的圆弧，下面以三直线图元为例来说明，如图2-9所示。

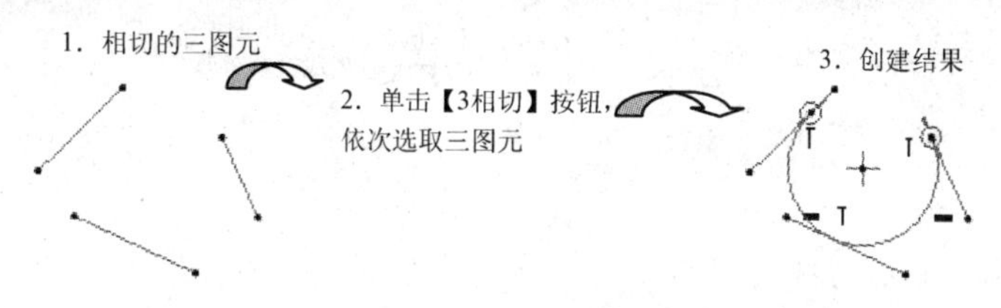

图2-9　创建3相切圆弧

> 提醒：三图元选取顺序不同，虽生成的圆弧形状相似但圆弧开口位置不同，并且圆弧的圆心不随选取顺序的改变而改变。

使用圆锥按钮，创建一圆锥弧。创建圆锥弧时，单击圆锥按钮，首先需要选取两点作为圆锥弧的两端点，然后拖动鼠标改变圆锥的形状，最后选取所要创建的圆锥形状，单击左键确定，如图2-10所示。

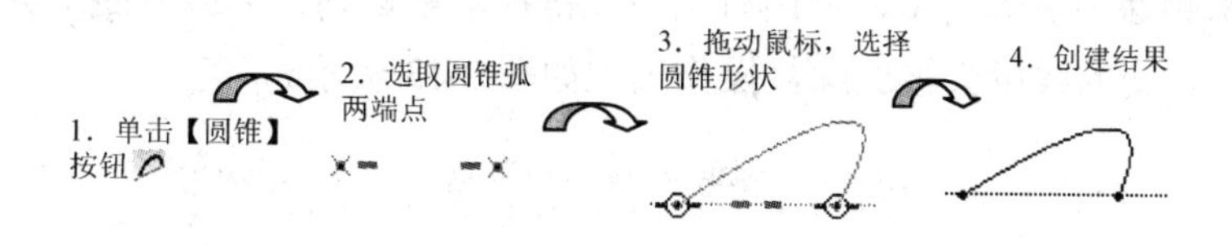

图2-10　创建圆锥弧

2.3.4　圆角或倒角的创建

可通过圆角按钮、椭圆形按钮和倒角按钮创建圆形和椭圆形圆角和倒角。圆形圆角创建过程如下：椭圆形圆角和倒角的创建过程与圆形圆角类似，可参照圆形圆角创建过程来创建，如图2-11所示。

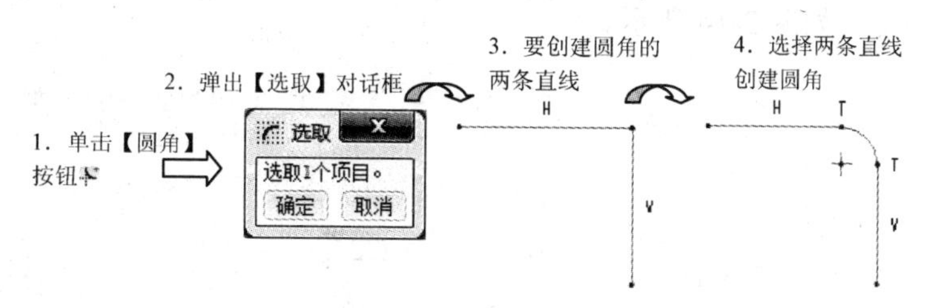

图2-11　创建圆形圆角

2.3.5　镜像草图

当草图对称或者在绘制草图过程中有对称特征时，可先绘制对称一侧草图然后通过镜像按钮镜像出另一侧草图，可简化绘制过程提高草图绘制速度。下面以圆的镜像为例说明镜像过程，如图 2-12 所示。

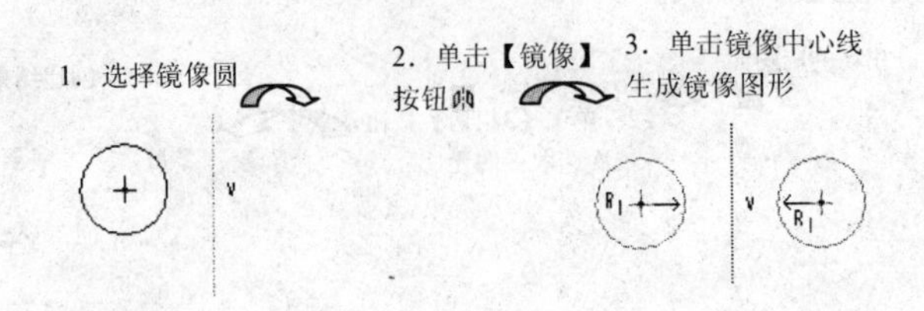

图 2-12　创建镜像草图

2.3.6　线型修剪

在草图绘制过程中，会有一些多余的线条要去掉或者延长一些线条以便与其他线型相交，Pro/E 中线型修改有删除段、拐角和分割操作。

删除段用来删除多余的线型，使用时按住左键拖动鼠标则在草绘截面中会出现红色的曲线，与此曲线相交的线段会被删除，操作过程如图 2-13 所示。

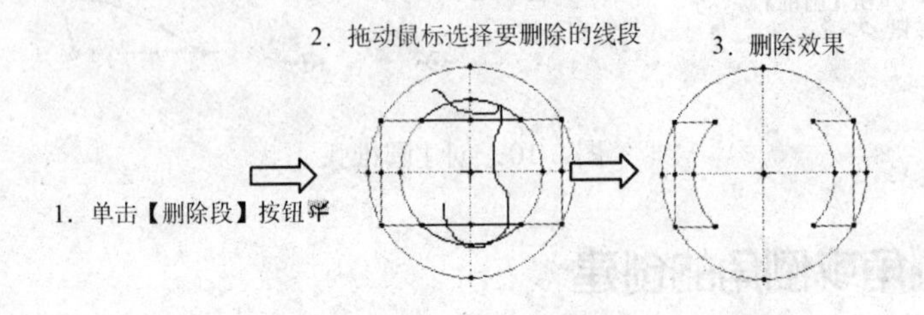

图 2-13　删除线段

使用拐角按钮可以将图元修剪（剪切或延伸）到其他图元或几何形体，可用于两条不相交直线的连接，如图 2-14 所示。

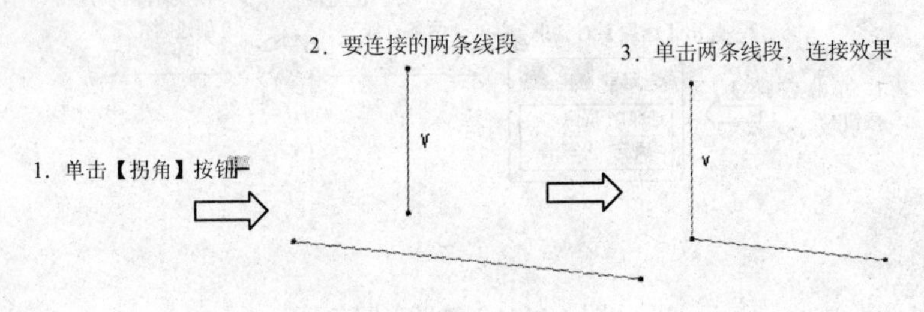

图 2-14　连接线段

使用分割按钮可将一条直线分成几条线段，以便于线型的修改，如图 2-15 所示。

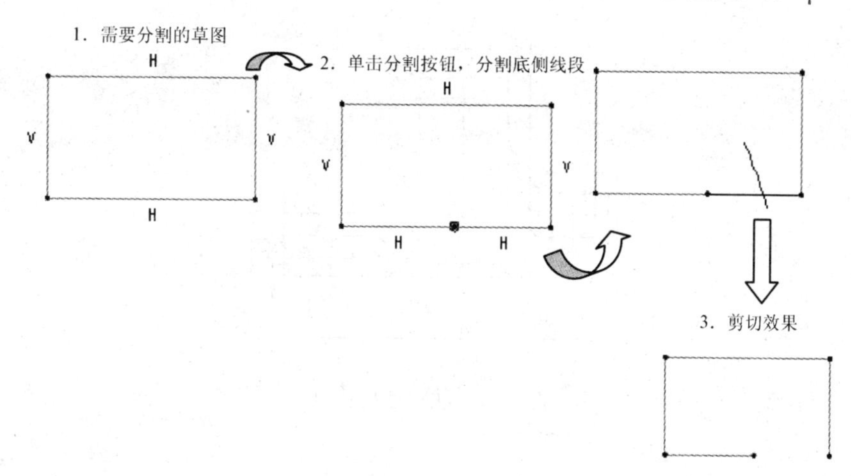

图 2-15 分割线段

2.4 约束条件工具栏

绘制草绘图形时，在草绘界面上单击草绘编辑工具栏中的约束条件按钮，出现草绘约束面板，如图 2-16 所示。

其各图标按钮的功能如下：

- ——使直线铅垂或两个顶点共垂线。
- ——使直线水平或两个顶点共水平线。
- ——两条直线互相垂直。
- ——直线与圆相切。
- ——使点放在直线中间。
- ——创建相同点、图元上的点或共线约束。
- ——使点关于中心线对称。
- ——使两条线段或圆弧段相等。
- ——使两条直线平行。

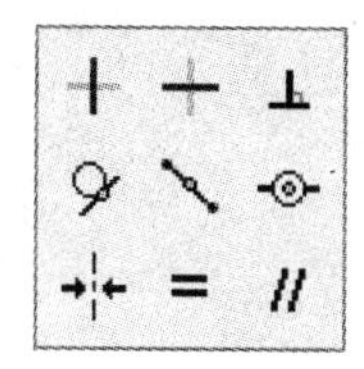

图 2-16 草绘约束面板

2.5 综合实训——几种常见草图的绘制

下面通过具体的实例来说明运用草绘命令绘制草图的方法。希望读者对照书上的内容亲自操作，细心体会其中的绘制方法。

2.5.1 法兰盘草图

盘类零件（如法兰盘）设计在机械设计中非常普遍，下面我们就来绘制法兰盘截面，其结构和尺寸如图 2-17 所示，4 周均布 6 个圆孔。

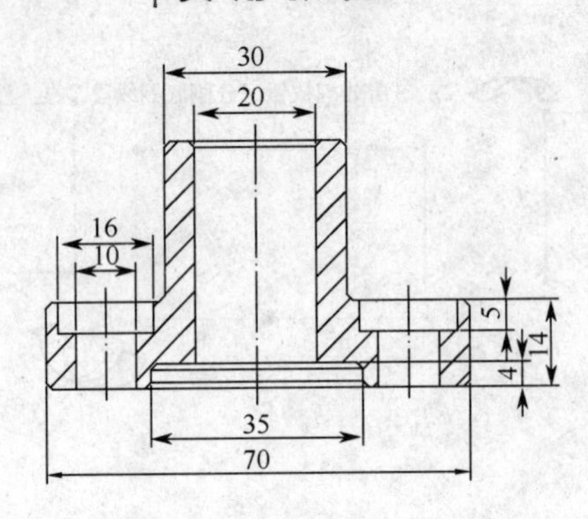

图 2-17　法兰盘尺寸图

设计过程

[1] 单击【新建】按钮，或选择【文件】/【新建】命令，在弹出的对话框中选中【草绘】单选按钮，输入文件名“falanpan”，单击确定按钮，进入草绘界面。

[2] 在工作界面中单击【线】后的小三角，在弹出的菜单中单击【中心线】，绘制两条中心线；再单击工作界面中的【圆心和点】绘制一个圆，然后再单击其后的小三角，在弹出的菜单中单击【同心圆】按钮，单击先前绘制的圆，绘制两个同心圆，三圆直径分别为 70、30 和 20，步骤如图 2-18 所示。

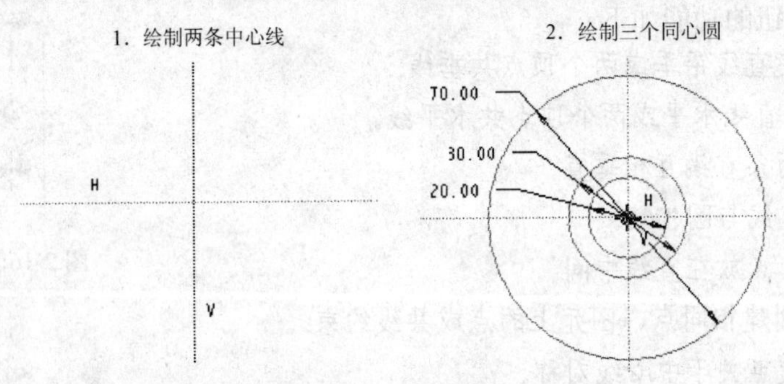

图 2-18　绘制同心圆

[3] 参照步骤 2，再绘制两条中心线，夹角都设置为 60°；单击【圆心和点】绘制一个圆直径为 50；以直径为 50 的圆与垂直中心线交点为圆心，绘制直径分别为 16 和 10 的两个圆；然后按住 Ctrl 键，选中两个圆，然后按 Ctrl+C 快捷键复制，再以直径为 50 的圆与所有中心线交点为圆心按 Ctrl+V 快捷键粘贴，在弹出的【移动和调整大小】对话框中设置【旋转】为“0”，【缩放】为“1”，步骤如图 2-19 所示。

[4] 单击【显示尺寸】按钮、【显示约束】按钮和【显示顶点】按钮，隐藏这些特征；选中两条 60°中心线然后按 Delete 键，删除两条中心线；然后再绘制直径为 66 的底圆实线，然后单击底圆实线，选择底圆实线后，该圆变为红色，选择菜单【编辑】/【切换构造】后，圆即变成了虚线圆，步骤如图 2-20 所示。

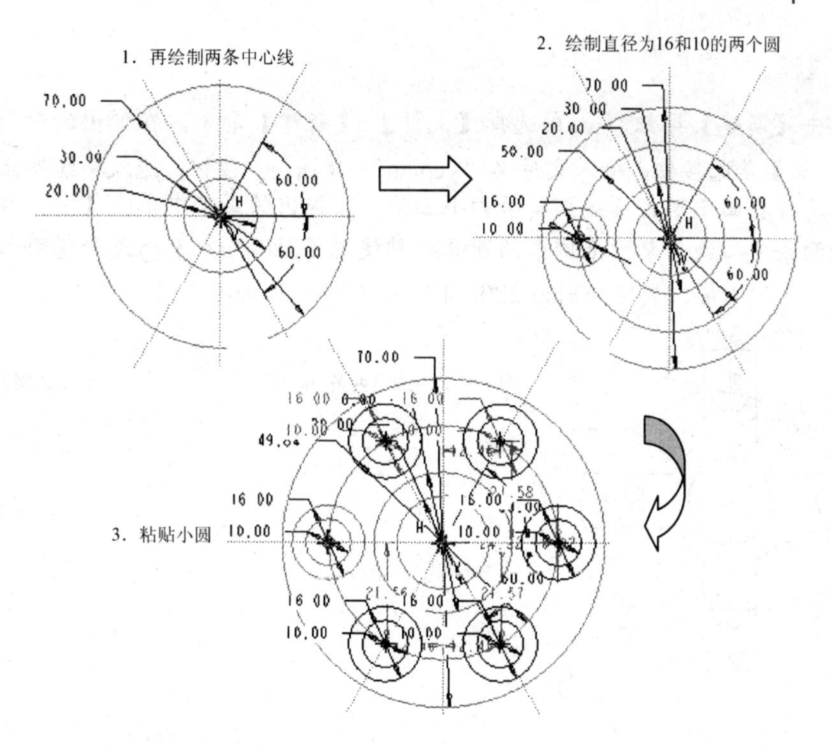

图 2-19　绘制小圆及其复制

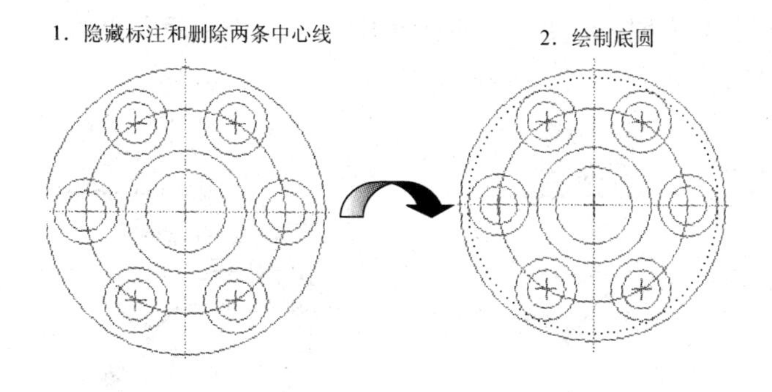

图 2-20　绘制底圆

提醒：选择多个选项选择时，须按住 Ctrl 键的同时单击各选项。

2.5.2 叶片草图

通过前面的例子，我们介绍了定义尺寸、草绘圆和虚线圆以及草绘的复制、粘贴功能，下面的例子比法兰盘要稍复杂些，读者要细细体会草绘中的修剪和镜像功能。

叶片零件平面的几何尺寸如图 2-21 所示。

设计过程

[1] 单击【新建】按钮，或选择【文件】/【新建】命令，在弹出的对话框中选中【草绘】单选按钮，输入文件名“yepian”，单击确定按钮，进入草绘界面。

[2] 在工作界面中单击【线】后的小三角，在弹出的菜单中单击【中心线】，绘制两条中心线；参照上例中的圆的绘制使用【圆心和点】或者【同心圆】绘制三个同心圆，直径分别为280、120和50，步骤如图2-22所示。

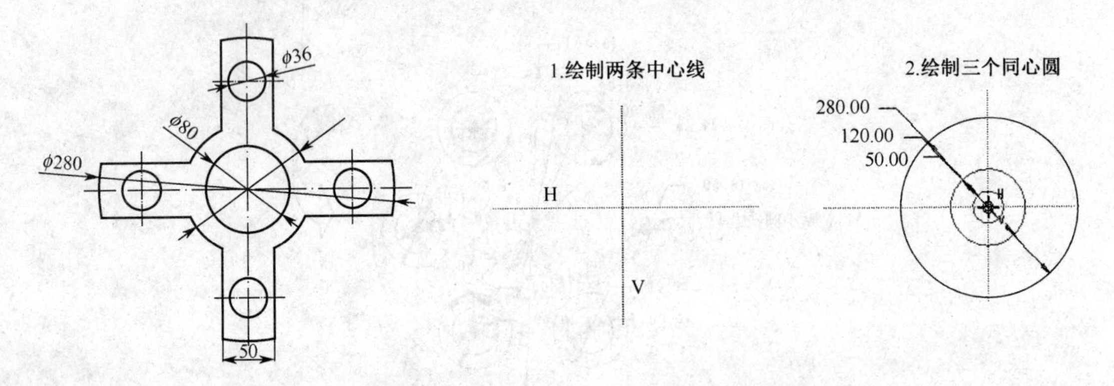

图2-21 叶片尺寸图

图2-22 绘制同心圆

[3] 单击【线】按钮，绘制两条线段；单击【约束】按钮，单击【相等约束】按钮，分别单击两条线段，则两条线段相等；绘制两条中心线，然后标注线段，步骤如图2-23所示。

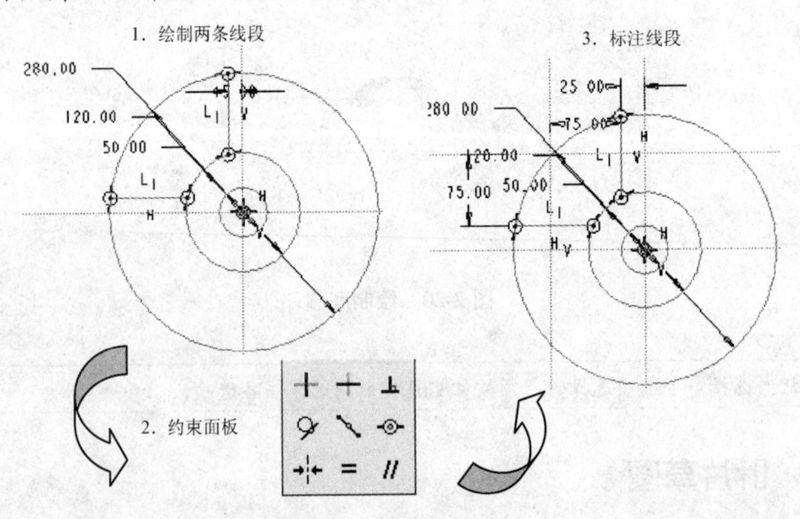

图2-23 绘制线段

[4] 定义两个小圆，然后单击【修剪】按钮，单击线型修剪图形，并得到修剪后的图形，步骤如图2-24所示。

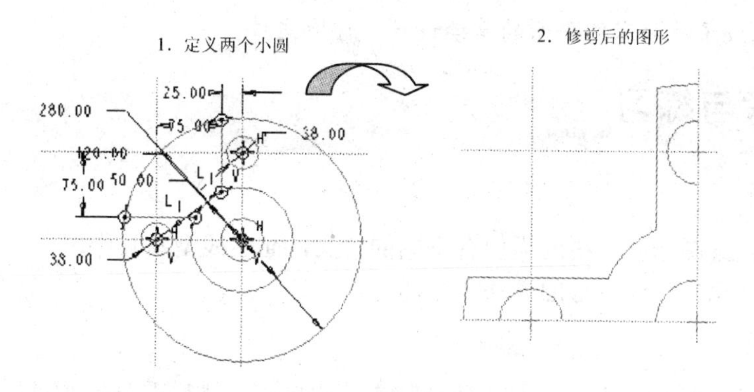

图 2-24　修剪图形

提醒：注意这里用到了定义的概念，它表示定义的项目既进行了尺寸的标注，也进行了尺寸的修改。

[5] 单击【创建圆角】按钮，然后单击两条线创建圆角，同理定义另一个圆角，然后修剪多余的弧线，并得到如下图形，步骤如图 2-25 所示。

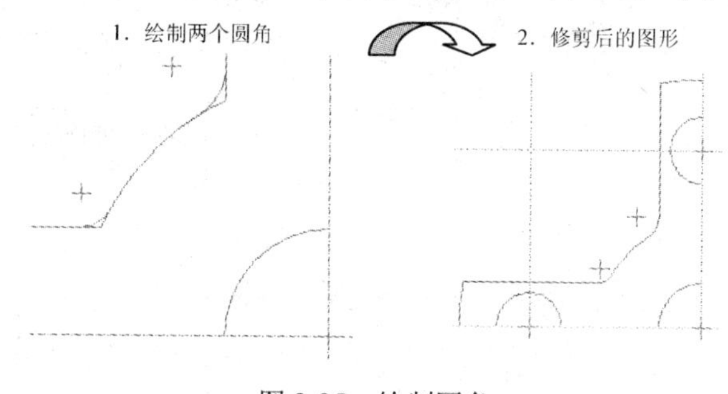

图 2-25　绘制圆角

提醒：进行图形多余弧段的修剪时，对于小尺寸的弧段可以进行放大后进行修剪，这样，图像很清晰地表达出来，便于修剪操作。

[6] 框选全部图形，然后单击【镜像】按钮，选择对称轴，单击垂直中心线后，完成 1/2 图形，同理进行镜像操作，单击水平中心线后，完成整个图形，步骤如图 2-26 所示。

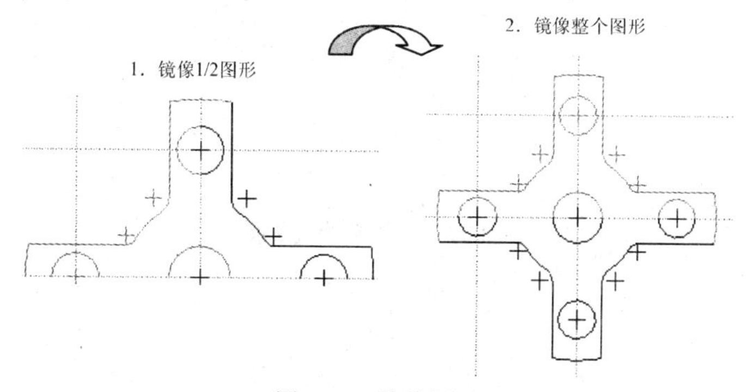

图 2-26　镜像图形

[7] 至此完成了叶片零件平面的草绘设计，保存文件。

2.6 思考与练习

1．思考题

（1）绘制二维图形时，线的类型有不同的含义，简述线型及其作用。

（2）归纳和总结草绘图形的方法和技巧。

2．操作题

（1）在三维的草绘制作中，尤其是绘制旋转图形时，往往需要标注对称的尺寸，也就是标注图形的直径尺寸，如图 2-27 所示，应如何进行标注？

（2）在二维绘图中，如何进行椭圆的标注，如图 2-28 所示。

图 2-27　标注直径尺寸　　图 2-28　椭圆标注

3．设计题

绘制如图 2-29 所示的草图，该草图为齿轮泵端盖断面。

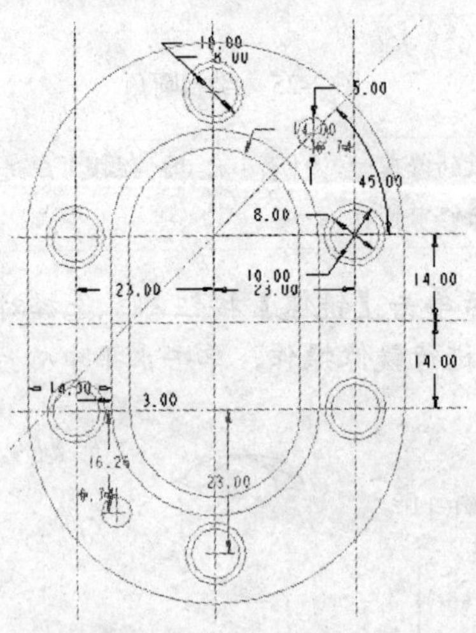

图 2-29　齿轮泵端盖断面

第 3 章

零件基础特征建模

Pro/E 进行三维实体建模设计，其基础就是特征，特征是 Pro/E 存储和运用数据的最小单元，所有的参数的创建都是为了实现特征建模设计，而每个零部件都包含一系列的特征。特征可改变零件外形，在实体建模设计中，可随时修正特征参数，修改特征形状来达到设计要求。

本章主要介绍 Pro/E 5.0 零件的基础特征建立方法，零件的基础特征建模主要包括基准特征建模和基础特征建模。本章的主要内容有基准特征建模中创建基准点、创建基准平面、创建基准轴和基础特征建模中旋转特征建模、拉伸特征建模、扫描特征建模、螺旋扫描特征建模等操作，向读者介绍 Pro/E 5.0 的零件基础特征建模的特点和一般方法。

3.1 基准特征建模

本节主要介绍基准特征建模，包括创建基准点、创建基准平面、创建基准轴等，读者要仔细体会基准特征的作用和创建方法，以及如何控制基准特征在零件设计时的显示效果。

3.1.1 创建基准点

单击【插入】/【模型基准】/【点】/【点】，或者单击【基准点工具】，弹出【基准点】对话框，如图 3-1 所示。在【放置】选项下完成基准点的创建。

图 3-1 【基准点】对话框

创建基准点有如下 4 种方式。

1. 两条曲线的交点

先绘制两条曲线，单击【插入】/【模型基准】/【点】，或者单击【基准点工具】，按住 Ctrl 键选择两条曲线，单击【确定】创建基准点，操作步骤如图 3-2 所示。

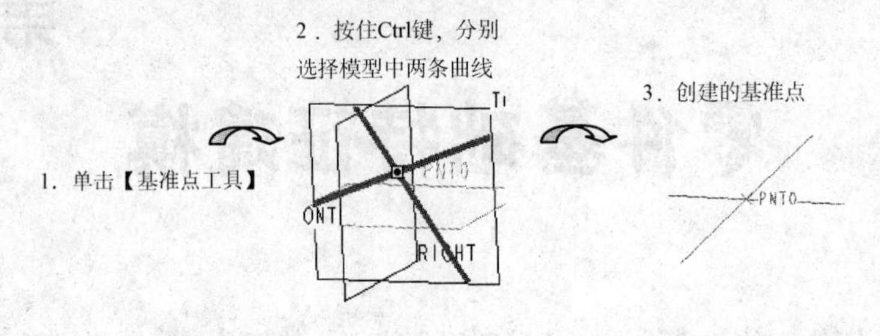

图 3-2　两条曲线交点创建基准点

2. 在平面或曲面上

先用拉伸命令创建一个矩形实体，单击【插入】/【模型基准】/【点】/【点】，或者单击【基准点工具】，在面上单击一下按住 Ctrl 键在偏移参照中定义两平面，单击【确定】创建基准点，操作步骤如图 3-3 所示。

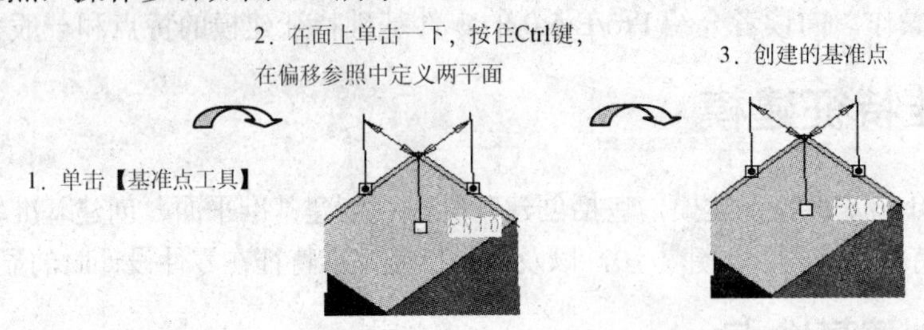

图 3-3　在平面上创建基准点

3. 三平面交点

先用拉伸命令创建一个矩形实体，单击【插入】/【模型基准】/【点】，或者单击【基准点工具】，按住 Ctrl 键在实体上选择三个相邻的平面，单击【确定】创建基准点，操作步骤如图 3-4 所示。

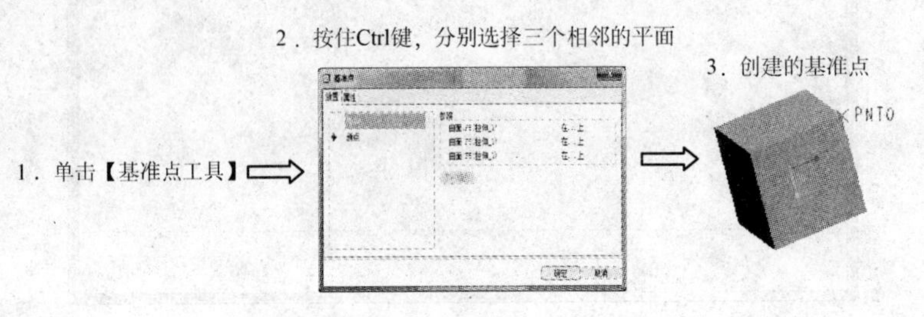

图 3-4　三平面交点创建基准点

4. 曲线与面的交点

先用拉伸命令创建一个矩形实体，单击【插入】/【模型基准】/【点】，或者单击【基准点工具】，按住 Ctrl 键在实体上选择一个平面和一条直线，单击【确定】创建基准点，操作步骤如图 3-5 所示。

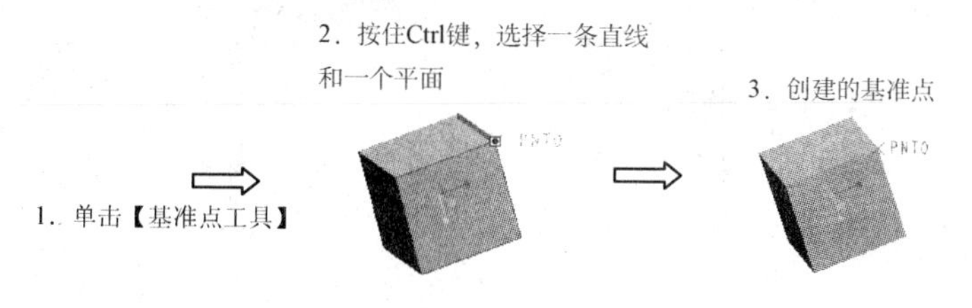

图 3-5　曲线与面的交点创建基准点

3.1.2 创建基准平面

在 Pro/E 建模过程中，经常需要构造一个基准面。基准面是一类重要的基准特征，它通常用来作为截面的草绘平面和参照平面，也可以用来作为镜像特征的映射基准、尺寸标注的基准、零件装配的基准等。

系统默认的基准平面如图 3-6 所示，它是系统定义的 3 个相互正交的基准平面，即前（FRONT）、右（RIGHT）、上（TOP）基准平面。

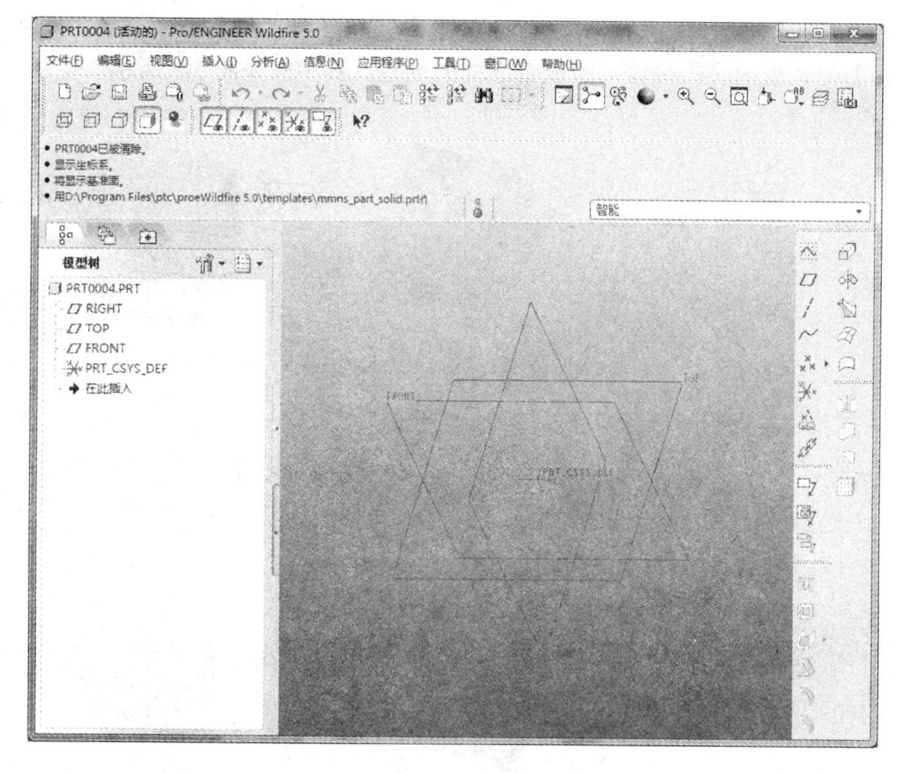

图 3-6　系统默认的基准平面

复杂零件建模时，仅靠 3 个默认基准面是不能满足设计要求的，须根据具体情况创建新的基准面，用 DTM（基准面）来标识。

单击【基准平面】按钮，弹出【基准平面】对话框，如图 3-7 所示。在【放置】选项下完成基准平面的创建操作。

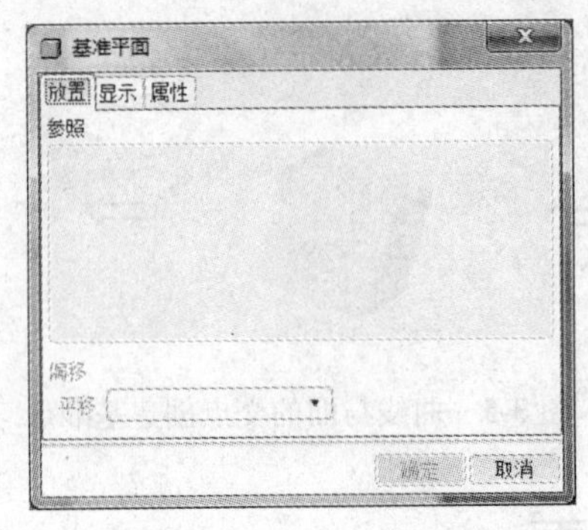

图 3-7 【基准平面】对话框

创建基准平面有如下 6 种方式。

> 提醒：注意 Ctrl 键的使用，在进行多个项目的选择时务必按住 Ctrl 键，再单击各选项。

1. 三个点创建基准面

首先用拉伸特征创建一个矩形实体，单击【基准平面工具】，选择三个点，单击【基准平面】对话框的确定按钮，完成基准面的创建。其步骤如图 3-8 所示。

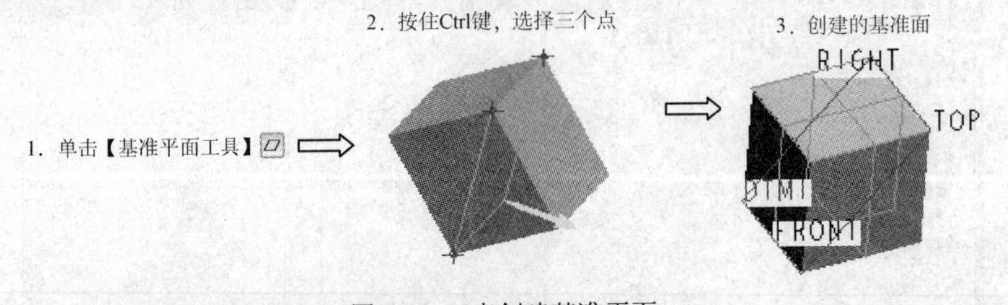

图 3-8 三点创建基准平面

2. 一点和一条直线创建基准面

首先用拉伸特征创建一个矩形实体，单击【基准平面工具】，选择模型中一点和一条直线，单击【基准平面】对话框的确定按钮，完成基准面的创建。其步骤如图 3-9 所示。

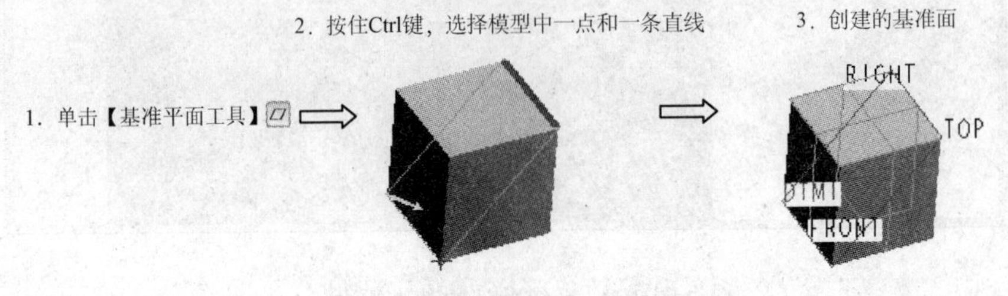

图 3-9 一点和一条直线创建基准面

3．平面偏移创建基准面

首先用拉伸特征创建一个矩形实体，单击▱，选择模型中一个平面，在【基准平面】对话框中输入偏移距离【50】，单击确定按钮，完成基准面的创建。其步骤如图 3-10 所示。

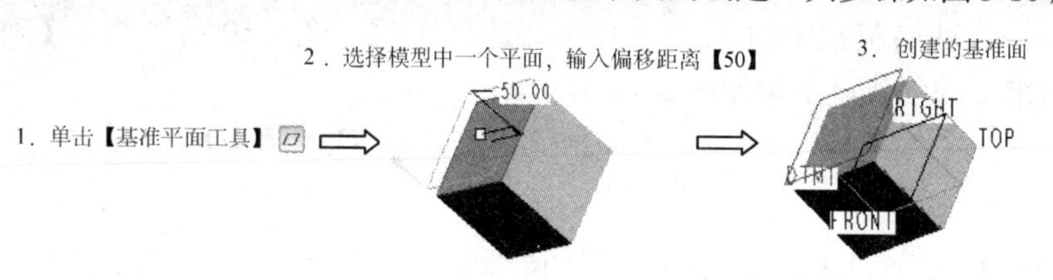

图 3-10　平面偏移创建基准面

4．平面绕一条直线旋转创建基准面

首先用拉伸特征创建一个矩形实体，单击▱，选择模型中一个平面和一条直线，在【基准平面】对话框中输入旋转角度【45】，单击确定按钮，完成基准面的创建。其步骤如图 3-11 所示。

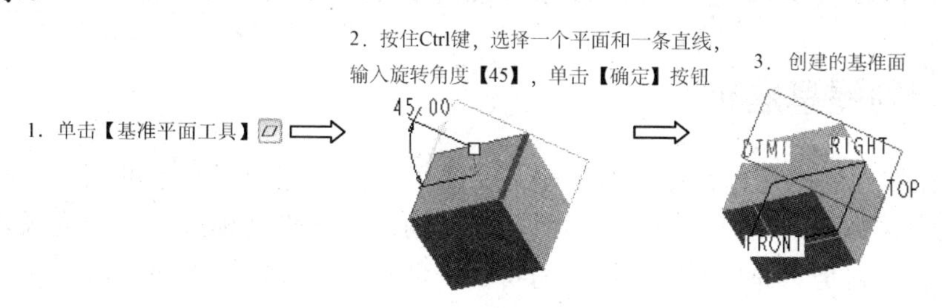

图 3-11　平面绕一条直线旋转创建基准面

5．点与曲面创建基准面

首先用旋转特征创建一个回转实体，单击▱，选择模型中一平面和一点，单击【基准平面】对话框的确定按钮，完成基准面的创建。其步骤如图 3-12 所示。

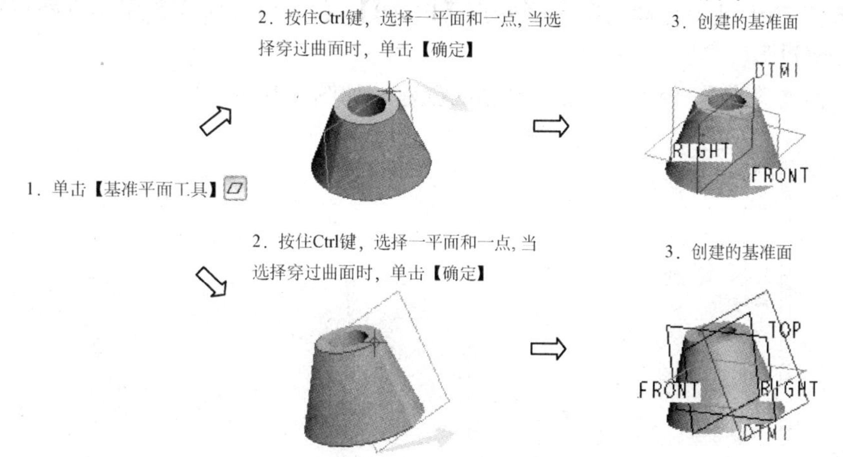

图 3-12　点与曲面创建基准面

📖 提醒：选择【相切】和选择【穿过】选项时，注意观察图形的变化和效果。

6. 通过基准坐标系创建基准面

单击▱，单击特征栏中的 PRT_CSYS_DEF，选择【Z】，输入 50 后，单击【确定】完成基准面的创建，步骤如图 3-13 所示。

1. 单击【基准平面工具】▱
2. 单击特征栏中的【基准坐标系】，选择【Z】，输入50后，单击【确定】
3. 创建的基准面

RIGHT 50.00
PRT_CSYS_DEF
FRONT
TOP
RIGHT
DTM1
FRONT
TOP

图 3-13　通过基准坐标系创建基准面

📖 提醒：在偏距项中，从 X、Y 或 Z 选择并输入平移的距离尺寸，X 表示 RIGHT 面的平移尺寸，Y 表示 TOP 面的平移尺寸，Z 表示 FRONT 面的平移尺寸。

3.1.3　创建基准轴

Pro/E 在零件的创建过程中，基准轴是必不可少的，它类似于基准面，一般在创建旋转类特征以及作为阵列和镜像的中心轴使用，也可以在零件建模过程中作为尺寸参考或者特征参照，因此它是一种重要的辅助参考特征。创建基准轴特征主要有以下 5 种方式。

1. 通过两点创建基准轴

使用该方式创建基准轴较为简单，两点可任意选取，可以是特征中存在的已知点，也可以是后来添加的点。

（1）单击菜单栏中的【插入】选项，在弹出的下拉菜单中选择【模型基准】/【轴】命令或者单击建模界面中的【轴】按钮/，系统弹出【基准轴】对话框。

（2）按住 Ctrl 键，在模型中选择两点【PNT0】、【PNT1】作为参照，且两点的默认约束类型为“穿过”。

（3）单击【确定】按钮，完成基准轴的创建，如图 3-14 所示。

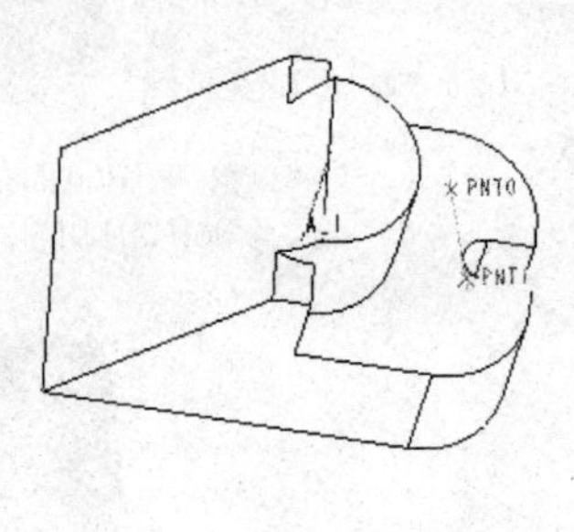

图 3-14　通过两点创建基准轴

2．通过一条直线创建基准轴

该创建方式与通过两点创建基准轴类似，选择基准轴的参照为一条直线即可，且直线要选择已知的边线。

（1）单击菜单栏中的【插入】选项，在弹出的下拉菜单中选择【模型基准】/【轴】命令或者单击建模界面中的【轴】按钮，系统弹出【基准轴】对话框。

（2）在模型中选择一条边线【边：F8】作为参照，且其默认约束类型为“穿过”。

（3）单击【确定】按钮，完成基准轴【A_4】创建，如图3-15所示。

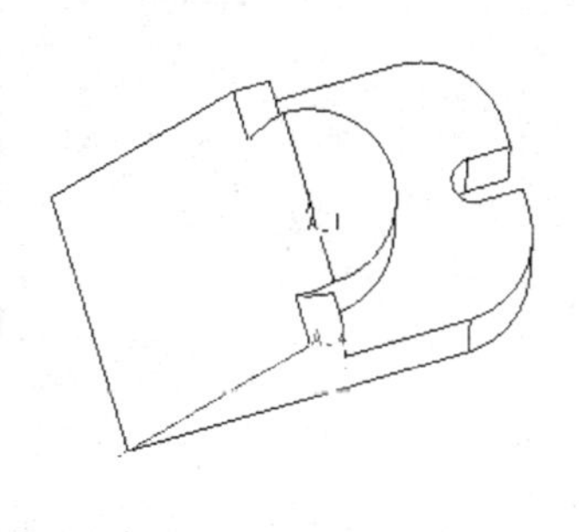

图3-15　通过一条直线创建基准轴

3．通过平面及其上一点创建基准轴

通过平面及其上一点可确定唯一的一条直线，因此可通过该方式创建一个与已知平面垂直的基准轴，可选取平面上的已知边线上的交点，也可以在需要的位置添加一个点。

（1）单击菜单栏中的【插入】选项，在弹出的下拉菜单中选择【模型基准】/【轴】命令或者单击建模界面中的【轴】按钮，系统弹出【基准轴】对话框。

（2）按住 Ctrl 键，在模型中选择一个平面及其上一点作为参照，且平面约束类型为“法向”，点的约束类型为“穿过”。

（3）单击【确定】按钮，完成基准轴创建，如图3-16所示。

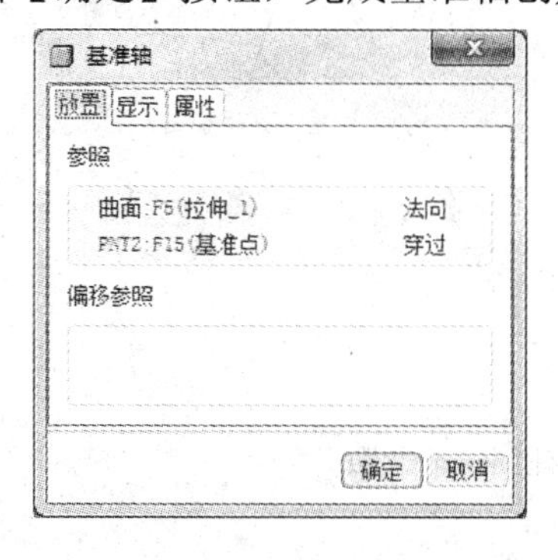

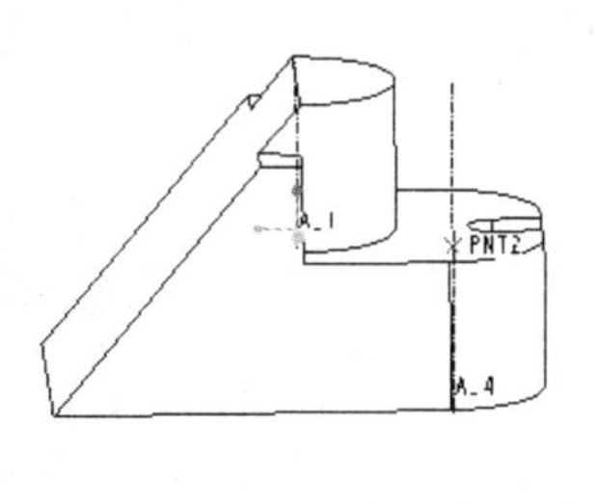

图3-16　通过平面及其上一点创建基准轴

4．通过两个相交平面创建基准轴

两个相交平面确定一条直线，在模型中可选择两个已知的平面来创建一个基准轴，平

面可选取基准面、实体表面或者其他类型的平面。

（1）单击菜单栏中的【插入】选项，在弹出的下拉菜单中选择【模型基准】/【轴】命令或者单击建模界面中的【轴】按钮，系统弹出【基准轴】对话框。

（2）按住 Ctrl 键，在模型中选择两个相交平面作为参照，且两平面的约束类型为“穿过”。

（3）单击【确定】按钮，完成基准轴创建，如图 3-17 所示。

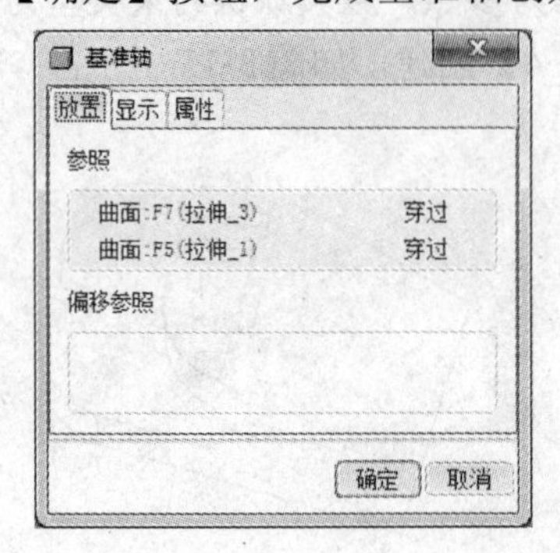

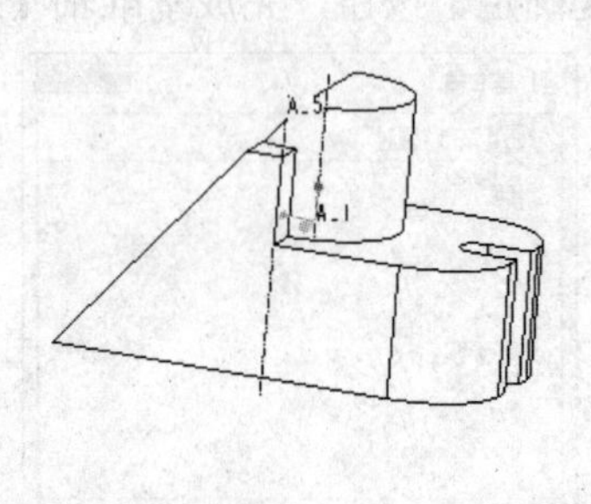

图 3-17　通过两个相交平面创建基准轴

5．通过圆柱模型创建基准轴

由圆柱模型可知，其必存在一个中心轴，因此可通过选择圆柱的外圆面来创建一个基准轴，并且孔、圆台和圆槽等都可用此种方式创建基准轴。

（1）单击菜单栏中的【插入】选项，在弹出的下拉菜单中选择【模型基准】/【轴】命令或者单击建模界面中的【轴】按钮，系统弹出【基准轴】对话框。

（2）按住 Ctrl 键，在模型中选择一个圆柱圆面作为参照，且其约束类型为“穿过”。

（3）单击【确定】按钮，完成基准轴创建，如图 3-18 所示。

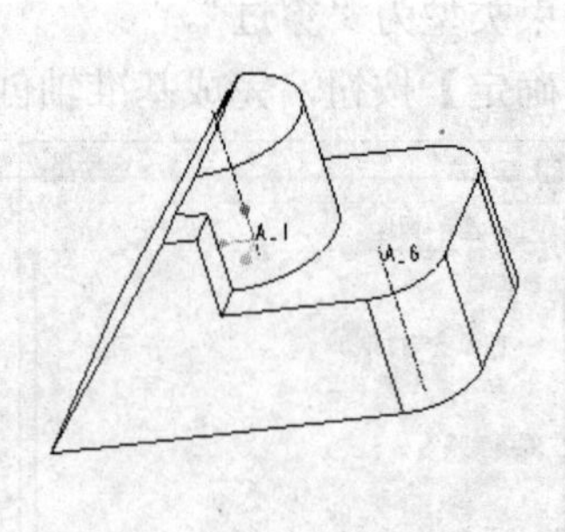

图 3-18　通过圆柱创建基准轴

3.2 基础特征建模

本节主要介绍基础特征建模，包括旋转特征建模、拉伸特征建模、扫描特征建模、螺旋扫描特征建模操作，读者要仔细体会基础特征的作用和创建方法，以及基础特征在造型设计中的特征效果。

3.2.1 旋转特征建模

旋转特征是由截面经旋转中心轴旋转而成的特征，要求旋转截面全部位于旋转轴线的一侧。该工具主要用于生成回转体类模型特征，如盘类、端盖、齿轮类零件。它同拉伸特征一样，可以创建实体、曲面、薄壁以及旋转剪切四种类型。

单击【新建】按钮，或选择【文件】/【新建】命令，在弹出的对话框中选中【零件】单选按钮，默认文件名为“ptr0001”，取消选中【使用缺省模板】复选框，单击确定按钮。将模板设置为【mmns_part_solid】，其单位为【米制】，单击确定按钮，进入零件创建界面。

单击【旋转】按钮，或选择【插入】/【旋转】命令，系统将弹出旋转操控面板，如图 3-19 所示。

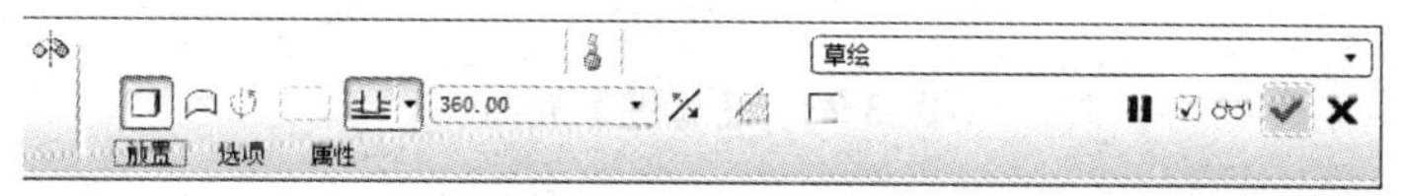

图 3-19 旋转操控面板

各按钮功能简介如下：

- ——旋转为实体。
- ——旋转为曲面。
- ——从草绘平面以指定的角度值旋转。
- ——在草绘平面两个方向上以指定的角度值的一半在草绘平面的两侧旋转。
- ——旋转至指定的点、平面或曲面。
- ——将旋转的角度方向改为草绘的另一侧。
- ——加厚草绘。
- ——移除材料。
- ——暂停此工具以访问其他对象操作工具。
- ——取消特征创建/重定义。

在操控面板中，【放置】用来定义旋转草绘平面、参照平面和草绘方向，在定义好草绘框后即可单击【草绘】，进入草绘界面，进而绘制零件草图，【放置】界面如图 3-20 所示。

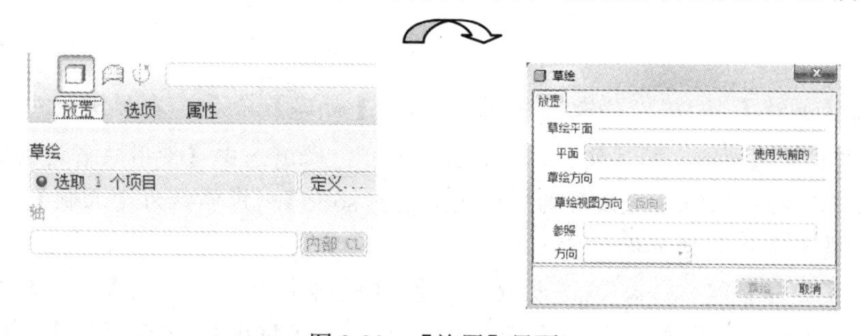

图 3-20 【旋置】界面

【选项】用来定义旋转变量和旋转角度，也可在上方的操控面板中直接设置。如图 3-21

所示。

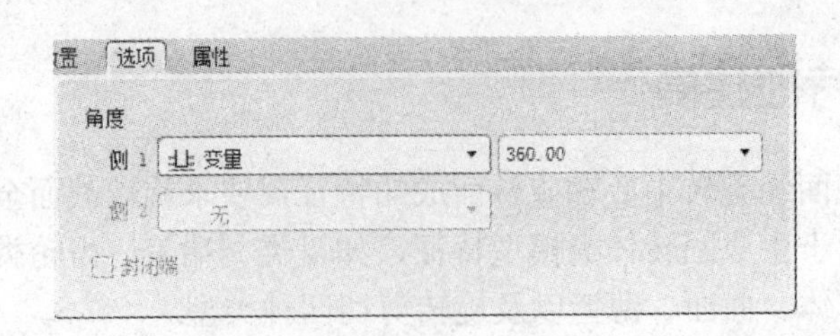

图 3-21 【选项】界面

【属性】用来设置创建零件的名称，如图 3-22 所示。

图 3-22 【属性】界面

设计过程：创建法兰盘旋转特征

下面来创建如图 3-23 所示的法兰盘旋转特征。通过本例题来练习旋转特征，旋转特征是在草绘环境下绘制一旋转轴，再绘制一旋转截面草图，通过旋转命令，可以将截面图绕旋转轴旋转指定角度，生成旋转实体或片体。

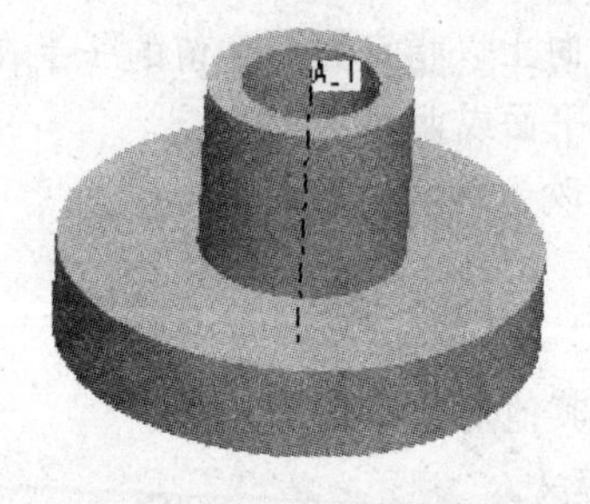

图 3-23 创建法兰盘旋转特征

设计过程

[1] 单击【新建】按钮，或选择【文件】/【新建】命令，在弹出的对话框中选中【零件】单选按钮，输入文件名“xuanzhuan”，取消选中【使用缺省模板】复选框。

[2] 单击确定按钮。将模板设置为【mmns_part_solid】，其单位为【米制】，单击确定按钮，进入零件创建界面。

[3] 单击【旋转】按钮，或选择【插入】/【旋转】命令，单击【放置】选项卡中的定义...按钮，选择草绘平面【RIGHT】、参照面【TOP】、方向【左】，单击草绘按钮，进入草绘环境。

[4] 使用工具栏中的各项功能，绘制如图 3-24 所示的旋转截面和旋转轴，并且要注意绘制旋转轴线时要使用【几何中心线】，这样才能得到旋转特征。

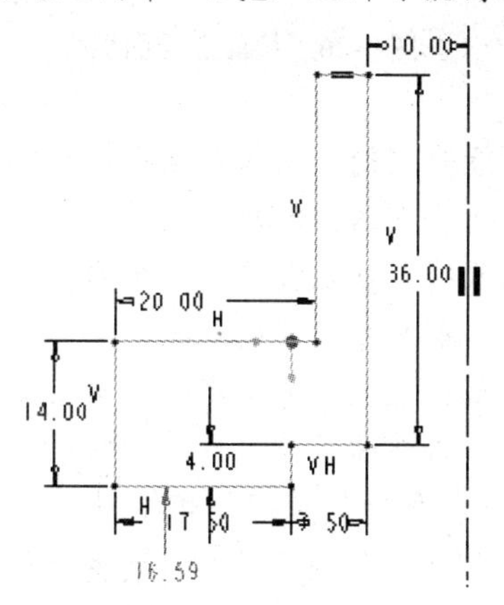

图 3-24　绘制旋转截面和旋转轴草图

[5] 单击【确认】按钮✔，进入旋转设置操控面板，然后按照图 3-25 所示进行操作。

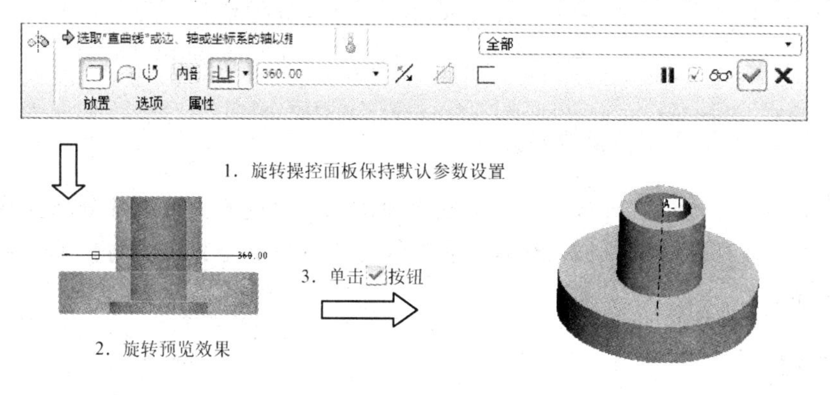

图 3-25　创建旋转特征

> 提醒：特征创建方向按钮可以改变旋转特征的旋转方向，若单击按钮，则拉伸特征被设置为相反方向，在实际设计时可观察到模型中图形会出现方向箭头。

3.2.2　拉伸特征建模

在进行 Pro/E 三维设计时执行该命令，可以将截面曲线沿指定方向拉伸一定距离，用来生成实体或片体。

拉伸特征就是用指定的二维截面沿垂直于二维截面的方向生成三维实体。创建方法有两种：第一种是在草绘环境下绘制草图通过拉伸生成实体；第二种是直接单击【拉伸】按钮，选取一平面在其上绘制图形，单击【确定】按钮即可完成创建。

拉伸操控面板如图 3-26 所示。

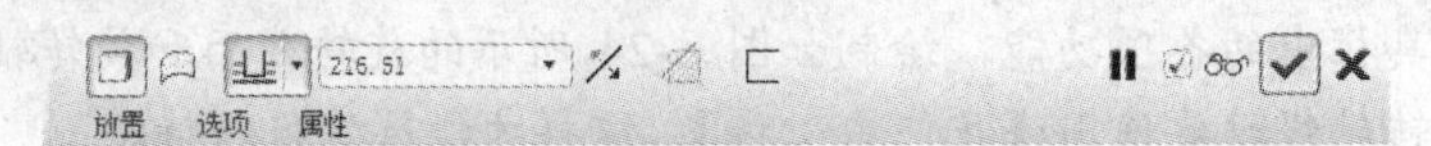

图 3-26　拉伸操控面板

其中，各选项的意义如下：

- 【盲孔】——用于草绘平面的一侧将截面拉伸到指定距离。
- 【对称】——用于草绘平面的两侧将截面拉伸到指定距离的一半。
- 【到下一个】——用于将截面拉伸到下一个曲面。
- 【穿透】——用于拉伸截面穿透所有对象。
- 【穿至】——用于将截面拉伸到与选定的曲面相交。
- 【到选定项】——用于将截面拉伸到选定的对象，包括点、曲线、平面或曲面。
- 【拉伸实体】——用于拉伸时创建拉伸实体。
- 【拉伸为曲面】——用于拉伸时创建拉伸为曲面的模型。
- 【定义拉伸距离】216.51 ——用于拉伸时定义拉伸距离。
- 【选取方向】——用于拉伸时定义拉伸方向。
- 【移除材料】——用于拉伸实体时去除材料。
- 【特征预览】——用于拉伸实体时完成拉伸前的预览。
- 【暂停】——用于拉伸时暂停此工具以访问其他对象操作工具。

建模步骤：创建工字型钢拉伸实体

下面来创建如图 3-27 所示的工字型钢拉伸特征。通过本例题来练习拉伸特征，拉伸特征是在草绘环境下绘制一草图，通过拉伸命令，可以将其沿指定方向拉伸一定距离，生成实体或片体。

设计过程

[1] 单击【新建】按钮，或选择菜单【文件】/【新建】命令，选择【零件】零件，输入文件名，不使用使用缺省模板，单击确定按钮，将模板设置为【mmns_part_solid】，其单位为【米制】，单击确定按钮，进入零件创建界面。

[2] 单击【拉伸】按钮，或选择菜单【插入】/【拉伸】命令，单击位置中的定义...按钮；选择草绘平面【FRONT】、参照面【RIGHT】、方向【右】，单击草绘按钮，进入草绘制环境，绘制如图 3-28 所示的拉伸面草图。

图 3-27　创建工字型钢拉伸特征

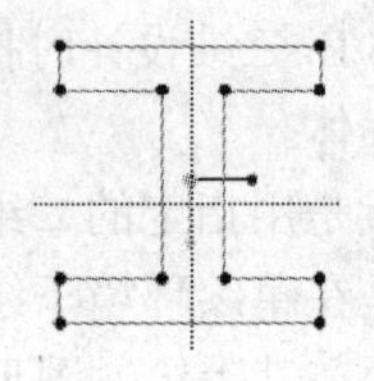

图 3-28　绘制拉伸面草图

[3] 设置拉伸长度（深度）和特征创建方向，如图 3-29 所示。

图 3-29 拉伸特征操控面板

[4] 拉伸特征效果如图 3-30 所示。

图 3-30 拉伸特征效果

3.2.3 扫描特征建模

有些实体不是简单的直线和圆弧形成的，而是由曲面生成的，这时可以通过扫描特征来生成实体。

扫描特征就是将指定的剖面沿一条指定的轨迹扫出一个实体特征。即首先绘制一个扫描轨迹，在轨迹的一个端点绘制拉伸截面，从而形成实体。

选择【插入】/【扫描】/【伸出项】命令，同时弹出【伸出项：扫描】对话框和扫描轨迹【菜单管理器】，如图 3-31 所示。

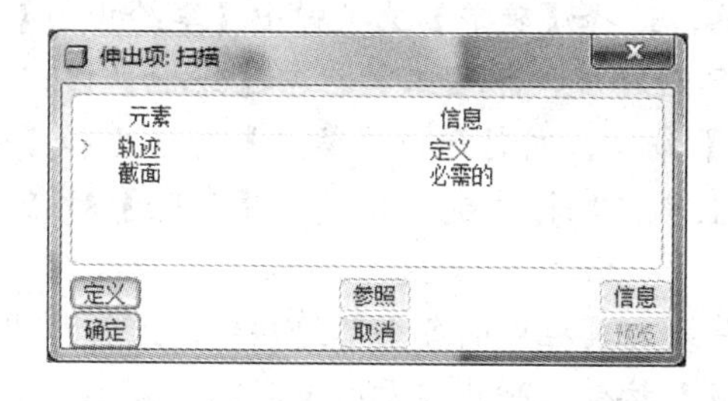

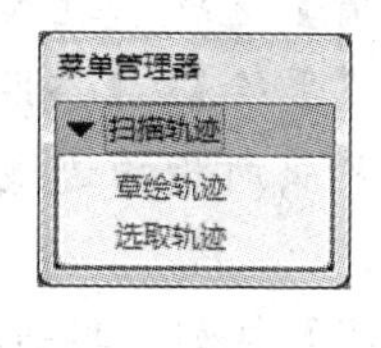

图 3-31 【伸出项：扫描】对话框和扫描轨迹【菜单管理器】

其中【伸出项：扫描】对话框中的 › 表明当前所处的操作环境，例如当前是轨迹的定义环境。相应的菜单管理器中显示的是轨迹的相关操作，其中【草绘轨迹】是直接绘制扫描轨迹。而【选取轨迹】是在扫描前事先画好了扫描轨迹，选取即可。

当选择【草绘轨迹】时弹出设置草绘平面的【菜单管理器】，可以选择【使用先前的】和【新设置】来确定草绘平面。选取后会弹出选取方向的选项，单击【确定】按钮。在草绘环境下绘制扫描轨迹，单击✓按钮，进入绘制截面环境。在草图环境下绘制将要扫描的实体截面。单击✓按钮，单击【伸出项：扫描】对话框中的【确定】按钮，完成扫描特征的创建，如图 3-32 和图 3-33 所示。

图 3-32　设置草绘平面

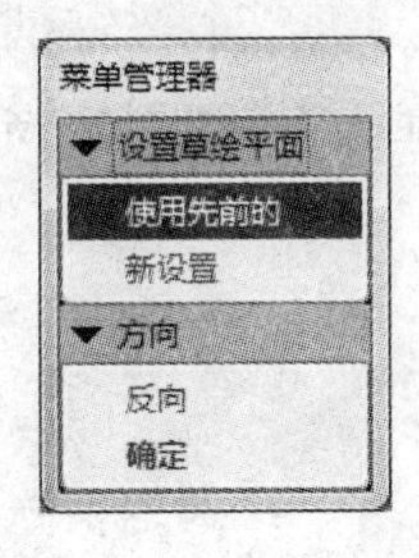

图 3-33　设置方向

操作实例：水杯实体造型

下面来创建如图 3-34 所示的水杯扫描特征。通过本例题来介绍扫描特征，首先通过旋转命令创建水杯主体实体模型，再选择一个与水杯垂直的，在其上绘制水杯手柄的曲线，然后在一端点绘制截面图形，单击【确定】来完成造型设计。

图 3-34　创建水杯扫描特征

设计过程

[1] 选择【插入】/【扫描】/【伸出项】命令，同时弹出【伸出项：扫描】对话框和扫描轨迹【菜单管理器】，单击【草绘轨迹】选项，弹出【设置草绘平面】菜单管理器，在模型树中选择【TOP】选项，弹出【方向】管理器，选择【确定】选项弹出【草绘视图】菜单管理器。

[2] 单击【缺省】选项，进入草绘环境，单击工具栏中【线框】按钮，以线框模式显示，选择【草绘】/【参照】命令，同时弹出【参照】对话框和【选取】对话框，在模型中箭头所指的边线上单击鼠标左键，此时在【参照】对话框中添加了一个参照选项。

[3] 单击【关闭】按钮，单击草绘工具栏中的各个草绘按钮，绘制草图。

[4] 单击草绘工具栏中的【完成】按钮，弹出【属性】菜单管理器，选择【合并端】。选择【完成】选项，同时切换到截面状态，绘制截面图形。

[5] 单击草绘工具栏中的【完成】按钮，完成界面绘制并退出草绘环境，返回到【伸出项：扫描】对话框，单击工具栏中的着色按钮，以着色模式显示，单击【确定】按钮。

扫描特征步骤如图 3-35 所示。

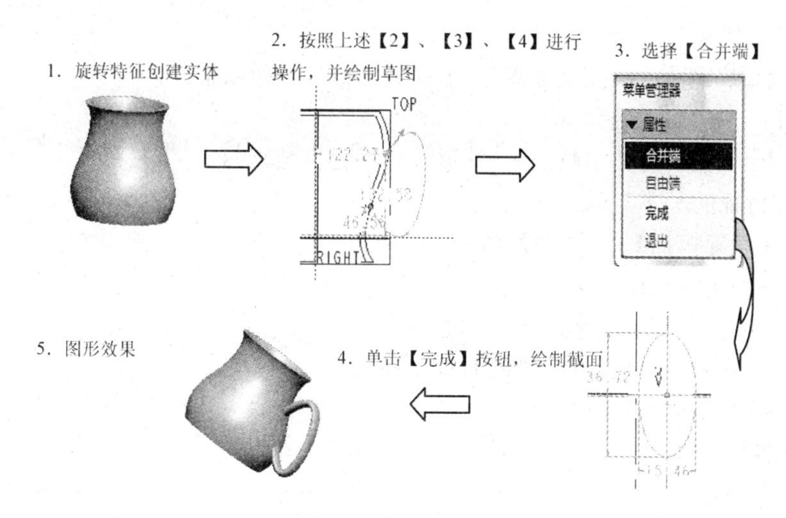

图 3-35　扫描特征

3.2.4　螺旋扫描特征建模

螺旋扫描特征是根据一个草图截面沿轴线方向和螺旋线轨迹扫描而形成的一种特征，是使用非常广泛的一种实体特征，其创建方法简单实用，而且是使用其他方法创建实体特征的基础。在 Pro/E 的螺旋扫描特征中非常常见的创建方式有两种，第一种是【螺旋扫描】/【伸出项】操作，用于设计中填加材料；第二种是【螺旋扫描】/【切口】操作，用于设计中去除材料。该特征主要可在螺栓、螺母、蜗轮、蜗杆等螺旋特征的造型方法中使用，其余还有【薄板伸出项】、【薄板切口】、【曲面】、【曲面修剪】和【薄曲面修剪】5 种类型。

建立螺旋扫描特征的主要条件：

- 必须有一个中心线作为扫描主轴线、外形线作为扫描轨迹线和草绘扫描截面。
- 必须指定螺旋扫描的类型以及相关的参数。

以伸出项为例，在主菜单中选择【插入】/【螺旋扫描】/【伸出项】命令，则弹出【螺旋扫描】特征操控面板的基本界面，如图 3-36 所示。

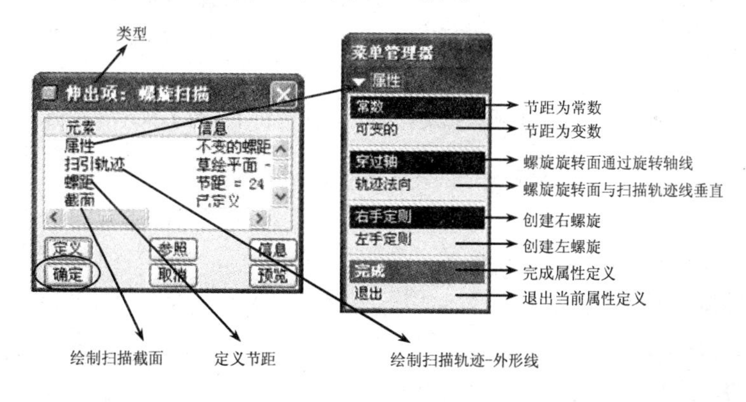

图 3-36　【伸出项：螺旋扫描】特征操控面板

设定螺旋扫描特征的开始条件：

- 【定义】：从定义的扫描轨迹线-外形线的始点起开始扫描。

终止条件：

- 【定义】：以定义的扫描轨迹线-外形线的终止点结束扫描。

螺旋扫描特征的基本步骤如下：

① 选择【螺旋扫描】/【属性】命令。

② 选择各种属性进行定义。

③ 选择草绘平面和参考平面。

④ 绘制螺旋扫描轨迹线，轨迹线有如下特点：

- 必须有中心线作为旋转中心。
- 必须是非封闭的。
- 必须是连续的。
- 线上各点切线不能与中心线正交。

⑤ 输入螺旋节距。

⑥ 绘制螺旋截面。

⑦ 单击特征操控面板的【确定】按钮，完成操作。

弹簧件一般使用添加材料的方法，螺栓、螺母中的螺纹往往采用去除材料的方法，以下以螺旋扫描伸出项为例进行介绍。

（1）在菜单栏中单击【插入】/【螺旋扫描】/【伸出项】命令，则系统弹出【伸出项：螺旋扫描】对话框以及【属性】菜单管理器，如图3-37所示。

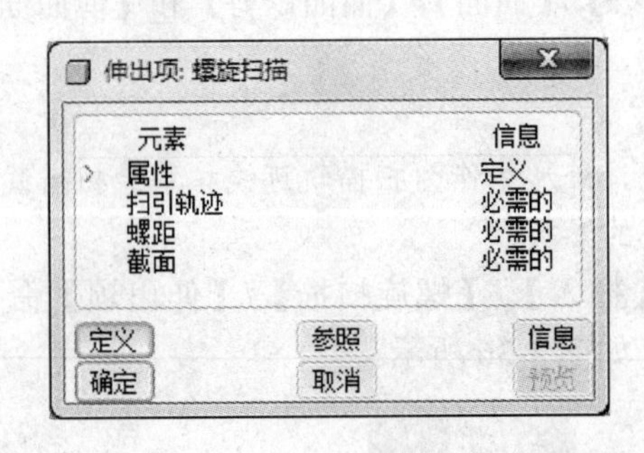

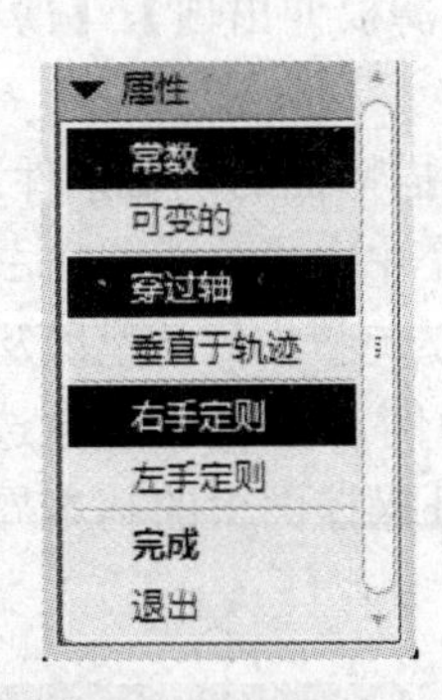

图3-37 【伸出项：螺旋扫描】对话框和【属性】菜单管理器

【伸出项：螺旋扫描】对话框中各选项含义如下。

- 属性：用来指定特征属性。
- 扫引轨迹：指定旋转面的轮廓。
- 螺距：用来指定螺旋线。
- 截面：指定草绘截面。
- 【定义】按钮：用来定义/更改特征步骤。
- 【参照】按钮：显示所选元素的参照信息。

- 【信息】按钮：显示当前特征的信息。
- 【确定】按钮：用以提交并继续。
- 【取消】按钮：退出当前处理。
- 【预览】按钮：预览特征。

【属性】菜单管理器中各选项的含义如下。

- 常数：螺距是常数。
- 可变的：螺距是可变的并由某图形定义。
- 穿过轴：横截面位于穿过旋转轴的平面内。
- 垂直于轨迹：确定横截面方向，使之垂直于轨迹或旋转面。
- 右手定则：使用右手定则定义轨迹。
- 左手定则：使用左手定则定义轨迹。

（2）通常使用【螺旋扫描】创建螺纹特征一般是在属性中选择【常数】/【穿过轴】/【右手定则】来定义螺旋截面，然后单击【完成】，则弹出【设置草绘平面】菜单管理器，选择草绘平面。定义【草绘基准平面】，此时单击所要选择的基准面，单击【确定】，方向选择【底部】，然后单击【缺省】，绘制【扫描轨迹】，如图3-38所示。

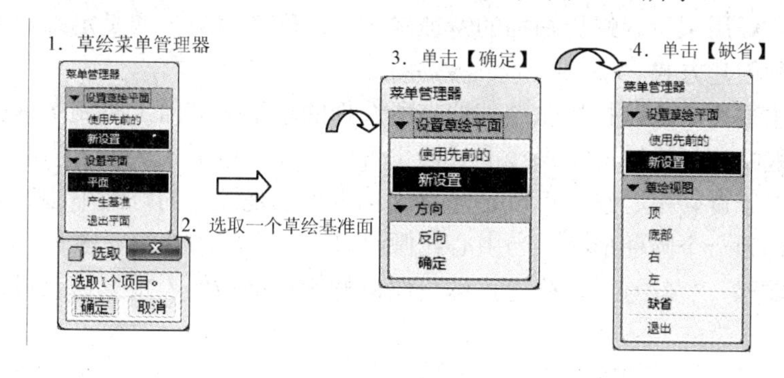

图3-38 选择草绘基准面

以上菜单管理器中各项含义如下。

- 使用先前的：使用前一个带有三维截面特征的草绘平面。
- 新设置：选取或创建一张草绘平面与侧平面。
- 平面：选取参照平面。
- 产生基准：创建要用做参照平面的基准。
- 退出平面：退出参照平面的选取/创建。
- 反向：切换箭头方向，等价于鼠标右键。
- 草绘视图：为草绘选取或创建一个水平或垂直的参照。
- 顶、底部、右、左：为草绘平面选取相应部分的参考。
- 缺省：在自然位置定位草绘平面。

（3）在草绘界面中，绘制一条中心线和一条扫引轨迹直线，且两条线不能垂直。绘制完成后单击✓按钮，这时系统会弹出【输入节距值】文本框，在文本框中输入一个节距值，单击☑按钮返回草绘环境，在扫描轨迹起点绘制“扫描截面”曲线，最后单击【伸出项：螺旋扫描】对话框中的【确定】按钮，最后完成创建，如图 3-39 所示。

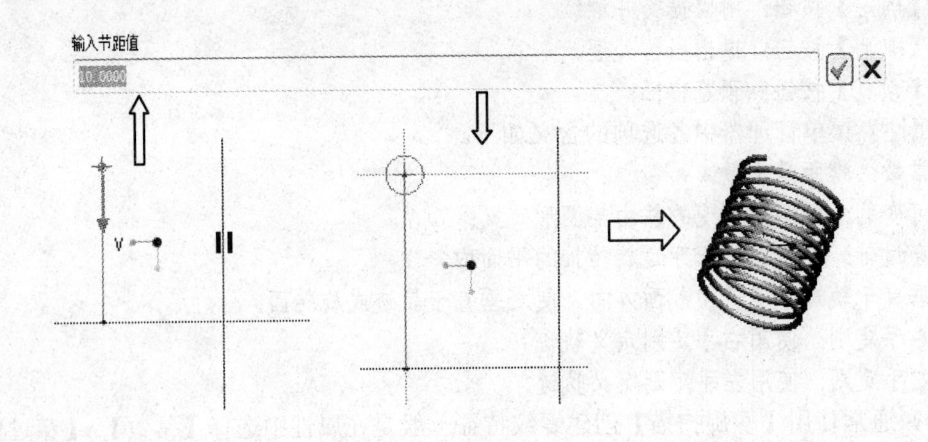

图 3-39　创建螺旋扫描

分析：

步骤 1　主要用来设置螺旋扫描的特征参数，一般使用最多的是定螺距螺旋扫描，也是较简单的一种创建方式。

步骤 2　主要用来绘制扫描轨迹，即在所选择的草绘基准面上绘制螺旋扫描轨迹和旋转中心轴，一般螺旋扫描轨迹是直线型式，也可以定义其他形式，但常用的标准零件都是直线型式的；对于旋转中心线，可以是竖直的，也可以是倾斜的，当中心线竖直时所生成的弹簧总的轮廓为一个圆柱形状，当中心线倾斜时，所生成的弹簧轮廓是一个圆锥形状。

步骤 3　输入“节距值”，确定后即可绘制螺旋扫描截面，根据需要可绘制不同的截面。

3.3　综合实例——六角头螺栓的造型设计

设计要求

建立螺栓 GB5782—86 M10×40 的三维模型。已知：六角头螺栓（GB5782—86）的外形结构简图，如图 3-40 所示。标准化产品的系列规格如表 3-1（引自《机械设计手册软件版 2.0》）所示。

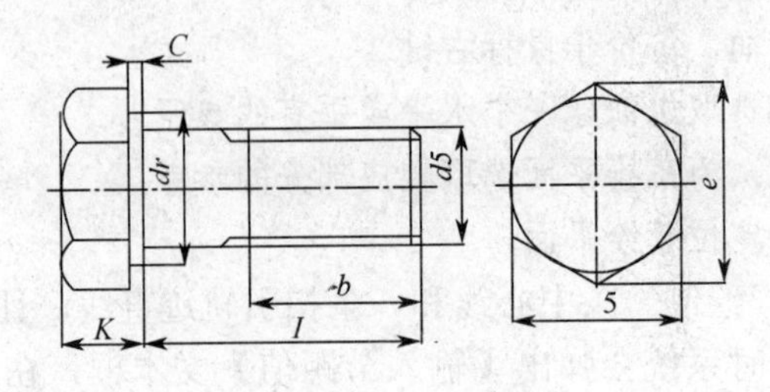

图 3-40　创建六角头螺栓实体

表 3-1 系列规格螺栓 GB5782—86

螺纹规格 d	b 参考 l≤125	b 参考 125<l≤200	b 参考 l>200	c_{max}	d_w minA	D_w minB	E minA	E minB	K 公称	S 公称	l 范围
M8	22	28	—	0.6	11.6	11.4	14.38	14.2	5.3	13	35～80
M10	26	32	—	0.6	14.6	14.4	17.77	17.59	6.4	16	40～100
M12	30	36	—	0.6	16.6	16.4	20.03	19.85	7.5	18	45～120
M16	38	44	57	0.8	22.5	22	26.75	26.17	10	24	55～160

设计过程

根据表 3-1 可知螺栓 GB5782—86 M10×40 的外形尺寸为：

名称=六角头螺栓-A 级和 B 级

标准−摘自 GB/T 5782—1986

单位=（mm）

螺纹规格 d=M10

b 参考\\l≤125=26

b 参考\\125<l≤200=32

b 参考\\l>200=—

c（max）=0.6

d_w（min）\A=14.6

d_w（min）\B=14.4

e（min）\A=17.77

e（min）\B=17.59

K 公称=6.4

s（max=公称）=16

l 范围=40 ~ 100

[1] 单击【新建】按钮，或选择【文件】/【新建】命令，在弹出的对话框中选中【零件】单选按钮，输入文件名“luoshuan”，取消选中【使用缺省模板】复选框，单击确定按钮。

[2] 将模板设置为【mmns_part_solid】，其单位为【米制】，单击确定按钮，进入零件创建界面。

[3] 单击【拉伸】按钮，或选择【插入】/【拉伸】命令，准备创建拉伸特征。

[4] 单击【放置】选项卡中的定义...按钮，选择草绘平面【TOP】、参照面【RIGHT】、方向【右】，单击草绘按钮，进入草绘环境。

[5] 使用工具栏中的各项功能，绘制如图 3-41 所示草图及生成拉伸特征。

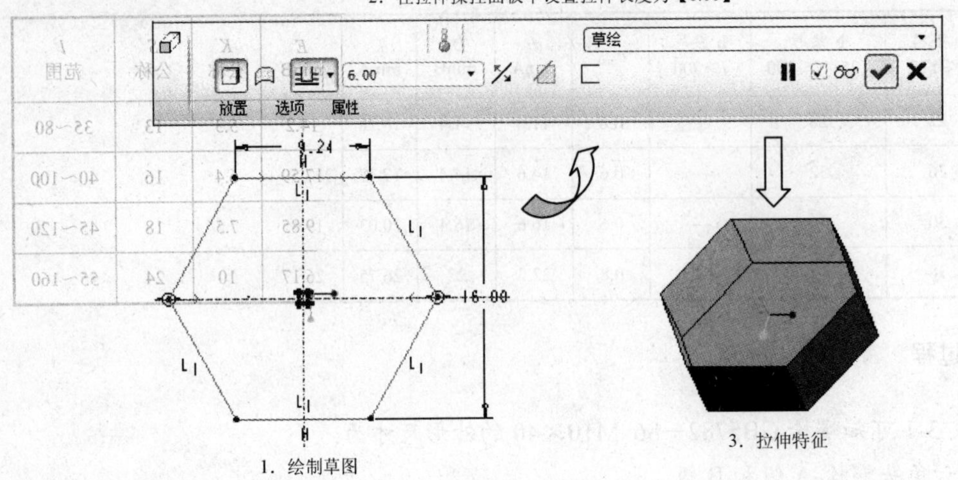

图 3-41 创建拉伸特征 1

[6] 单击【拉伸】 /【放置】/【定义】，选择六角螺帽内表面为草绘平面，RIGHT 为参照。单击【草绘】按钮，进入草绘界面。绘制草图及生成特征，如图 3-42 所示。

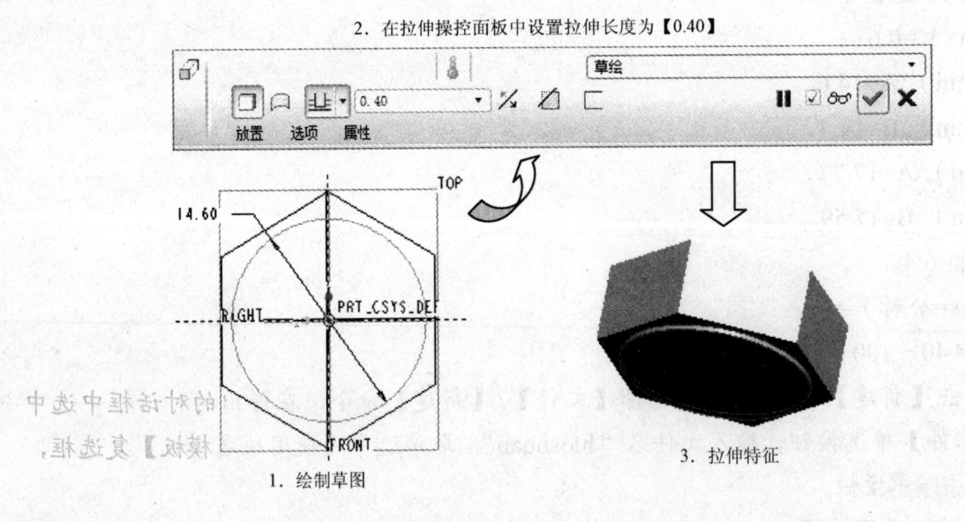

图 3-42 创建拉伸特征 2

[7] 单击【旋转】按钮 ，选择【放置】/【定义】，进入草绘对话框，定义 FRONT 为草绘基准面，RIGHT 为参考平面，方向选择【左】，单击 草绘 按钮，进入草绘界面，单击【几何中心线】按钮 ，绘制六角螺帽中心线，如图 3-43 所示。

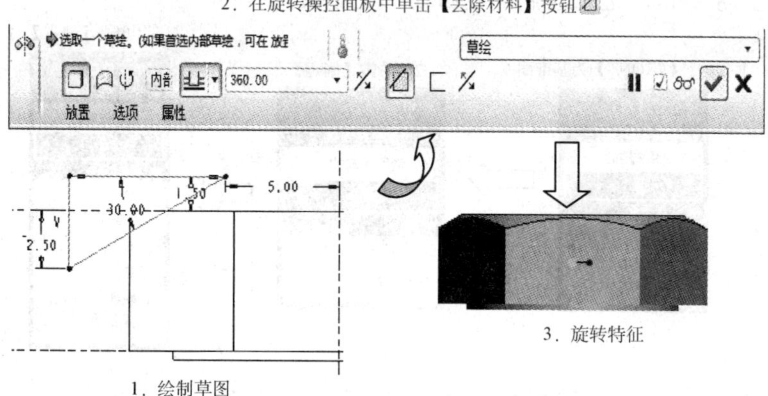

图 3-43　创建旋转切除特征

[8] 单击【拉伸】/【放置】/【定义】，选择六角螺帽内表面为草绘平面，RIGHT为参照。单击【草绘】按钮，进入草绘界面。绘制如图 3-44 所示螺杆草图，单击【完成】按钮。

[9] 输入拉伸长度【40】，如图 3-45 所示，单击【完成】按钮。螺杆效果如图 3-46 所示。

[10] 在菜单栏中单击【插入】/【螺旋扫描】/【切口】命令，则系统弹出【切剪：螺旋扫描】对话框以及【属性】菜单管理器，如图 3-47 所示，单击 完成 按钮。

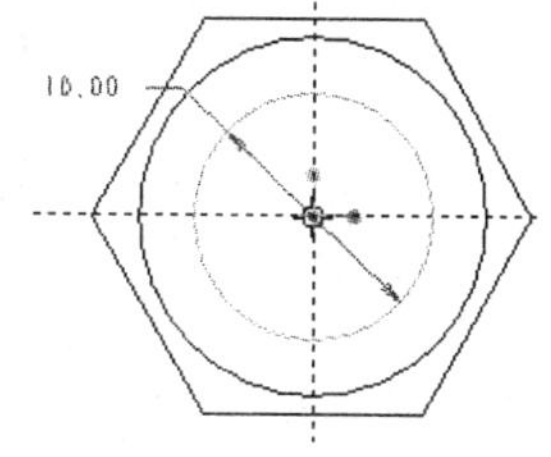

图 3-44　螺杆草图

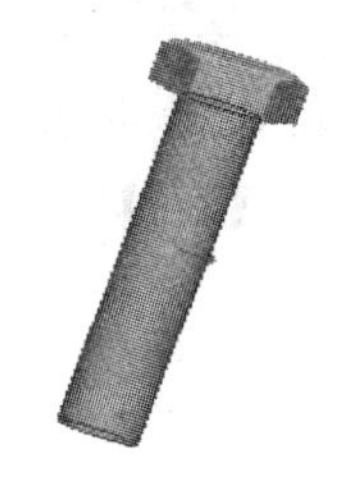

图 3-45　定义拉伸长度

图 3-46　螺杆实体

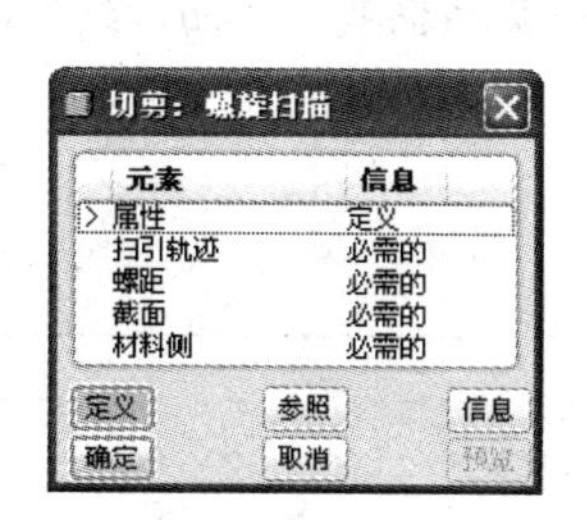

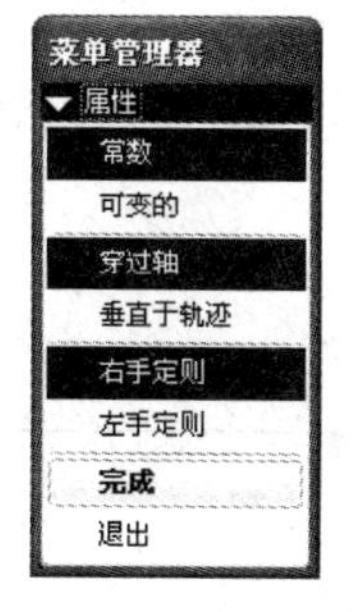

图 3-47　【切剪：螺旋扫描】对话框和【属性】菜单管理器

[11] 定义基准面，单击选择【FRONT】面，依次单击【确定】按钮、【缺省】按钮，如图 3-48 所示，进入绘制螺旋扫描轨迹界面。

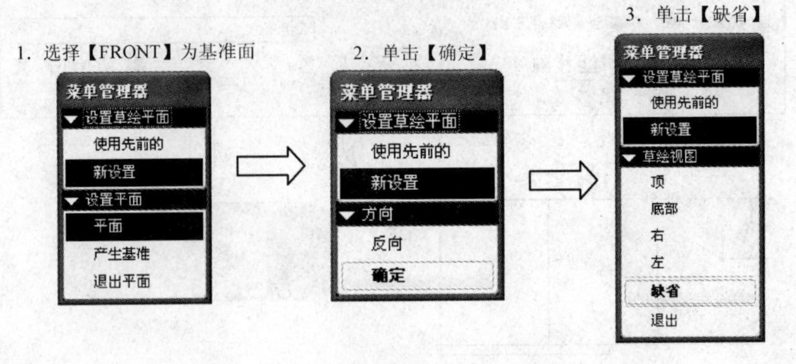

图 3-48　定义基准、方向和视图

[12] 绘制螺旋扫描轨迹长度线和轴线，如图 3-49 所示。

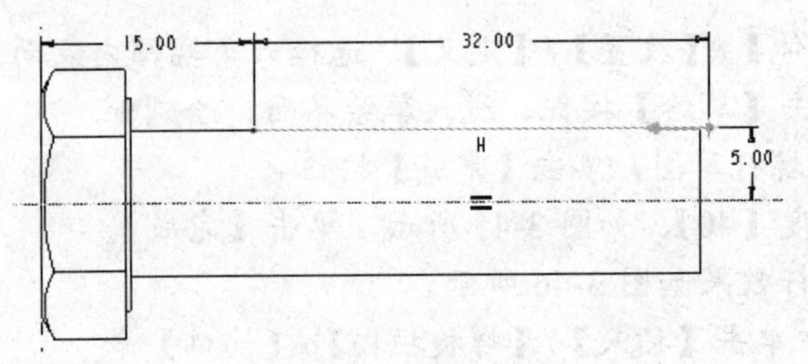

图 3-49　绘制螺旋扫描轨迹长度线和轴线

提醒：绘制 32mm 长度轨迹线时有方向性，应从起点开始绘制到箭头末端，其尺寸可以进行修改。

[13] 单击【完成】按钮✓。弹出如图 3-50 所示对话框，定义节距为 1.2，即输入【1.2】。

图 3-50　定义节距值

[14] 单击【完成】按钮✓。进入绘制螺旋扫描截面界面，绘制的截面如图 3-51 所示。

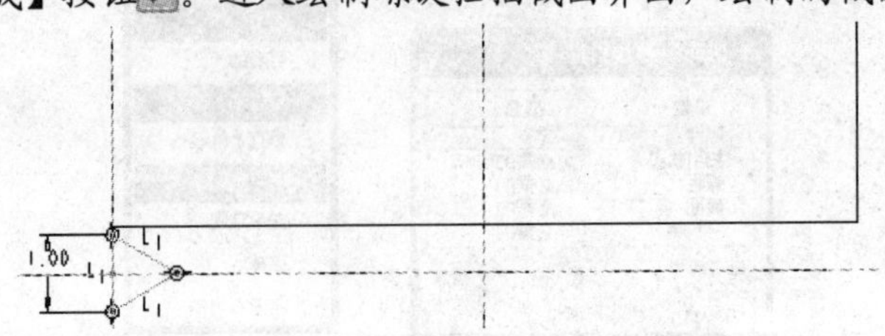

图 3-51　绘制边长为 1 的扫描截面

[15] 单击【完成】按钮✓。按照图 3-52 依次单击【确定】按钮。

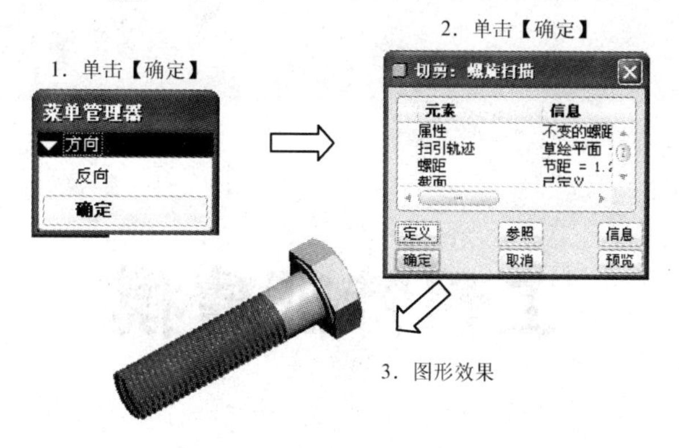

图 3-52　定义切剪方向和切剪特征

3.4 思考与练习

1. 思考题

（1）特征的概念是什么？

（2）形如法兰盘类零件的设计特点有哪些？

（3）拉伸和旋转特征有什么异同点？

（4）简述使用 Pro/E 软件进行三维零件设计时定义基准平面的作用。

2. 练习题

拟设计一曲轴，其三维造型效果如图 3-53 所示，尺寸自定。

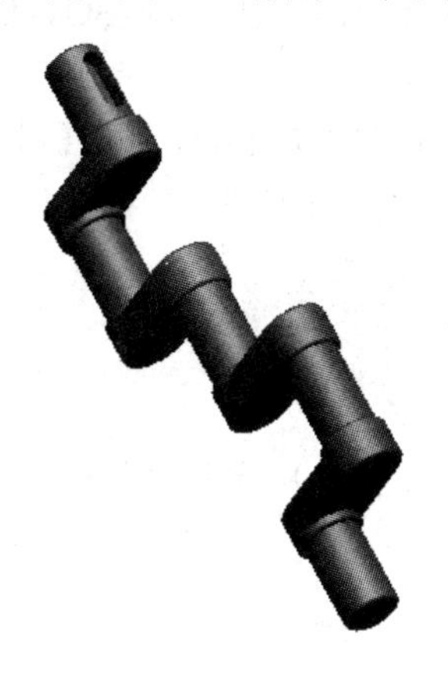

图 3-53　创建曲轴的三维造型

第 4 章

工程特征建模

在创建机械零件特征时，会遇到许多复杂或者不易创建的模型特征，如复杂曲面、对称特征以及多个零件的排列组合等，这些特征用一般的建模方法比较麻烦或者难以创建。因此在三维软件中添加了许多工程特征，例如孔、筋、拔模、边界混合、镜像和阵列等，使得创建过程更加简便。

4.1 工程特征

在一般的特征创建过程中，用到的较多的特征为孔、筋以及倒角特征，因此对这些特征的了解和掌握是提高创建模型效率的前提。

4.1.1 孔特征建模

通过 Pro/E 软件自带的孔特征可以创建平直圆孔、草绘孔和标准螺纹孔。若绘制标准螺纹孔，Pro/E 软件提供了三个标准的螺纹孔，即 ISO、UNC 和 UNF，这些特征的创建都是通过孔操控面板完成的。

选择一个已创建好的模型，选择菜单【插入】/【孔】命令或者单击面板中的【孔】按钮，系统弹出孔操控面板，如图 4-1 所示。

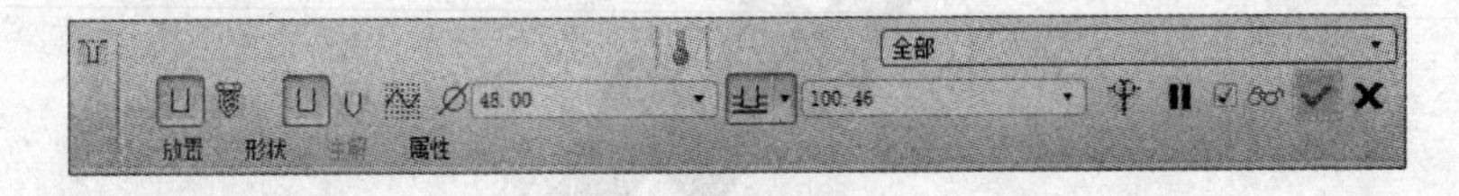

图 4-1　孔操控面板

1. 面板中各选项介绍

- ——创建简单孔。
- ——创建标准孔。
- ——使用预定义矩形作为钻孔轮廓。
- ——使用标准孔轮廓作为钻孔轮廓。
- ——使用草绘定义钻孔轮廓。
- 48.00 ——输入钻孔的直径的值，可以从最近使用的值的菜单中选取，或拖动控制滑块调整。

- ——将孔几何表示设置为轻量化开或关。

2.【放置】介绍

单击操控面板中的【放置】，弹出【放置】面板。在该面板中可设置放置位置、放置类型、偏移参照、方向和尺寸方向参照，【放置】面板如图 4-2 所示。

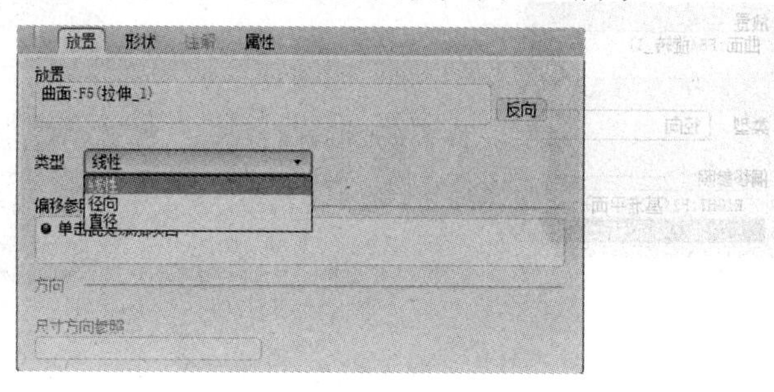

图 4-2 【放置】面板

（1）同轴孔放置

放置用来选择孔的位置，定义孔特征的放置参照，可以是平面、曲面，在使用时首先单击【放置】文本框，激活文本框进行放置参照选取，右侧的【反向】按钮可用来改变孔的放置方向，若在【放置】文本框中选择了一个放置平面和一条轴线，则放置类型默认为【同轴】，如图 4-3 所示。

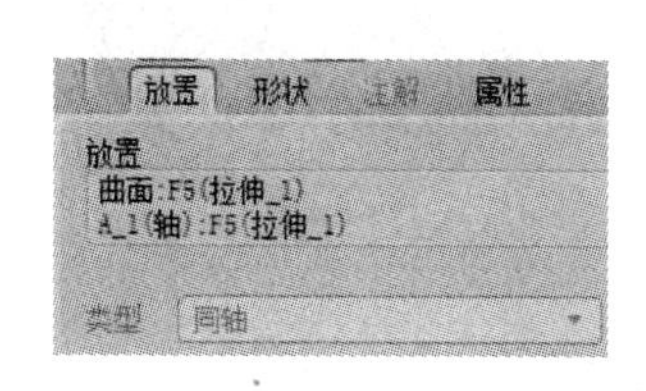

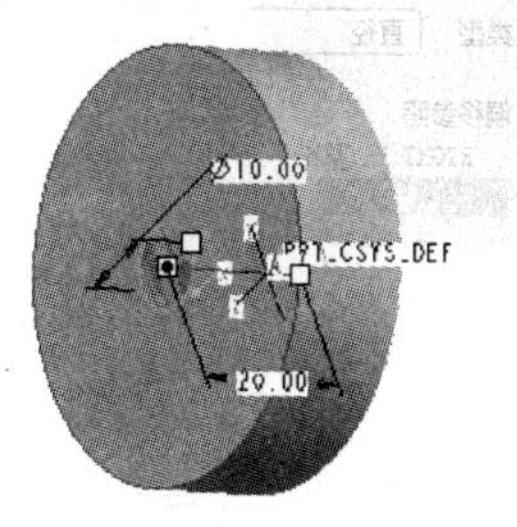

图 4-3 同轴孔放置

（2）线性孔放置

线性孔是较常用的孔类型，它由一个放置曲面和两个偏移参照定义且偏移参照类型为距离，其中偏移参照可选择平面、直线、轴线等，如图 4-4 所示。

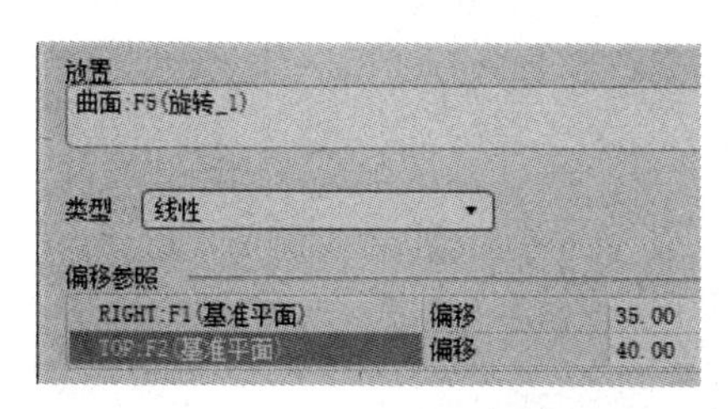

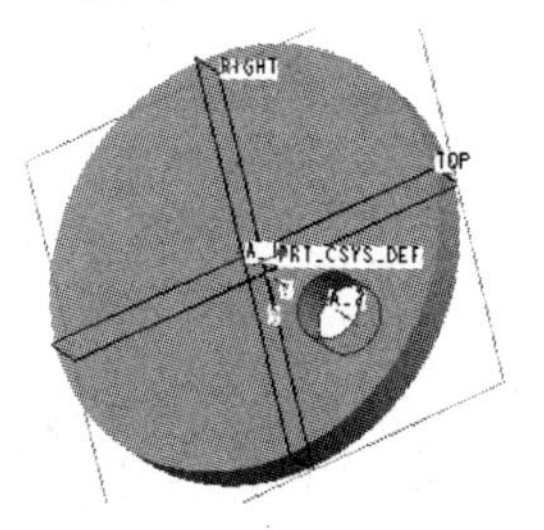

图 4-4 定义线性孔

（3）径向孔放置

径向孔和线性孔类似，也由一个放置曲面和两个偏移参照定义，但其曲面一般选取圆柱体或者圆锥体等轴类模型，且其偏移参照类型为【半径】和【角度】，即使用一个线性尺寸和一个角度尺寸放置孔，如图4-5所示。

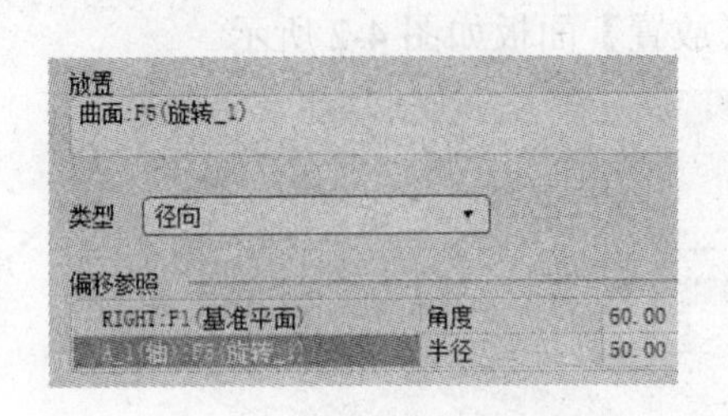

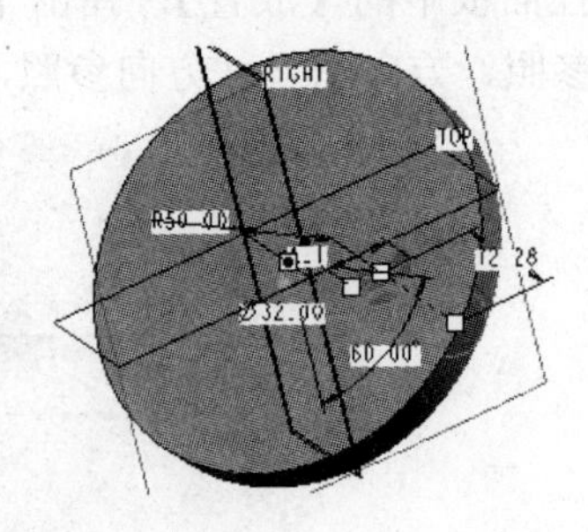

图4-5　定义径向孔

（4）直径孔放置

直径孔和径向孔类似，也由一个放置曲面和两个偏移参照定义，但其偏移参照类型为【直径】和【角度】，如图4-6所示。

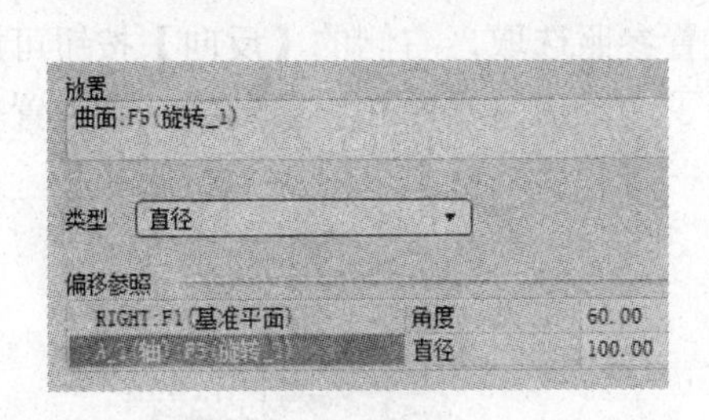

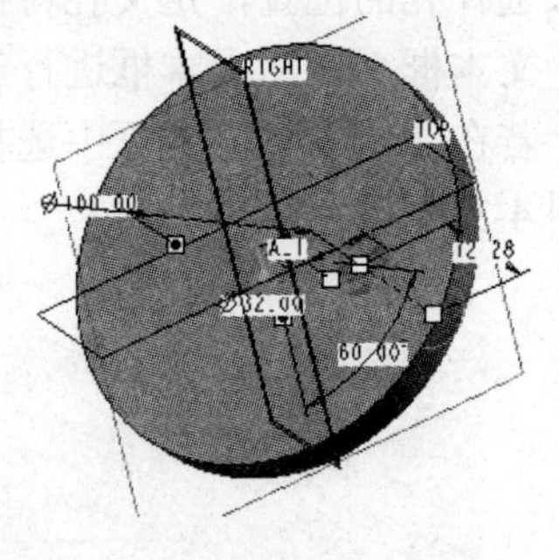

图4-6　定义直径孔

3．形状介绍

在孔操控面板中单击【形状】按钮，则会出现【形状】面板，在该面板中可以设置孔的形状并附有预览图，同时也可以设置孔径和孔深，如图4-7所示。

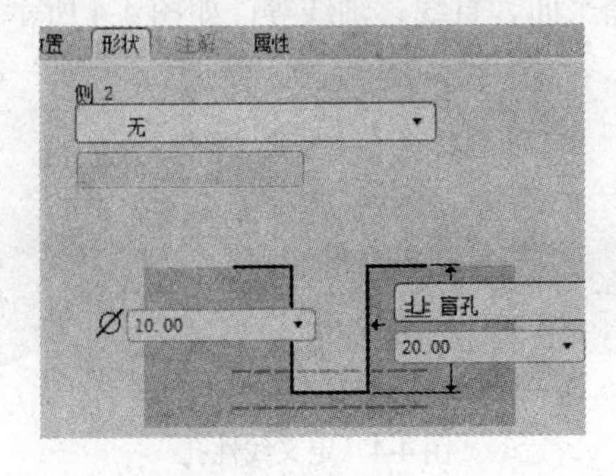

图4-7　【形状】面板

在孔操控面板中有多种孔形状，具体如下：

- ——从放置参照处以指定的深度钻孔。
- ——以指定的深度值的一半，在放置参照的两侧钻孔。
- ——钻孔至下一曲面。
- ——钻孔至与所有曲面相交。
- ——钻孔至与选定的曲面相交。
- ——钻孔至选定的点、曲线、平面或曲面。

4．属性

单击【属性】按钮，弹出【属性】面板，以定义孔名称，如图 4-8 所示。

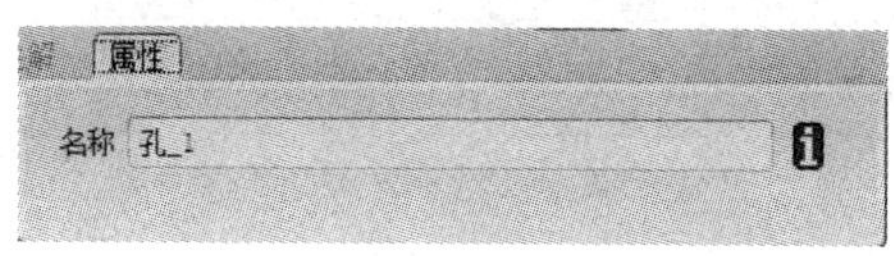

图 4-8 【属性】面板

操作实例：创建阀盖底座孔，其三维图如图 4-9 所示。

图 4-9 阀盖底座孔

操作步骤

[1] 单击【新建】按钮，或选择【文件】/【新建】命令，在弹出的对话框中选中【零件】单选按钮，输入文件名“fagaidizuo”，取消选中【使用缺省模板】复选框，单击确定按钮。将模板设置为【mmns_part_solid】，其单位为【米制】，单击确定按钮，进入零件创建界面。

[2] 单击【拉伸】按钮，或选择【插入】/【拉伸】命令，单击【放置】选项卡中的定义...按钮，选择草绘平面【FRONT】、参照面【RIGHT】、方向【右】，单击草绘按钮，进入草绘环境；使用工具栏中的各项功能，绘制如图 4-10 所示草图。

[3] 单击草绘框中确定按钮，进入拉伸操控面板，设置拉伸深度为 20，然后单击拉伸操控面板中的确定按钮完成阀盖底座拉伸特征创建，如图 4-11 所示。

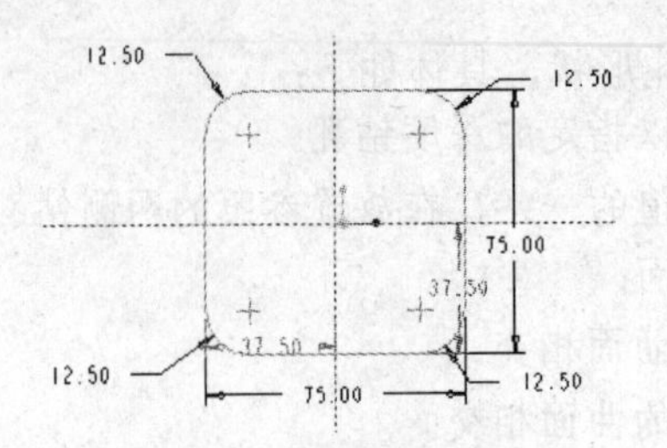

图 4-10　底座草图绘制

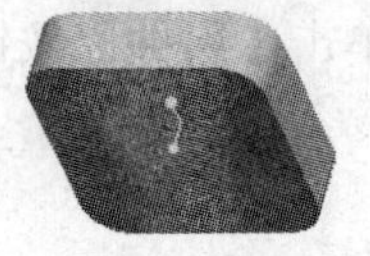

图 4-11　创建阀盖底座拉伸特征

[4] 单击孔按钮，系统弹出孔操控面板。单击操控面板下方的【放置】按钮，在弹出的【放置】对话框中单击文本框，然后选择底座上平面【曲面：F5】为放置孔的平面；选择孔类型为【线性】，然后选择偏移参照，按住 Ctrl 键，选择【RIGHT】和【TOP】基准面为偏移参照，设置偏移距离都为 0.00，孔直径为 20. 00，然后单击确定按钮，完成中心孔的创建，如图 4-12 所示。

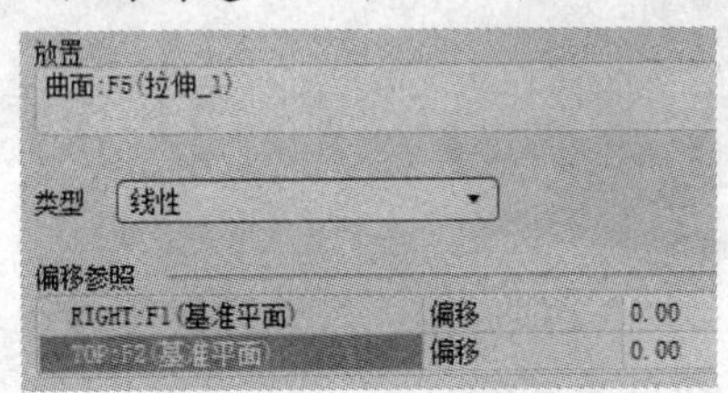

图 4-12　创建中心孔

[5] 单击孔按钮，系统弹出孔操控面板。单击操控面板下方的【放置】按钮，在弹出的【放置】对话框中单击文本框，然后选择底座上平面【曲面：F5】为放置孔的平面；选择类型为【径向】，然后选择偏移参照，按住 Ctrl 键，选择【TOP】基准面和中心孔轴【A_1】为偏移参照，设置偏移距离为 35. 00，偏移角度为 45. 00，孔直径为 14. 00，然后单击确定按钮，完成偏移小孔的创建，如图 4-13 所示。

[6] 单击孔按钮，系统弹出孔操控面板。单击操控面板下方的【放置】按钮，在弹出的【放置】对话框中单击文本框，然后选择底座上平面【曲面：F5】放置孔的位置；选择类型为【直径】，然后选择偏移参照，按住 Ctrl 键，选择【TOP】基准面和中心孔轴【A_1】为偏移参照，设置偏移直径为 70. 00，偏移角度为 45. 00，孔直径为 14. 00，然后单击确定按钮，完成偏移小孔的创建，如图 4-14 所示。

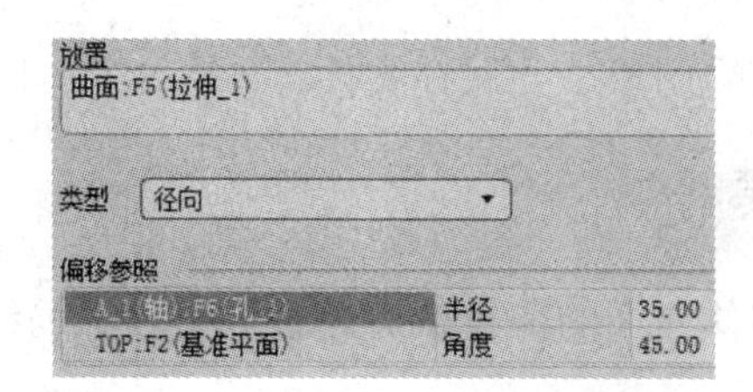

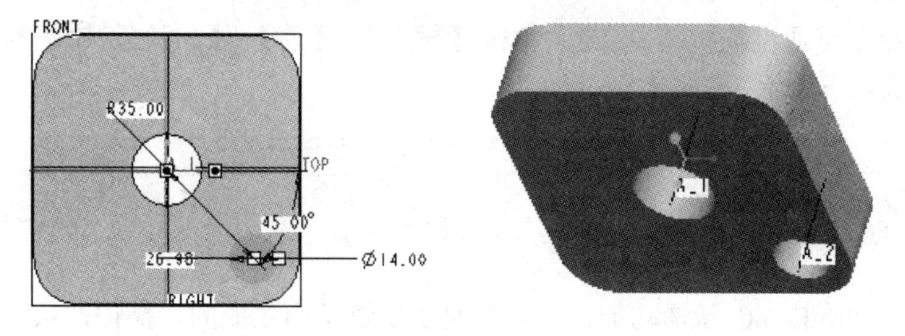

图 4-13　创建偏移小孔

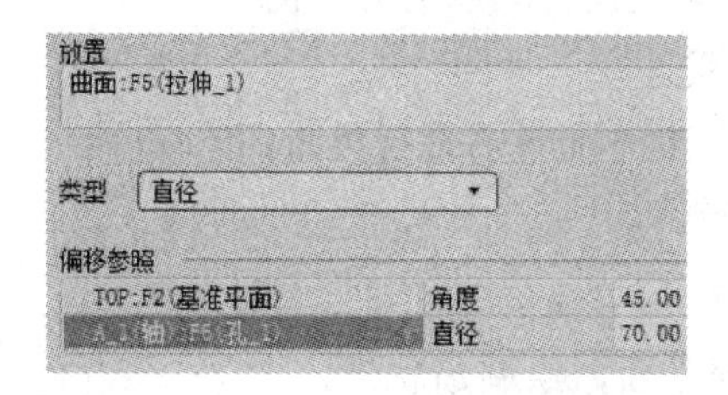

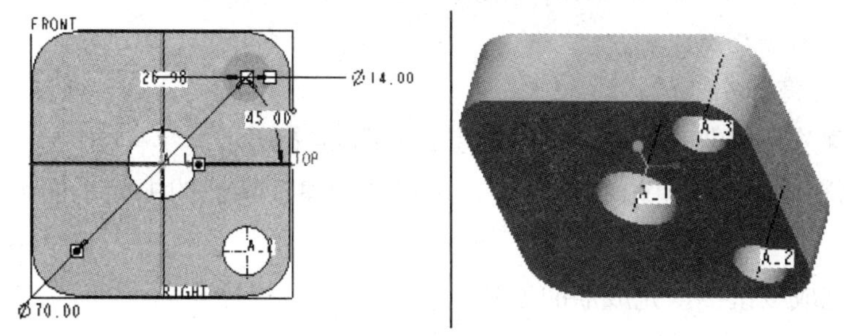

图 4-14　创建另一侧小孔

[7] 参照上述步骤中创建不同孔的方法，创建另外的两个小孔，如图 4-15 所示。

图 4-15　创建另外两个孔

至此完成了阀盖底座孔的创建，并保存文件。

4.1.2 筋特征建模

筋特征是设计中连接实体曲面的薄翼或者腹板伸出项。筋经常用于零件的加固，即防止零件产生不必要的变形等。

筋特征命令可通过筋按钮或者单击【插入】/【筋】/【轨迹筋/轮廓筋】添加，轨迹筋操控面板如下所示。

轨迹筋是 Pro/E 5.0 新增功能，它是垂直于轨迹平面生成的，操控面板各项功能介绍如下：

- ——将筋的深度方向更改为草绘的另一侧。
- 1.88——设置筋的宽度。
- ——添加拔模按钮，可方便对筋进行拔模。
- ——在内部边上倒圆角。
- ——在暴露边上倒圆角。
- 放置——用来创建草绘平面，绘制筋轨迹。
- 形状——查看筋形状。
- 属性——设置筋名称。

下面以轮廓筋为例创建筋特征，创建步骤如图 4-16 所示。

（1）单击筋特征，单击参照定义，选择要创建筋特征的中间平面为草绘平面，绘制草图。

（2）单击完成按钮，完成筋的创建。

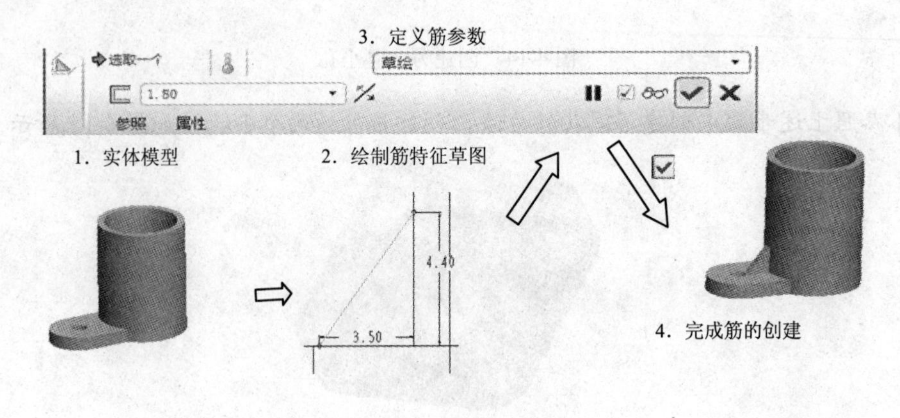

图 4-16 创建筋特征

4.1.3 倒圆角和倒角特征建模

创建完一个实体后，由于在边角等处过于锋利，有可能对人员造成伤害，所以必须对一些不必要的边角进行倒圆角或者倒角处理。

1. 创建倒圆角特征

倒圆角是一种边处理特征，通过向一条边或者多条边、边链或者曲面之间添加半径来创建。单击绘图工具栏的按钮，或者单击【插入】/【倒圆角】。

首先绘制一个实体造型，通过倒圆角工具进行必要的倒角。只要在面板中输入倒圆角尺寸大小即可。倒圆角操控面板如图 4-17 所示。

图 4-17　倒圆角操控面板

【集】下拉菜单如图 4-18 所示。

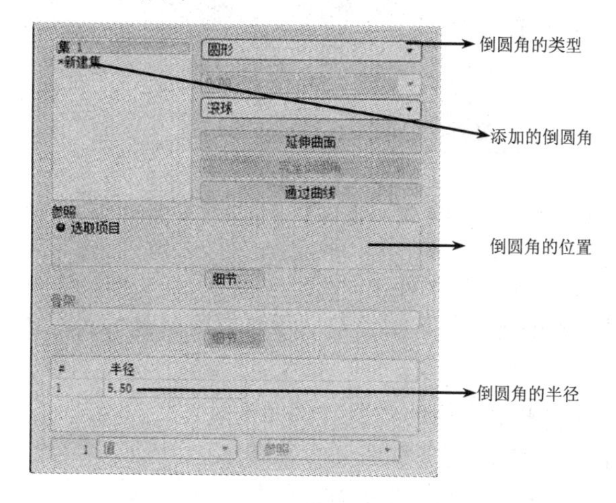

图 4-18　【集】下拉菜单

【集】下拉列表框中各选项意义如下。

- 圆形：倒圆角形状为圆形。
- 圆锥：倒圆角形状为圆锥形。
- D1 ×D2 圆锥：倒圆角的圆锥两边尺寸自定义。
- C2 连续：第一个选项为形状系数，第二个选项为倒圆角半径，如图 4-19 所示。

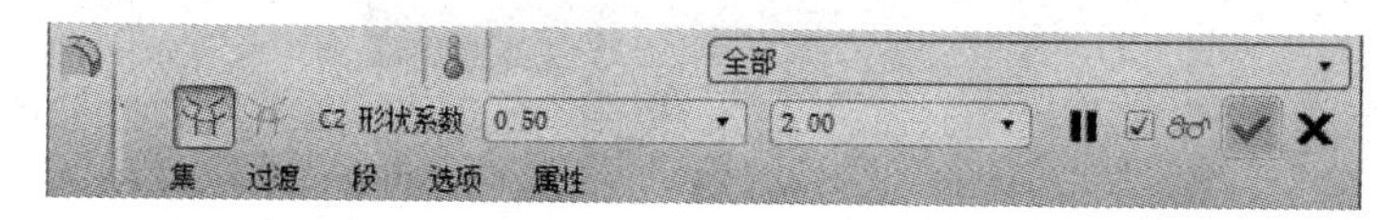

图 4-19　C2 连续倒圆角操控面板

2. 创建倒角特征

倒角特征是对创建的实体的边或者拐角进行斜切削。单击绘图工具栏的按钮，或者单击【插入】/【倒角】/【边倒角】。

首先绘制一个实体造型，通过倒角工具进行必要的倒角，倒角特征操控面板如图 4-20 所示。

图 4-20 倒角特征操控面板

【集】下拉菜单如图 4-21 所示。

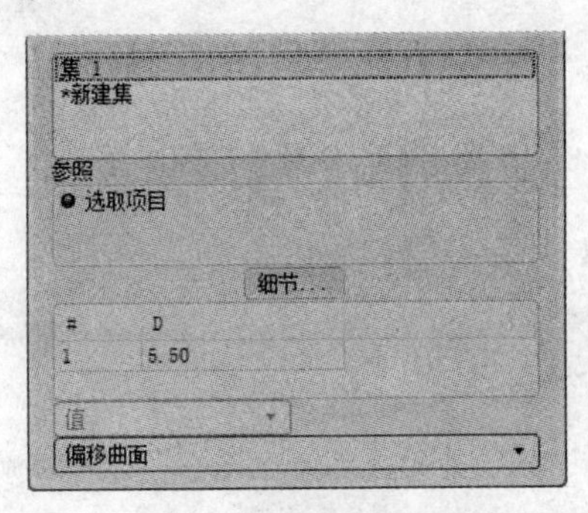

图 4-21 【集】下拉菜单

【集】下拉菜单中各个选项的意义如下。

- D × D：倒角边的尺寸相同，但是倒角尺寸不可以超过边的大小。
- D1 × D2：两倒角边的尺寸自定义。
- 角度 × D：任意指定和截面之间的角度和倒角高度。
- 45 × D：指定角度为 45 度，只需要选择倒角高度。
- O × O：倒角边的尺寸相同，倒角尺寸可以超过边的大小。
- O1 × O2：倒角边的尺寸自定义，倒角尺寸可以超过边的大小。

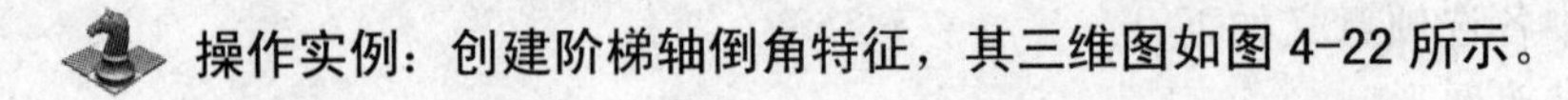

操作实例：创建阶梯轴倒角特征，其三维图如图 4-22 所示。

图 4-22 创建阶梯轴倒角特征

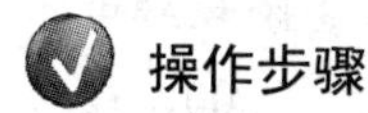

操作步骤

[1] 单击【新建】按钮，或选择【文件】/【新建】命令，在弹出的对话框中选中【零件】单选按钮，输入文件名“daojiao”，取消选中【使用缺省模板】复选框，单击确定按钮。将模板设置为【mmns_part_solid】，其单位为【米制】，单击确定按钮，进入零件创建界面。

[2] 单击【旋转】按钮，或选择【插入】/【旋转】命令，单击【放置】选项卡中的定义...按钮，选择草绘平面【FRONT】、参照面【RIGHT】、方向【右】，单击草绘按钮，进入草绘环境；使用工具栏中的各项功能，绘制如图 4-23 所示草图。

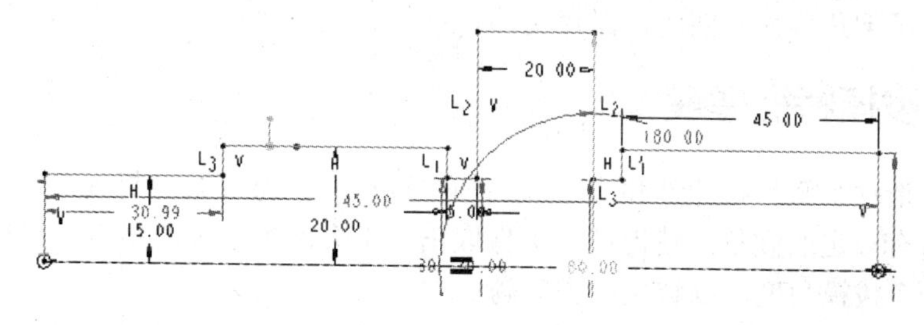

图 4-23　绘制草图

[3] 单击草绘框中确定按钮，进入旋转操控面板，设置旋转角度为 360.00，然后单击旋转操控面板中的确定按钮完成阶梯轴特征创建，如图 4-24 所示。

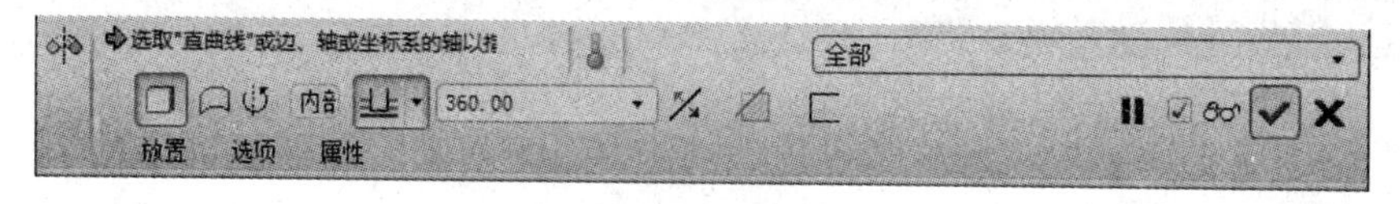

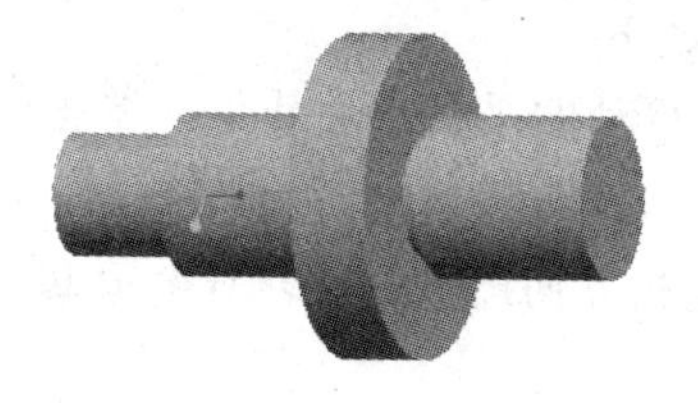

图 4-24　创建阶梯轴

[4] 单击【插入】/【倒圆角】或者单击倒圆角按钮，然后单击阶梯轴两侧端面外圆，选定倒圆角位置，在倒圆角操控面板中设置倒圆角值为 2.50，最后单击确定按钮完成倒圆角创建，如图 4-25 所示。

图 4-25　创建倒圆角特征

[5] 单击【插入】/【倒角】/【边倒角】或者单击边倒角按钮，然后单击阶梯轴中间退刀槽外圆边线，选定边倒角位置，在倒角操控面板中设置倒角值为 2.00，最后单击确定按钮完成边倒角的创建，如图 4-26 所示。

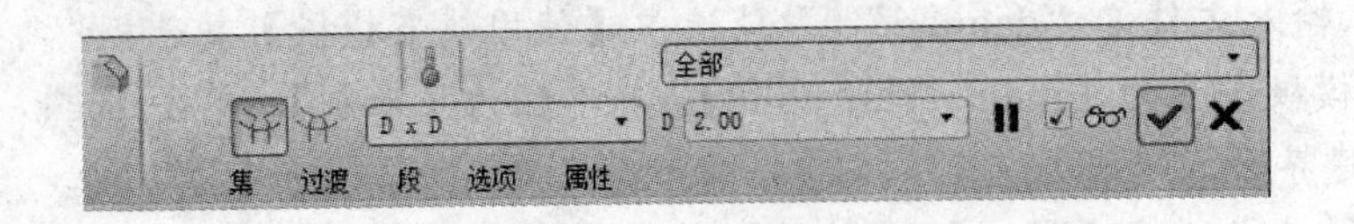

图 4-26 创建边倒角特征

至此完成了倒角特征的创建，保存文件。

4.1.4 拔模特征建模

在金属铸造件、塑料拉伸件和锻造件的加工过程中，为了加工制造方便，在模具和加工件之间会留有一定的倾角，使得在加工件取出时不会产生过大的损坏。拔模特征就是在曲面中添加一个拔模角度，以解决此类问题。

单击【插入】/【斜度】或者单击拔模按钮，系统弹出拔模操控面板，如图 4-27 所示。

图 4-27 拔模操控面板

操控面板中各选项的含义如下。

- 1个平面 ——定义拔模枢轴的平面或曲线链。单击收集器将其激活，然后添加或者删除参照。
- 1个平面 ——用于定义拖拉方向的平面、轴或者直边。单击收集器将其激活，然后添加或者删除参照。
- ——用来反转拖拉方向。
- 1.00 ——设置拔模角度。
- ——反转角度以添加或去除材料。
- 参照 ——用来设置拔模曲面、拔模枢轴和拖拉方向，单击使用。
- 分割 ——设置拔模是否分割，或者根据拔模枢轴分割以及根据拔模对象分割。
- 角度 ——设置拔模角度。
- 选项 ——设置沿相切曲面拔模或者延伸侧曲面。
- 属性 ——设置拔模名称。

拔模特征创建步骤如图 4-28 所示。

(1) 利用拉伸特征创建一实体。

(2) 单击特征或者单击【插入】/【斜度】。弹出拔模操控面板，单击【参照】弹出

【拔模曲面】、【拔模枢轴】及【拖拉方向】三个选项，单击拔模曲面的【选取项目】，在实体特征中选择需要拔模的面，当需要选择多个面时要按住 Ctrl 键。接下来单击拔模枢轴的【选取项目】，选择【其他的面】作为枢轴或者选择【参考面】作为拔模枢轴。

（3）在【角度】里添加需要拔模的角度，需要注意的是拔模角度为-30～30°。

（4）单击完成按钮，完成拔模特征的创建。

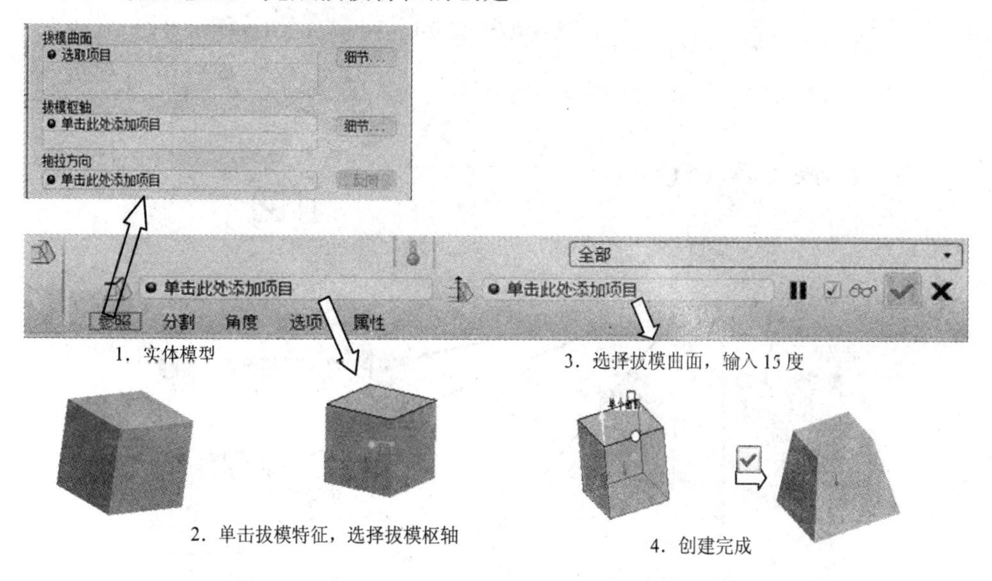

图 4-28　创建拔模特征

4.2 高级特征建模

高级特征一般比基础特征复杂，在创建的过程中要综合运用多种特征创建方式，因此也出现在较复杂的零件特征中，使用高级特征建模可简化建模过程，提高建模效率。本节主要介绍边界混合特征、镜像特征和阵列特征。

4.2.1 边界混合特征建模

1. 边界混合特征

边界混合特征是根据两个线或草图截面的边界线沿边界方向自然扫描而形成的一种特征，是使用非常广泛的一种实体造型特征之一，其创建方法复杂且实用，两个截面形成边界混合截面特征后是多个面，为了使得这些面围成实体模型，Pro/E 提供了【填充】和【合并】命令，可实现上述实体特征要求，所以，【边界混合】操作后往往经常接着就执行【填充】和【合并】操作，来创建实体特征。本节该特征主要用在斜齿轮的轮齿三维模型创建中。

建立边界混合特征的主要条件：

- 必须有两个线或草绘截面中的边界线。

● 必须指定边界混合的类型以及相关的参数。

以两个草图截面的边界线执行边界混合为例，先选择一个截面边界，单击【边界混合】或选择【插入】/【边界混合】命令，则弹出边界混合特征操控面板，如图 4-29 所示。

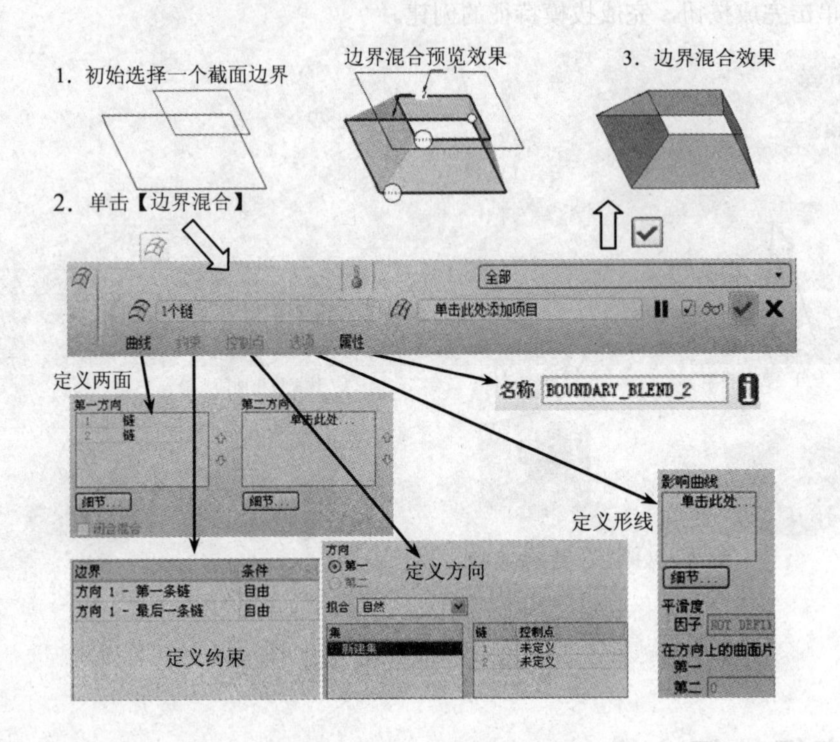

图 4-29　边界混合特征操控面板

● 设定边界混合特征的开始条件

【定义】：以定义的截面边界为始点开始扫描。

● 终止条件。

【定义】：以定义的另一个截面边界为终点结束边界混合。

边界混合扫描特征的基本步骤如下：

（1）选择一线或一平面，执行【边界混合】命令，弹出边界混合操控面板；

（2）对各种属性进行定义；

（3）单击特征操控面板的确定按钮，完成操作。

2．填充特征

填充特征是根据封闭的多个边来填充而形成由多个边组成的一个面特征，是使用非常广泛的一种实体造型特征。

填充特征操作过程如图 4-30 所示。

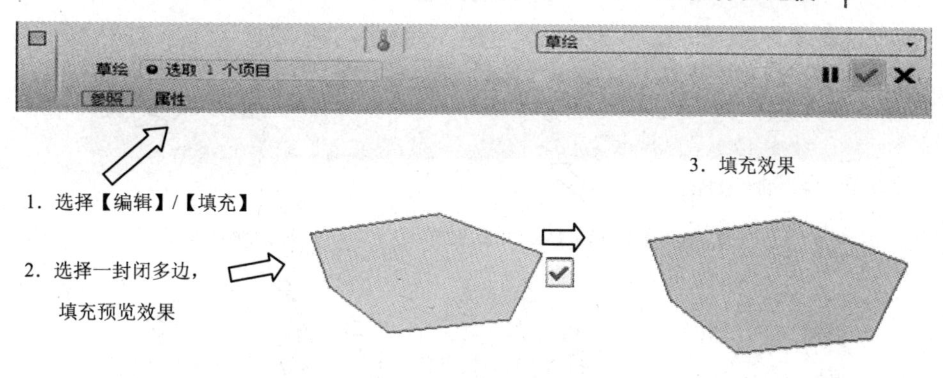

图 4-30　填充特征操作过程

3. 合并特征

合并特征是根据封闭的多个面来填充而形成由多个面组成的一个准实体特征，是使用非常广泛的一种实体造型特征。

合并特征的操作过程是单击【合并】按钮或选择【编辑】/【合并】命令，注意合并特征只能是两个特征的合并，如果是三个以上需要进行多次合并，执行如图 4-31 所示操作。

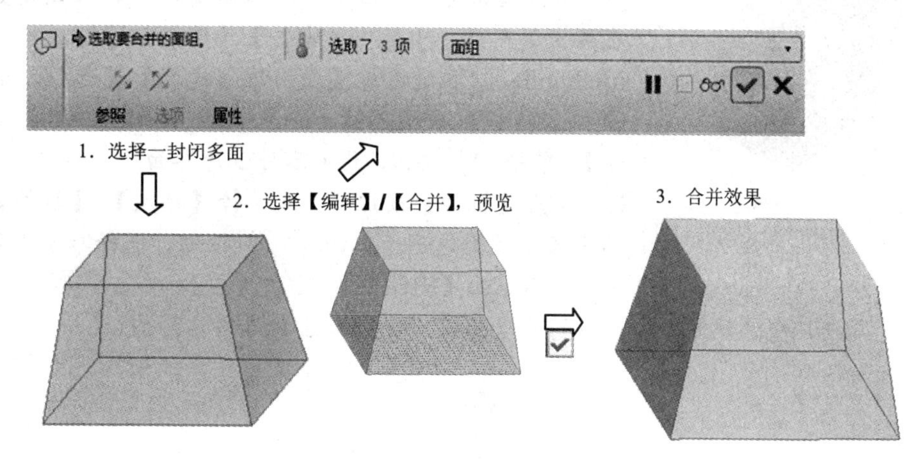

图 4-31　合并特征操作过程

4. 实体化特征

只有封闭的多个面进行了合并特征后，即准实体特征，才能执行实体化特征，实体化特征是将封闭的多个面创建成实体的操作，是使用非常广泛的一种实体造型特征。

实体化特征的操作过程是选择合并的准实体特征，再执行【编辑】/【实体化】命令，如图 4-32 所示。

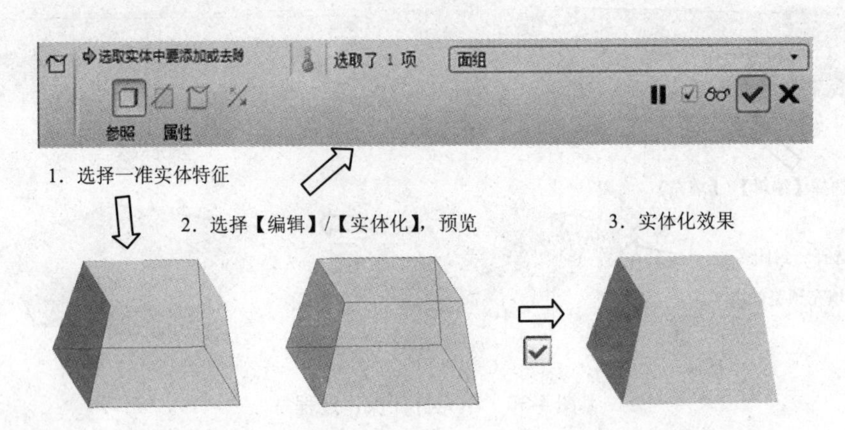

图 4-32　实体化特征操作过程

操作实例：利用边界混合创建齿轮，其三维图如图 4-33 所示。

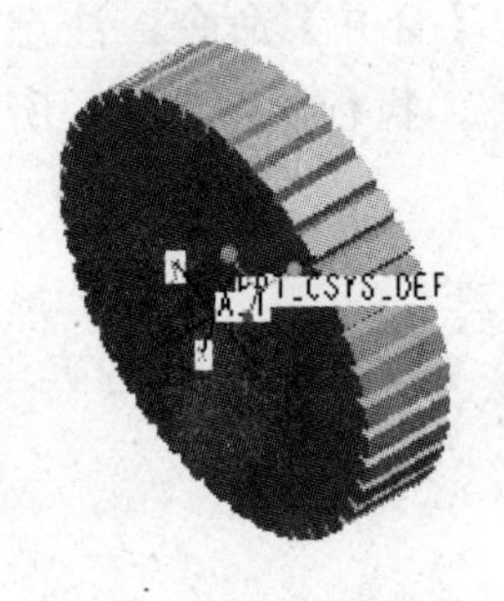

图 4-33　创建齿轮轮齿特征

操作步骤

[1] 单击【新建】按钮，或选择【文件】/【新建】命令，在弹出的对话框中选中【零件】单选按钮，输入文件名“bianjiehunhe”，取消选中【使用缺省模板】复选框，单击确定按钮。将模板设置为【mmns_part_solid】，其单位为【米制】，单击确定按钮，进入零件创建界面。

[2] 单击【拉伸】按钮，或选择【插入】/【拉伸】命令，单击【放置】选项卡中的定义...按钮，选择草绘平面【FRONT】、参照面【RIGHT】、方向【右】，单击草绘按钮，进入草绘环境；使用工具栏中的各项功能，绘制如图 4-34 所示草图。

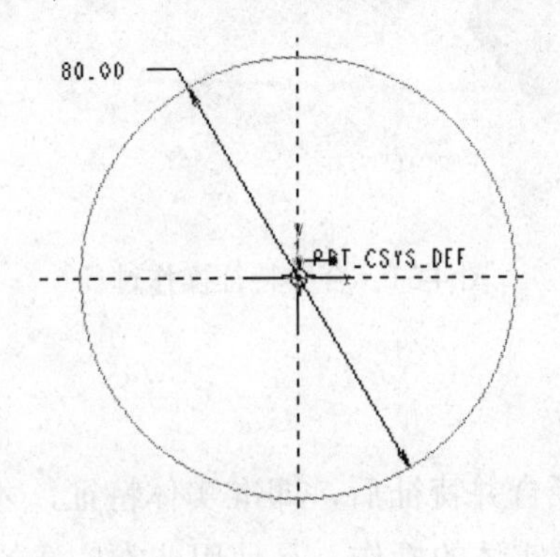

图 4-34　绘制草图

[3] 单击草绘框中确定按钮，进入拉伸操控面板，设置拉伸深度为 20. 00，然后单击拉伸操控面板中的确定按钮，完成齿轮圆特征创建，如图 4-35 所示。

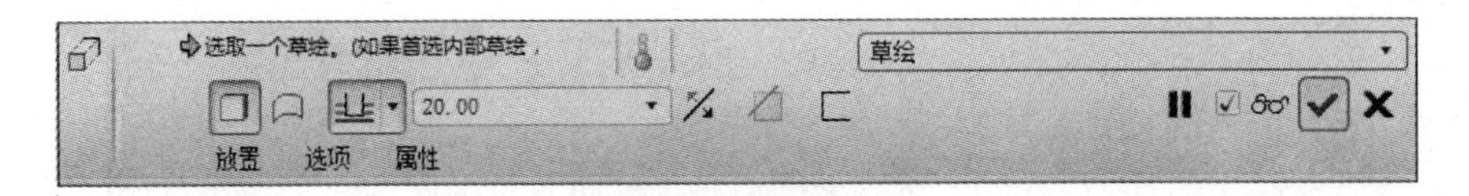

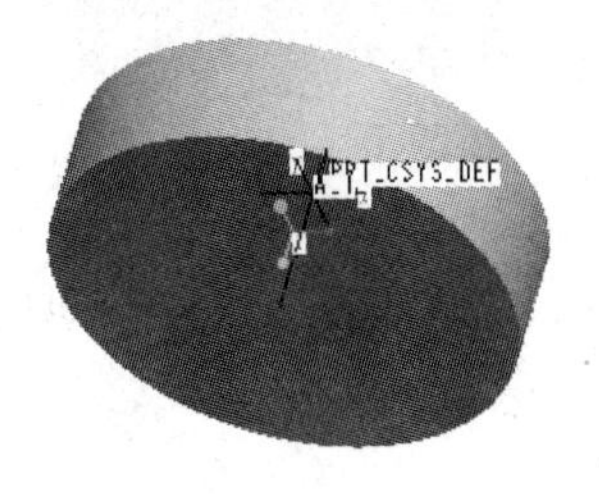

图 4-35　创建齿轮圆特征

[4] 单击草绘按钮，在弹出的草绘对话框中草绘平面选择【使用先前的】，进入草绘界面，绘制如图 4-36 所示草图。

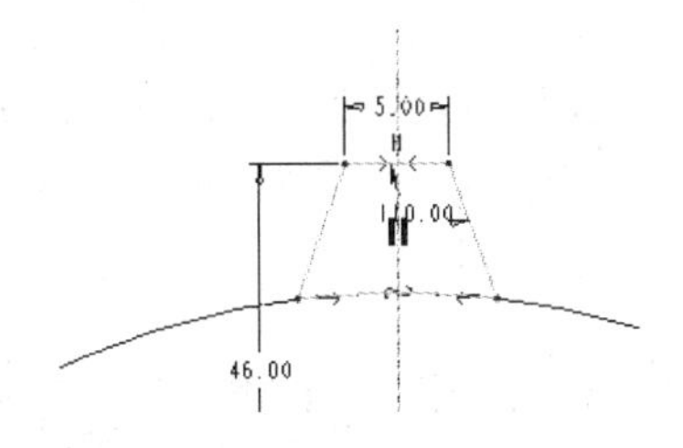

图 4-36　绘制草图

[5] 单击基准平面按钮，在弹出的【基准平面】对话框中选择参照为【FRONT】平面，偏移为 10. 00，然后单击 确定 按钮，创建基准平面【DTM1】，如图 4-37 所示。

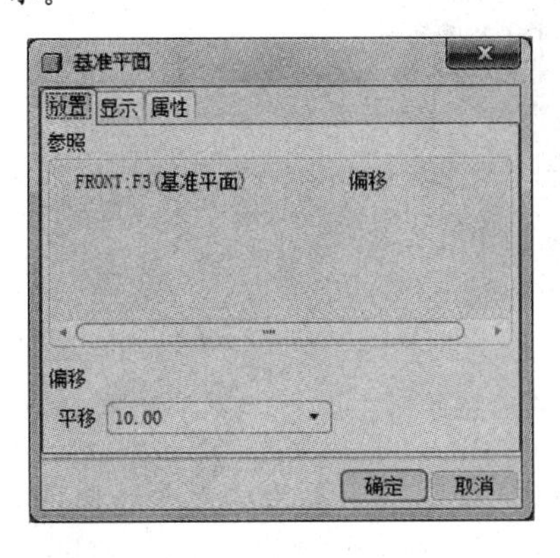

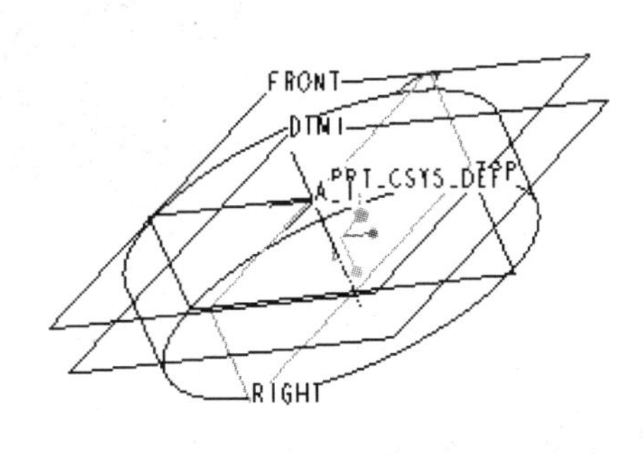

图 4-37　创建基准平面【DTM1】

[6] 单击选中【草绘 1】，然后单击镜像按钮，选择镜像平面为【DTM1】，单击确定按钮，创建镜像特征，如图 4-38 所示。

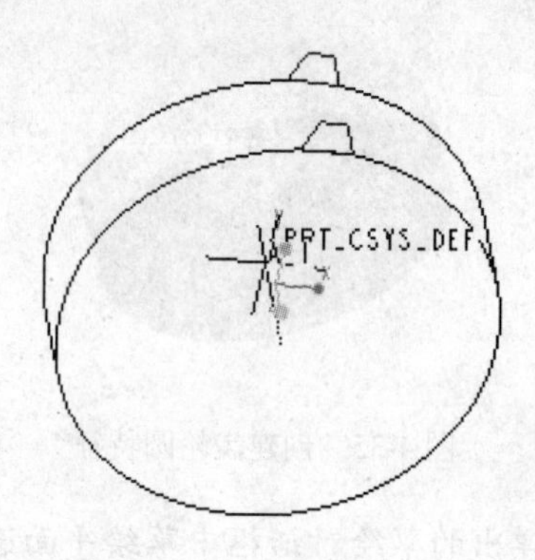

图 4-38　创建镜像特征

[7] 单击选中【草绘 1】，然后单击边界混合按钮，系统弹出边界混合操控面板。按住 Ctrl 键，选择镜像特征，最后单击确定按钮，完成边界混合特征创建，如图 4-39 所示。

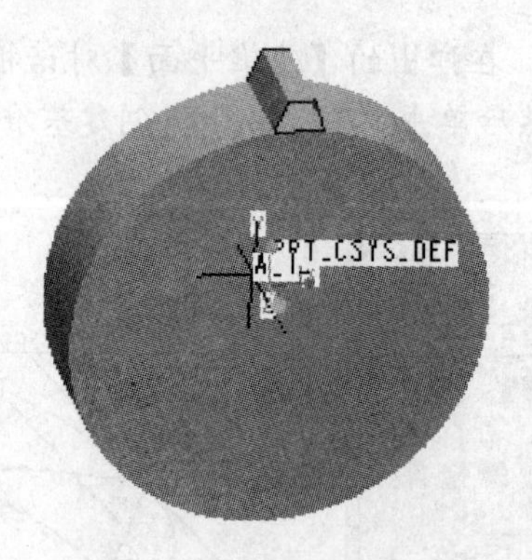

图 4-39　创建边界混合特征

[8] 单击【编辑】/【填充】命令，然后单击选择【草绘 1】为填充面，同理填充【镜像 1】，如图 4-40 所示。

[9] 按住 Ctrl 键，选择【边界混合 1】和【填充 1】，然后单击【合并】按钮并单击合并操控面板中的确定按钮，完成【合并 1】创建。同理合并【填充 2】和【合并 1】得到【合并 2】，效果如图 4-41 所示。

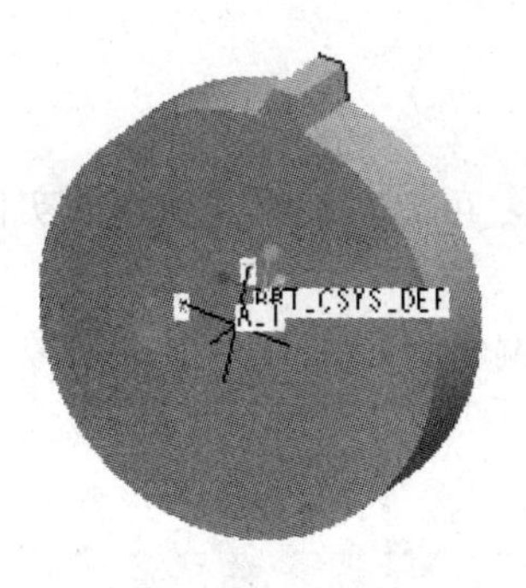

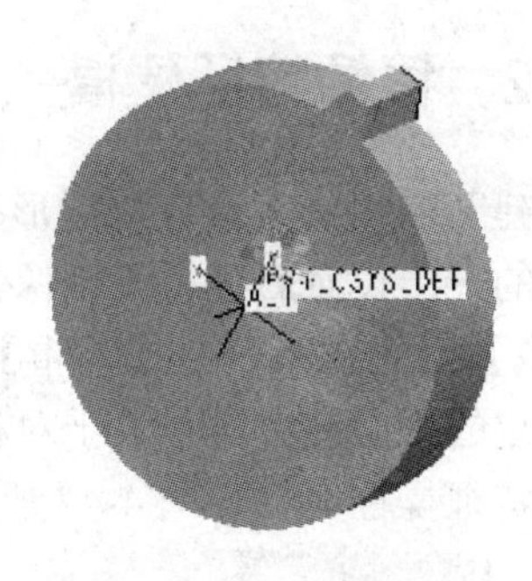

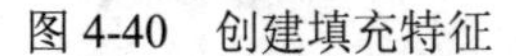

图 4-40　创建填充特征　　　　图 4-41　创建合并特征

[10]单击选中【合并 2】，然后单击【编辑】/【实体化】，系统弹出实体化操控面板，单击确定按钮，完成轮齿的实体化创建，如图 4-42 所示。

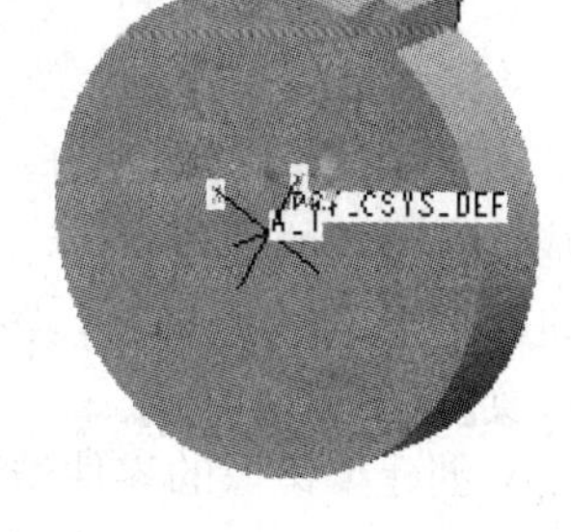

图 4-42　创建实体化特征

[11] 按住 Ctrl 键选择【边界混合 1】、【填充 1】、【填充 2】、【合并 1】、【合并 2】和【实体化 1】，然后单击右键选择【组】命令，生成【组 1】。单击【组 1】选择阵列按钮，在弹出的阵列操控面板中选择【轴阵列】，选择阵列轴为齿轮圆轴【A-1】，阵列数量为 40，阵列角度为 9.00，然后单击确定按钮完成轮齿创建，如图 4-43 所示。

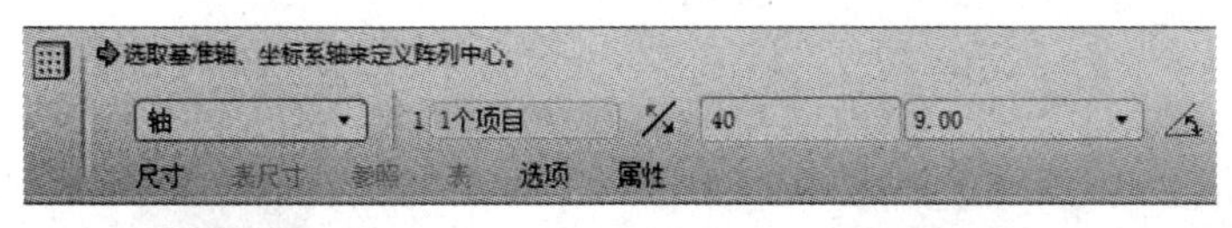

图 4-43　创建阵列特征

至此完成了齿轮创建，保存文件。

4.2.2 镜像特征建模

在创建几何实体时，有时图形很烦琐，工作量很大，可以对具有对称性的实体部分先绘制结构的一半，然后使用【镜像】命令来生成另一半。

【镜像】命令在系统的【编辑】菜单中，也存在于编辑特征工具栏中，镜像特征可以生成与指定的平面或者实体关于对称平面的新特征。

镜像特征操控面板如图 4-44 所示。

图 4-44　镜像特征操控面板

单击图中【选取 1 个项目】按钮，选择镜像中间平面后单击完成按钮，即可完成镜像特征的创建。

进行三维零件设计时，若零件结构具有对称性，则可以先建立零件结构的一半，然后使用【镜像】命令来生成另一半。

（1）创建要镜像的零件结构，草图及生成特征如图 4-45 所示。

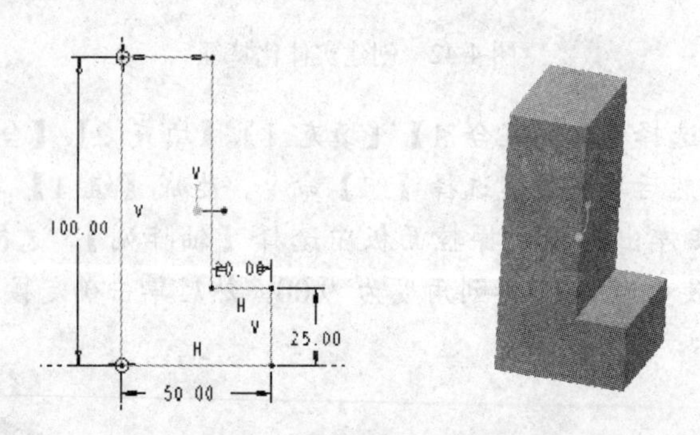

图 4-45　创建零件结构

（2）选择上步中拉伸特征，然后单击镜像按钮，选择镜像平面为【RIGHT】面，如图 4-46 所示。

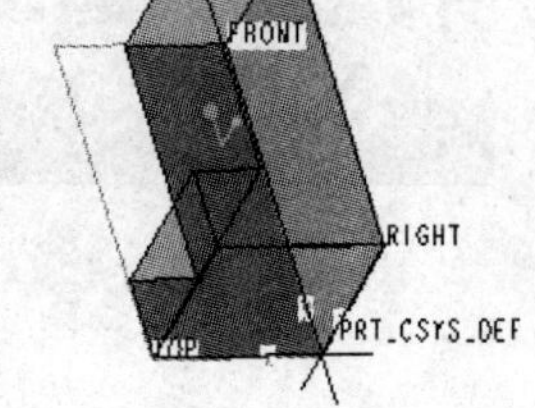

图 4-46　选择镜像平面

（3）单击操控面板中完成按钮，完成镜像特征创建，如图 4-47 所示。

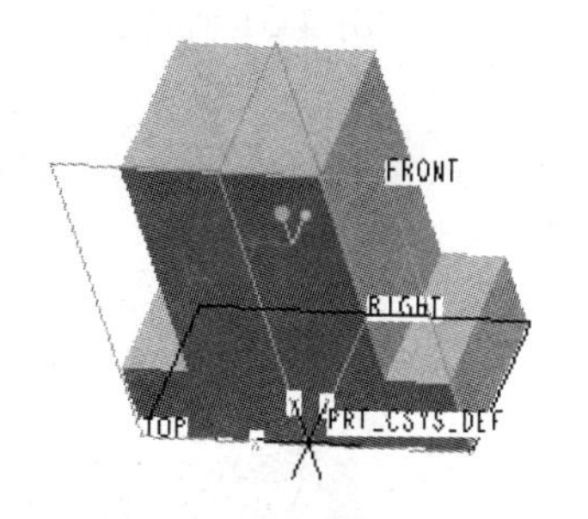

图 4-47　创建镜像特征

4.2.3　阵列特征建模

阵列操作是一种特殊的复制操作，根据原始特征创建一系列具有一定关系的特征。要一次性复制多个相同特征，可采取阵列。

要创建阵列特征，应先选择要阵列的对象，然后单击【编辑】/【阵列】或单击阵列按钮，出现如图 4-48 所示的阵列操控面板，在【尺寸】下拉列表框中出现多个选项，部分选项意义如下。

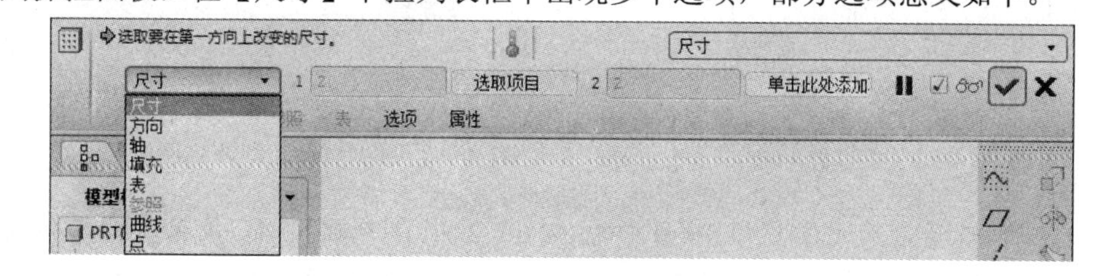

图 4-48　阵列操控面板

- 【尺寸】——通过指定尺寸和设置数量来定义阵列，尺寸阵列可分为单项和双向阵列。
- 【方向】——通过指定方向和设置数量来定义阵列，方向阵列也分单向和双向阵列。
- 【轴】——通过指定旋转轴及设置数量和角度来定义阵列。
- 【表】——使用阵列表和指定尺寸值来定义阵列。
- 【参照】——通过参照已经存在的阵列来定义阵列。
- 【填充】——通过指定栅格范围的填充区域来定义阵列。

阵列操作中比较常用的是尺寸阵列和轴阵列，下面举例说明。

操作实例：创建排列孔特征，其三维图如图 4-49 所示。

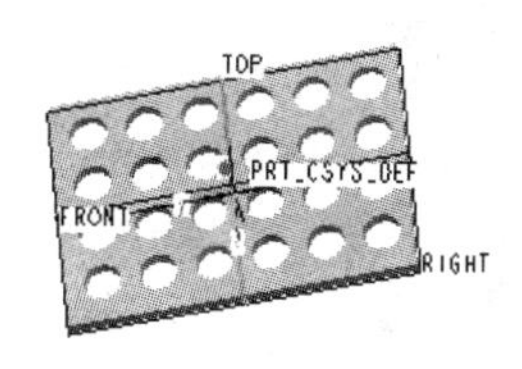

图 4-49　创建排列孔特征

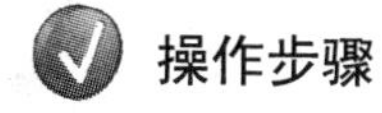

操作步骤

[1] 先利用拉伸特征创建一个矩形盘类零件，其相邻两边分别为 280 和 200，厚度为 10，且在该板上有一孔，该孔距【TOP】平面距离为 110；距【FRONT】平面距离为 70，如图 4-50 所示。

[2] 选择小圆孔，单击【阵列】按钮，单击左上方【尺寸】下拉列表框中的【尺寸】，在方向 1 中单击【选取项目】，单击要定义的尺寸，如选择图中的 110，【增量】中输入-45.00，负号表示与默认方向相反；再单击方向 2 中【单击此处添加】/【选取项目】，单击要定义的尺寸，如选择图中的 70，在【增量】中也输入-45.00，

如图 4-51 所示。

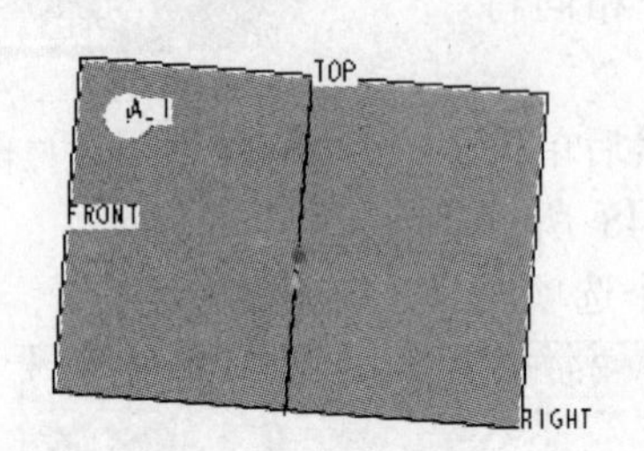

图 4-50　板零件

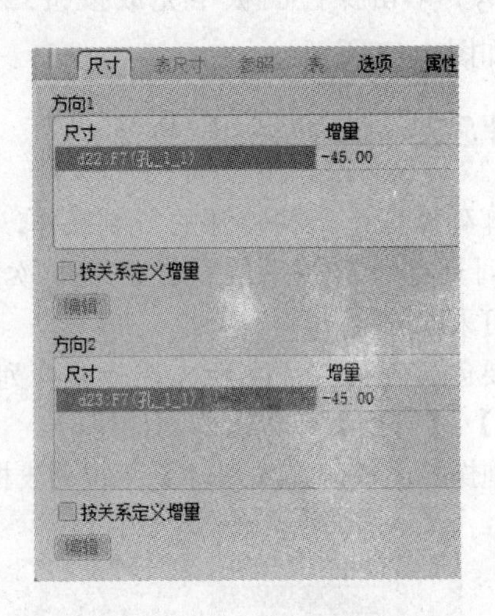

图 4-51　尺寸阵列面板

[3] 在阵列数量定义文本框 1 项目中输入 6，2 项目中输入 4，表示横向阵列数量为 6，纵向阵列数量为 4，最后单击确定按钮。尺寸阵列效果如图 4-52 所示。

📖　**分析**：尺寸阵列面板中，增量是指两个阵列特征间的距离，负号表示阵列的方向，如果只添加一个方向的阵列则能得到单排阵列；设置两个方向能得到双向阵列。如果添加的阵列数量太多超出了模型的范围时，单击确定按钮仍能得到阵列特征，但这些阵列特征只限于没有超出模型的阵列特征，超出之外的不会显示出来，但在操控面板上方会出现警告，提示有阵列特征在模型外部，且模型不改变。

操作实例：轴阵列创建凸台特征，其三维图如图 4-53 所示。

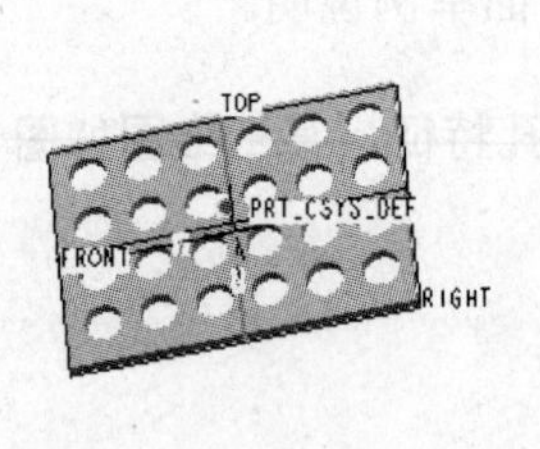

图 4-52　尺寸阵列效果

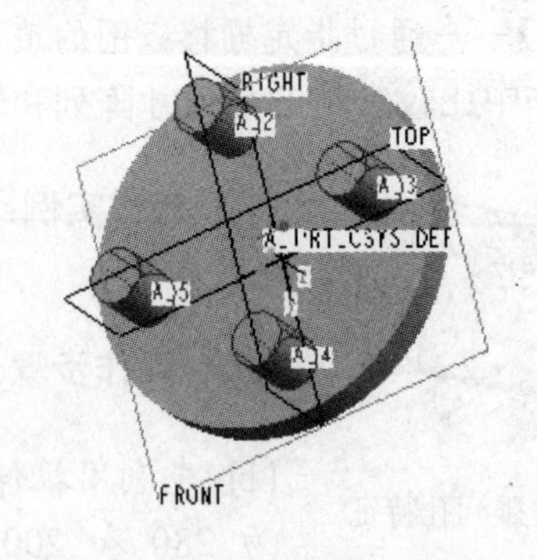

图 4-53　轴阵列创建凸台特征

操作步骤

[1] 单击【新建】按钮，或选择【文件】/【新建】命令，在弹出的对话框中选中【零件】单选按钮，输入文件名【zhenlie】，取消选中【使用缺省模板】复选框，

单击确定按钮。将模板设置为【mmns_part_solid】，其单位为【米制】，单击确定按钮，进入零件创建界面。

[2] 单击【旋转】按钮，或选择【插入】/【旋转】命令，单击【放置】选项卡中的定义...按钮，选择草绘平面【RIGHT】、参照面【TOP】、方向【左】，单击草绘按钮，进入草绘环境；使用工具栏中的各项功能，绘制如图 4-54 所示草图及生成旋转特征。

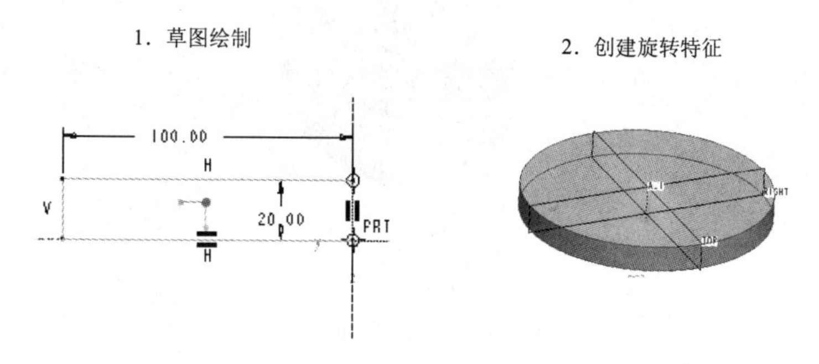

图 4-54　创建旋转特征

[3] 单击【拉伸】按钮，单击【放置】/【定义】，在弹出的草绘框中选择【FRONT】为草绘平面，【RIGHT】为参照，方向为【右】，绘制草图，定义拉伸深度为 40.00，创建拉伸特征，如图 4-55 所示。

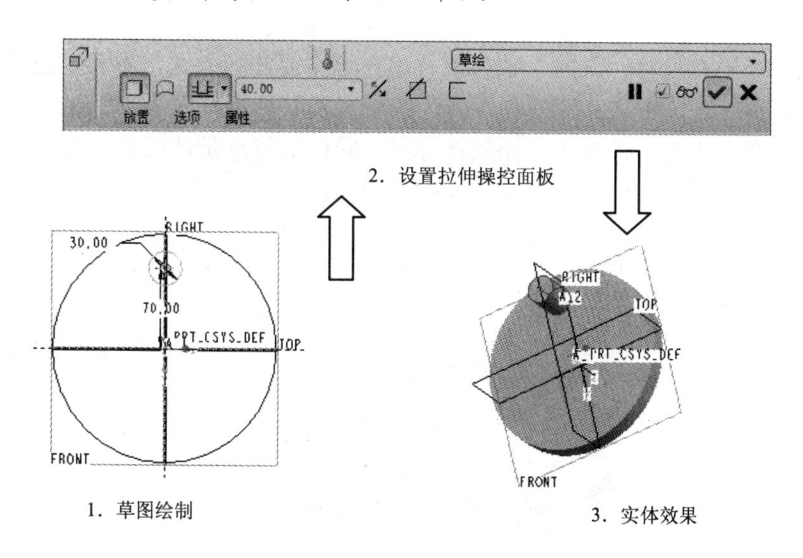

图 4-55　创建拉伸特征

[4] 选择【拉伸 1】，单击右键，选择【阵列】，在左上角尺寸框中单击选择【轴】阵列，单击圆盘轴【A-1】，选择阵列轴线，选择阵列数量为 4，阵列成员间角度为 90.00，阵列选项及效果如图 4-56 所示。

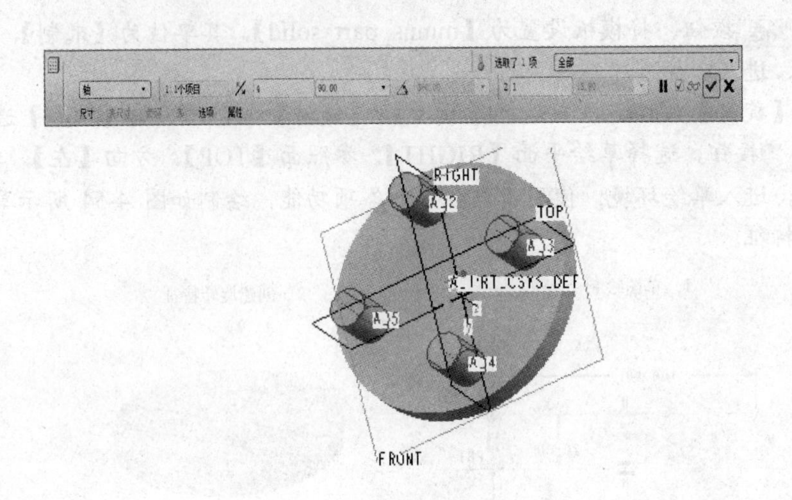

图 4-56　轴阵列特征

📖 **分析**：对于多个中心对称图形的创建常常利用轴阵列，它是通过选定一个旋转轴而创建的阵列特征，且轴阵列创建非常方便、快捷。

4.3 思考与练习

1．思考题

（1）在阵列特征中有尺寸、方向、轴、表、填充等主要阵列方式，本章主要介绍了尺寸阵列和轴阵列，请比较思考尺寸阵列和轴阵列的特点及其使用范围。

（2）孔特征主要有线性、径向及直径放置方式，它们的特点是什么？

（3）试比较螺栓和螺母在创建螺旋线特征时的异同。

2．练习题

设计一连接法兰盘，如图 4-57 所示。

图 4-57　连接法兰盘

第 5 章

典型机械零件建模

典型机械零件指的是应用在典型机构中的零件，如平面连杆机构中的拉杆、凸轮机构中的凸轮、齿轮机构中的齿轮、间歇机构中的棘轮和槽轮等零件，以及连接固定用的连接件，如法兰盘、螺栓、螺母、键、轴（包括传动轴）等常见的单体零件。按照其外形特征，又可以分为盘类零件、轴类零件、螺纹零件、弹簧零件、齿轮零件等。

本章将利用前面几章所学习的基准特征建模、基础特征建模和工程特征建模知识，来完成典型机械零件的建模，主要介绍 Pro/E 5.0 典型机械零件的造型分析、特征建立方法和操作步骤。本章的主要内容有盘类零件中的槽轮拨盘和法兰盘造型设计、轴类零件中拉力传感器和阶梯轴造型设计、连接零件中的螺母造型设计、弹簧零件中的螺旋弹簧和涡卷形盘簧造型设计，希望通过本章的学习，使读者能够对于所学内容能够初见成效，并完全掌握 Pro/E 5.0 的典型机械零件的建模设计方法和操作技巧，为其他复杂以及多体零部件的设计打下基础。

5.1 盘类零件建模

盘类零件在机械设备中是比较常见的，如端盖、法兰盘、槽轮拨盘等一般起传递动力的作用，盖类零件则主要用于支承、轴向定位和密封等作用。

尽管盘类零件有多种形式，结构也不尽相同，但它们的基本结构大致相同。本设计实例即以该结构为准进行分析。

零件的造型分析主要是分析它的特征，盘类零件主要由圆柱状特征组成，其中包括旋转特征、孔特征、槽特征以及倒圆角和边倒角等。

相应地用创建各种特征的方法创建实体模型。对于模型主体可采用拉伸或者旋转特征，但对此模型来说，使用旋转特征显得更为方便。通过旋转特征可以一次旋转成形，但使用拉伸特征需要进行两步操作，因此，在进行模型特征创建时应合理地选择特征的创建方法，以使设计过程简化。对于孔特征可通过拉伸特征的切除命令或者直接使用孔特征命令创建，特征的选用应根据实际模型合理选择。对于倒角，可直接使用倒角特征命令，设置好参数即可。

5.1.1 槽轮拨盘造型设计

槽轮机构是机械中的一种常见机构，主要用于运动方式的传递，例如将转动转化为平移，将转动转化为摆动，将平移转化为转动，将摆动转化为转动。其传动的优点是可以传递复杂的运动。槽轮机构又称马尔他机构，由槽轮、槽轮拨盘组成，此机构构造简单，传动平稳，并且机械效率高，在机床转位机构和电影放映机中应用广泛。

图 5-1　槽轮拨盘

槽轮拨盘造型分析

尽管槽轮机构传动的形式多种多样，其结构也不尽相同，但大致结构如图 5-1 所示。本设计实例即以该结构形式为准进行分析。

零件的造型分析主要是分析它的特征，由图 5-1 可以看出，对于一个拨盘，它由以下几个特征组成：拨盘两头的圆柱、拨盘中间的键槽、拨盘体及圆角。

相应地可以采用创建各种特征的方法构建其实体模型。对于模型框架结构可以采用拉伸特征，对于圆孔可以采用孔特征，也可直接运用拉伸特征的切除命令，对于圆角、倒角等可以直接采用对应的软件给出的圆角、倒角特征。

设计题目

拟设计一个槽轮拨盘，结构与尺寸如图 5-2 所示。其未注倒角为 1×45°，未注圆角为 R1。

设计过程

[1] 单击【新建】按钮，或选择菜单【文件】/【新建】命令，选择【零件】，输入文件名【例 3-1】，不选择□使用缺省模板，单击确定按钮，将模板设置为【mmns_part_solid】，其单位为【米制】，单击确定按钮，进入零件创建界面。

[2] 单击【拉伸】按钮，或选择菜单【插入】/【拉伸】命令，单击位置中的定义...按钮；选择草绘平面【FRONT】、参照面【RIGHT】、方向【右】，单击草绘按钮，进入草图绘制环境，绘制如图 5-3 所示的拉伸面草图。

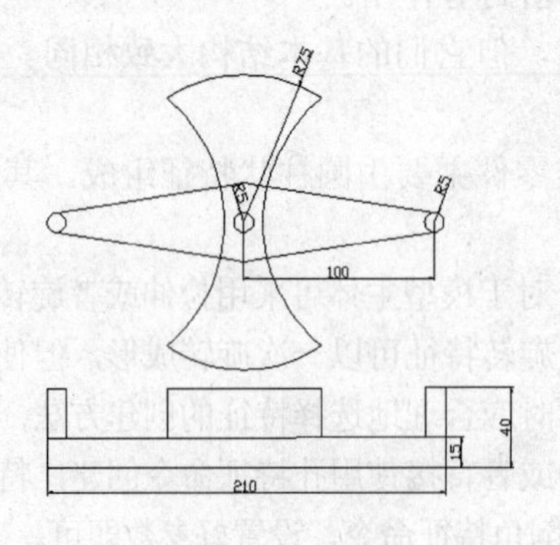

图 5-2　槽轮拨盘尺寸图

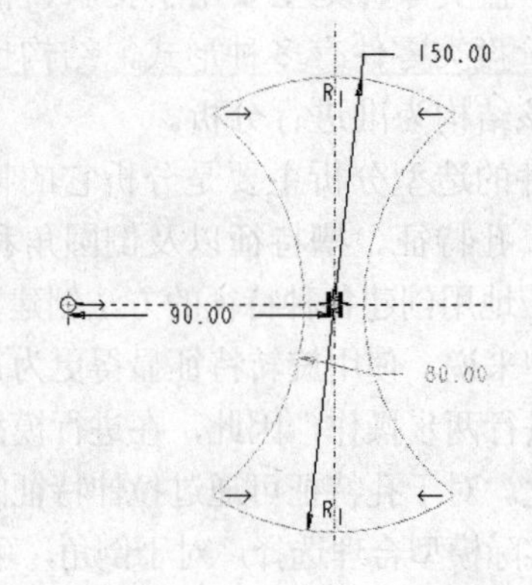

图 5-3　绘制拉伸面草图

[3] 单击完成按钮，进入拉伸操控面板。然后按照如图 5-4 所示进行操作，完成拉伸特征。

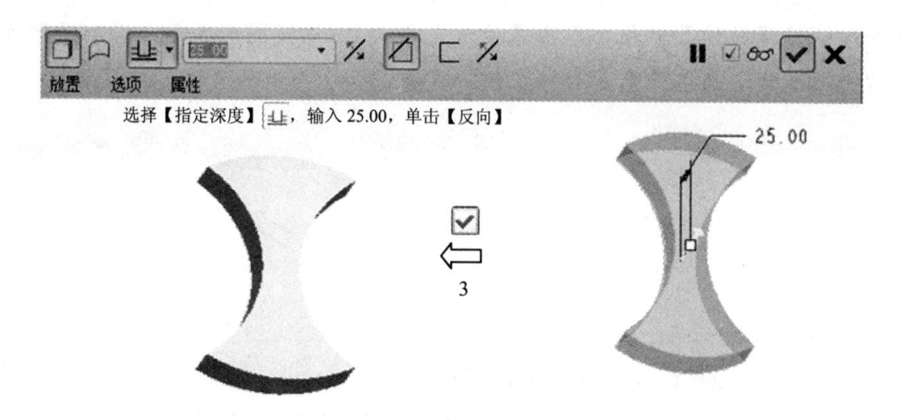

图5-4　创建拉伸特征

[4] 继续创建拉伸特征，单击【使用先前的】。切换图形显示，单击，绘制拉伸图形，具体步骤如图5-5所示。

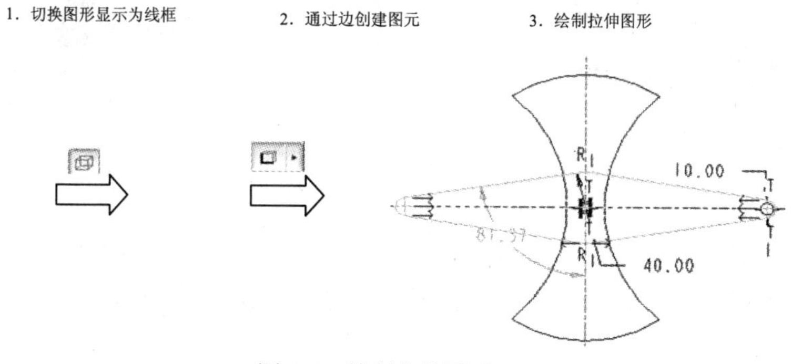

图5-5　绘制拉伸图形

提醒：定义两条线段时，可先定义一条线段，然后使用镜像命令定义另一条线段。

[5] 图形绘制好后单击确定按钮，定义拉伸深度后单击确定按钮，操作步骤如图5-6所示。

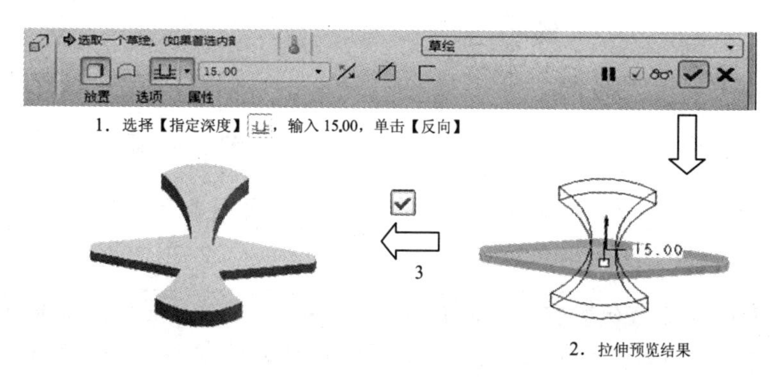

图5-6　创建拉伸特征

[6] 继续创建【拉伸】特征，单击【使用先前的】。切换图形显示，绘制拉伸草图，单击确定按钮，具体步骤如图 5-7 所示。

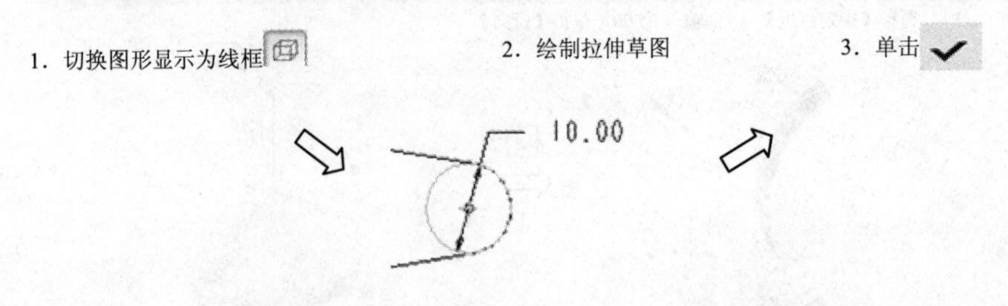

图 5-7　创建拉伸特征

[7] 继续创建拉伸特征，选择拨盘表面平面为草绘平面，草绘图形，如图 5-8 所示。

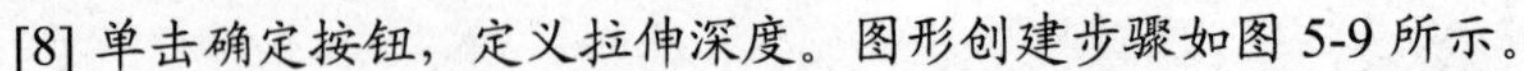

[8] 单击确定按钮，定义拉伸深度。图形创建步骤如图 5-9 所示。

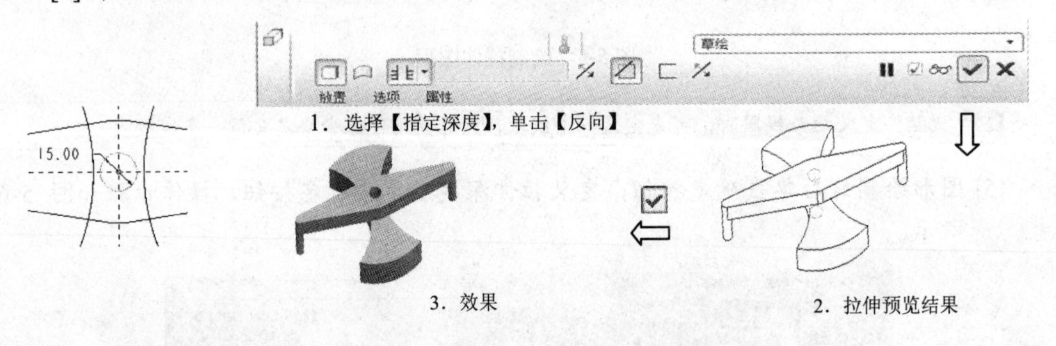

图 5-8　绘制拉伸面草图　　　　图 5-9　创建拉伸特征

[9] 继续创建拉伸特征，单击【使用先前的】。切换图形显示，绘制拉伸草图，单击确定按钮。具体步骤如图 5-10 所示。

提醒：选择【插入】/【倒圆角】或单击【倒圆角】按钮，在倒圆角操控面板的倒圆角半径文本框中输入 2.00。然后选择指定的边，对模型进行必要的倒圆角，单击倒圆角操控板的按钮，完成倒圆角。倒角操作与此类似。

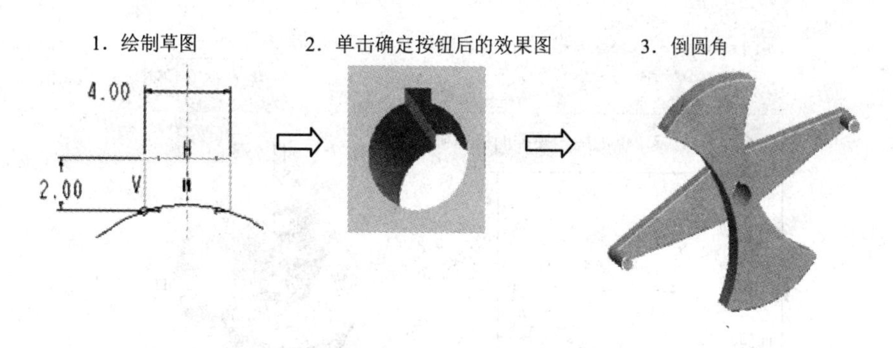

图 5-10　创建拉伸特征

5.1.2　法兰盘造型设计

下面通过实例来具体说明利用 Pro/E 设计典型盘类零件的方法和过程，希望读者对照书上的内容亲自操作，细心体会其中的技巧。

设计分析

拟设计一法兰盘，结构与尺寸如图 5-11 所示。其未注倒角为 1 × 45°，未注圆角为 *R*2。

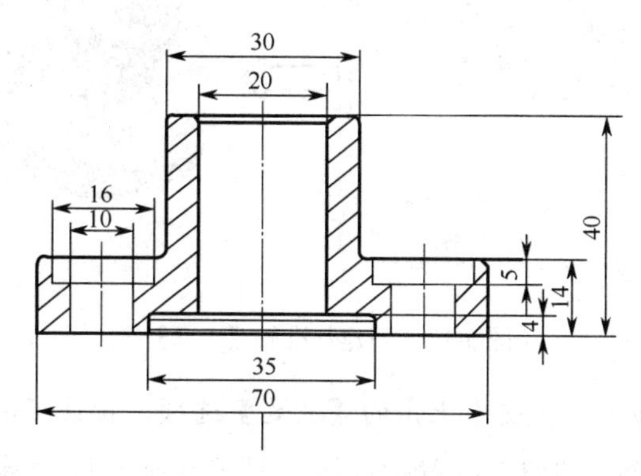

图 5-11　法兰盘尺寸

设计过程

[1] 单击【新建】按钮，或选择【文件】/【新建】命令，在弹出的对话框中选中【零件】单选按钮，输入文件名【falanpan】，取消选中【使用缺省模板】复选框，单击确定按钮。将模板设置为【mmns_part_solid】，其单位为【米制】，单击确定按钮，进入零件创建界面。

[2] 单击【拉伸】按钮，或选择【插入】/【旋转】命令，单击【放置】选项卡中的定义...按钮，选择草绘平面【FRONT】、参照面【RIGHT】、方向【右】，单击草绘按钮，进入草绘环境；使用工具栏中的各项功能，绘制如图 5-12 所示草图。

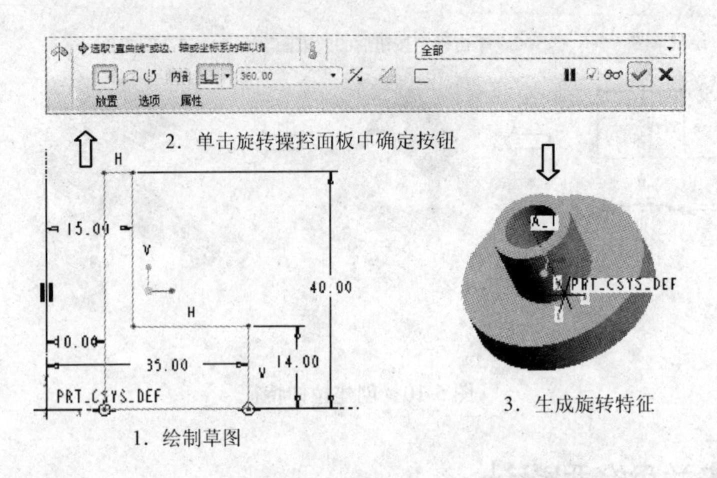

图 5-12　创建旋转特征

[3] 单击【基准轴】按钮，在弹出的对话框中单击【小圆柱外表面】作为参照，单击确定得到【基准轴 A_2】效果，如图 5-13 所示。

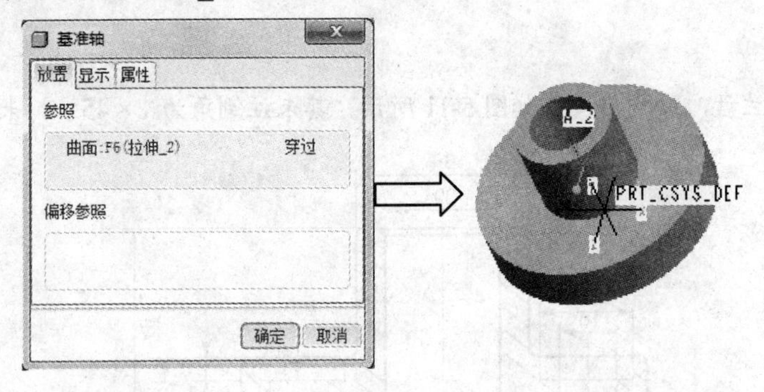

图 5-13　创建基准轴【A_2】

[4] 单击【孔】按钮，单击左上角的【放置】选项，按住 Ctrl 键，选择【轴 A_2】和【TOP 面】，然后再设置孔径和孔深，创建同轴孔 1，步骤如图 5-14 所示。

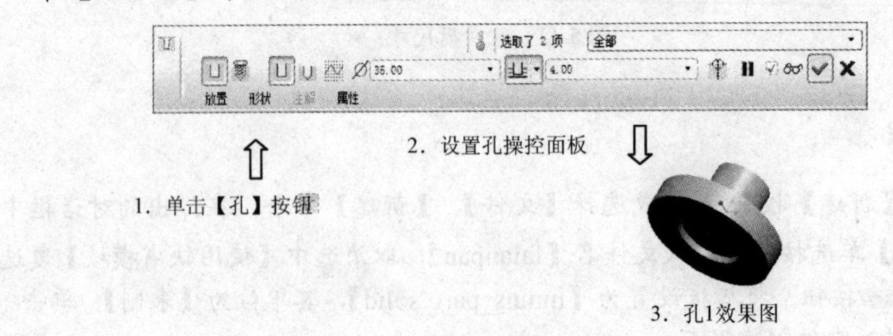

图 5-14　创建同轴孔

[5] 重复步骤[4]，创建同轴孔 2，其中孔为ϕ20 通孔，效果图如图 5-15 所示。

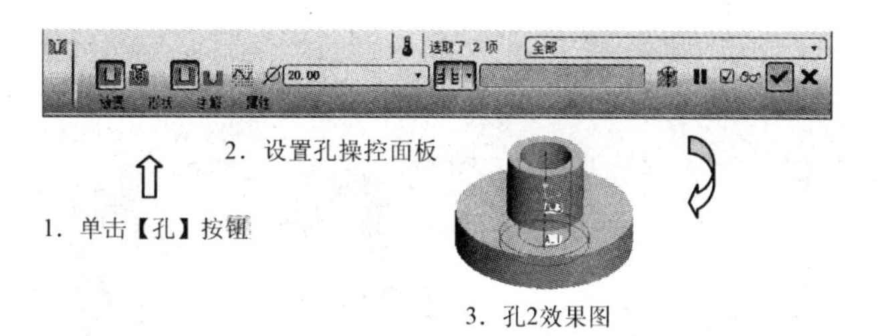

图 5-15　创建孔 2

[6] 单击【孔】按钮，单击左上角的【放置】，在下拉菜单中添加上表面【曲面 F5】，单击【反向】，【类型】选择【线性】，在此参照中选择【RIGHT 面】和【TOP 面】，步骤如图 5-16 所示。

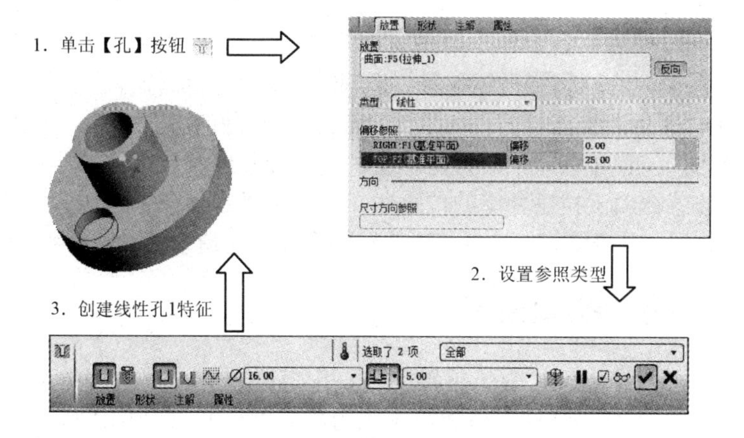

图 5-16　创建线性孔 1

[7] 重复步骤[6]创建线性孔 2，在【放置】选项中添加【下平面】，其他不变。步骤如图 5-17 所示。

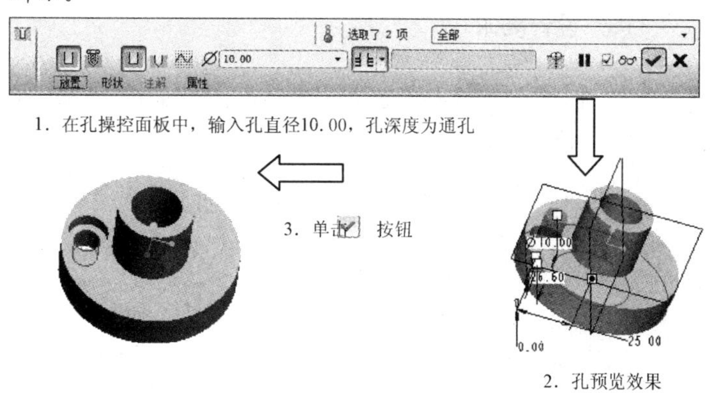

图 5-17　创建线性孔 2 特征

[8] 按住 Ctrl 键，选择【孔 3】、【孔 4】，单击右键，在弹出的菜单中选择【组】，定义线性孔 1 和线性孔 2 为组特征。然后阵列，步骤如图 5-18 所示。

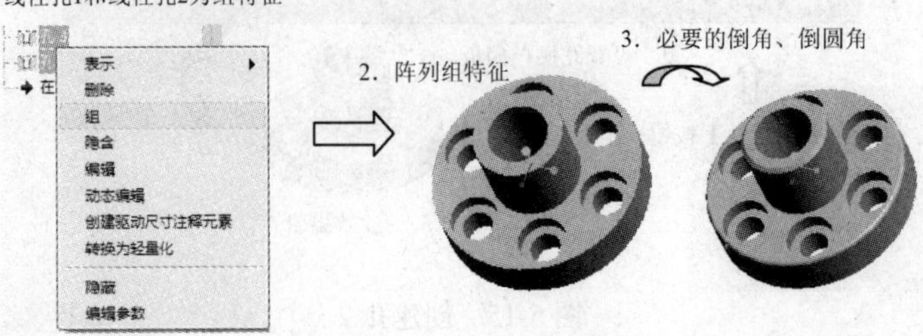

图 5-18　法兰盘造型设计

5.2 轴类零件建模

轴类零件是机器中的重要零件，用来支持旋转的机械零件，如齿轮、带轮等。按轴线的形状轴可分为直轴、曲轴和挠性钢丝轴，直轴有光轴和阶梯轴等。

传感器是机电产品中的重要部件，用来测试机电产品的各种参量，根据输入物理量不同，传感器可分为：位移传感器、压力传感器、速度传感器、温度传感器及气敏传感器等。本节介绍的拉力传感器属于拉压并用的传感器。由于轴类零件和拉力传感器外形特征相似，因此将两类零件放到一节来学习，读者可以比较两类零件在造型设计上有哪些区别。

5.2.1 拉力传感器造型设计

从图 5-19 中可以看出，拉力传感器零件不论怎样分类，其结构基本相似，都由圆柱或空心圆柱主体和防止应力集中的圆角等结构组成。

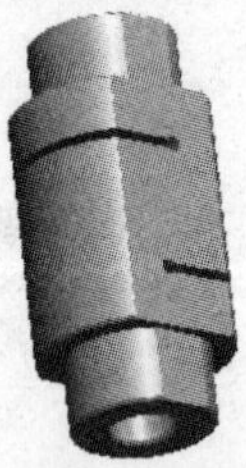

相应地，可以采用草图回转的方法构建零件的实体模型框架，小圆台可以在构建主体框架时一并构建；对于槽特征，要先添加基准平面，再采用拉伸去除命令来创建，最后进行必要的倒角和倒圆角。

图 5-19　拉力传感器

设计要求

拟设计一拉力传感器，结构与尺寸如图 5-20 所示。其未注倒角为 1×45°。

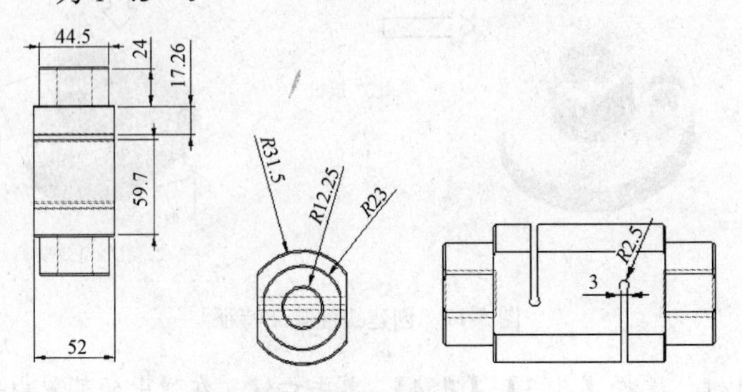

图 5-20　拉力传感器尺寸图

设计过程

[1] 单击【新建】按钮，或选择菜单【文件】/【新建】命令，选择【零件】、输入文件名【例 5-3】、不选择□使用缺省模板，单击确定按钮，将模板设置为【mmns_part_solid】，其单位为【米制】，单击确定按钮，进入零件创建界面。

[2] 单击【拉伸】按钮，或选择菜单【插入】/【拉伸】命令，单击位置中的定义...按钮；选择草绘平面【FRONT】、参照面【TOP】、方向【左】，单击草绘按钮，进入草绘环境，使用工具栏中的各项功能，绘制如图 5-21 所示的拉伸截面。

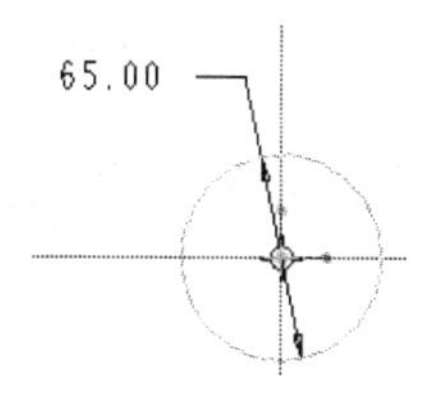

图 5-21　拉伸截面

[3] 单击完成按钮，进入拉伸设置操控面板。然后按照如图 5-22 所示进行操作。

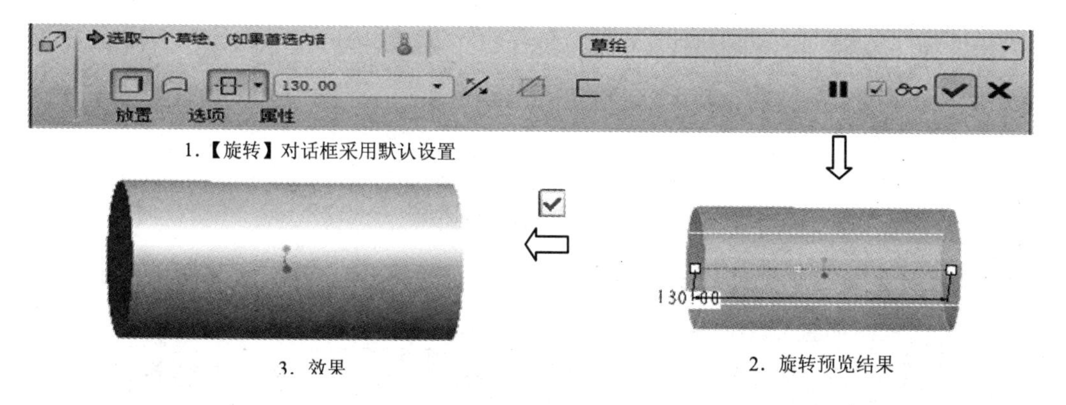

图 5-22　建立拉伸主体特征

[4] 单击【拉伸】按钮，单击【使用先前的】，进入草绘环境，使用工具栏中的各项功能，绘制如图 5-23 所示的拉伸截面。

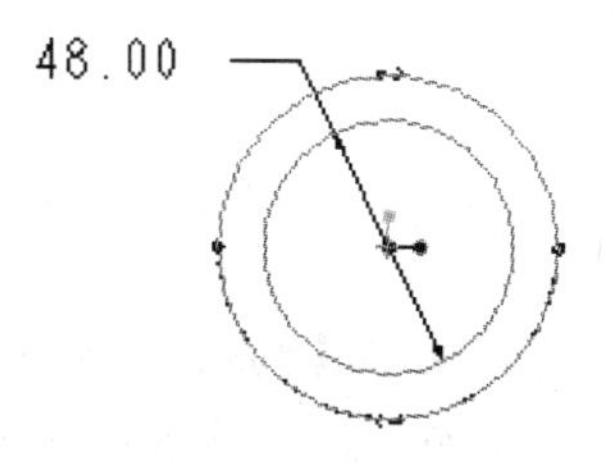

图 5-23　拉伸截面

[5] 单击完成按钮，进入拉伸设置操控面板。然后按照如图 5-24 所示进行操作。

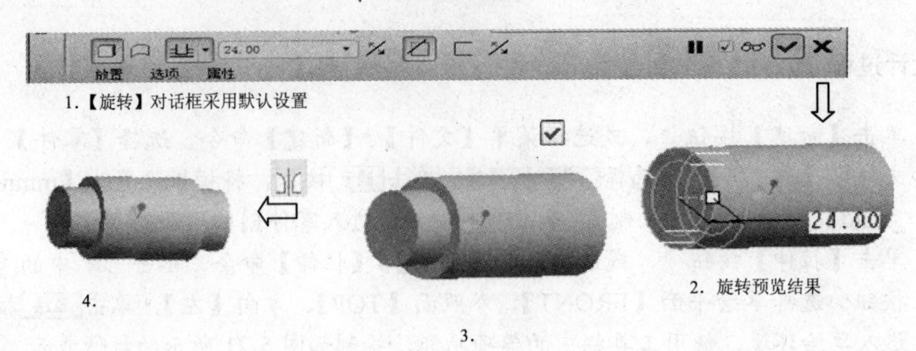

图 5-24 创建拉伸特征

[6] 单击【拉伸】按钮，或选择菜单【插入】/【拉伸】命令，单击位置中的定义...按钮；选择端面为草绘平面，进入草绘环境，绘制如图 5-25 所示的拉伸面草图。

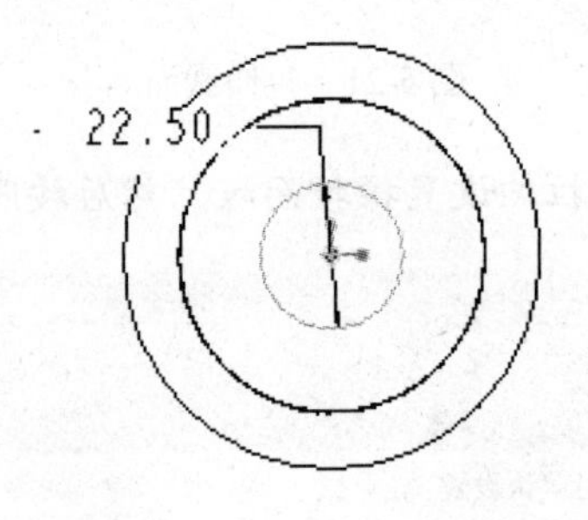

图 5-25 绘制拉伸面草图

[7] 单击完成按钮，进入拉伸设置操控面板。然后按照如图 5-26 所示进行操作。

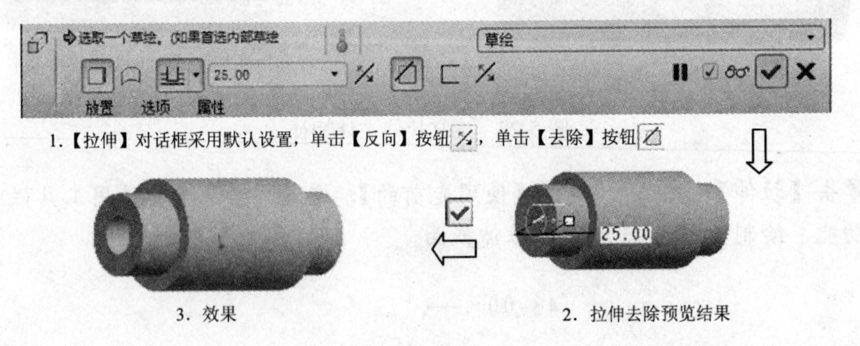

图 5-26 创建拉伸特征

[8] 单击【拉伸】按钮，或选择菜单【插入】/【拉伸】命令，单击位置中的定义...按钮；选择 FRONT 为草绘平面，进入草绘环境，绘制如图 5-27 所示的拉伸面草图，得到如图 5-28 所示的拉伸实体。

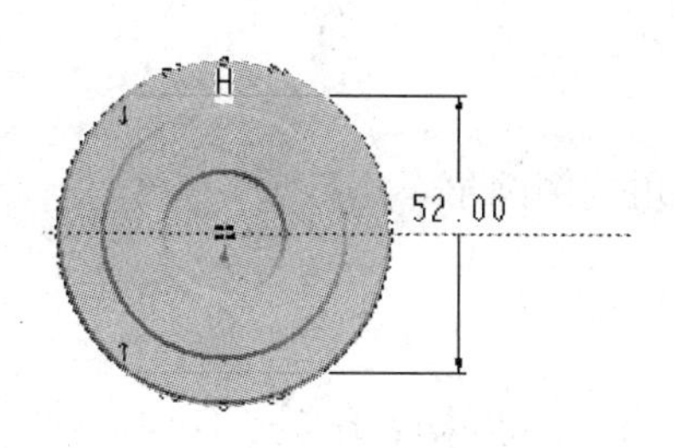

图 5-27　拉伸草图

图 5-28　拉伸实体

[9] 单击【拉伸】按钮，或选择菜单【插入】/【拉伸】命令，单击 位置 中的 定义... 按钮；选择 FRONT 为草绘平面，进入草绘环境，绘制如图 5-29 所示的拉伸面草图，得到如图 5-30 所示的拉伸实体。

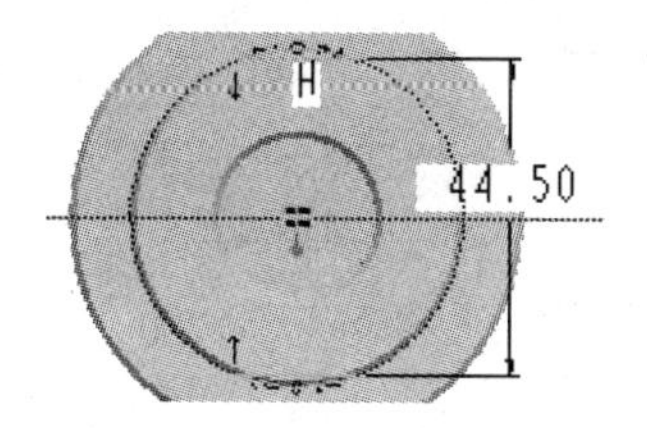

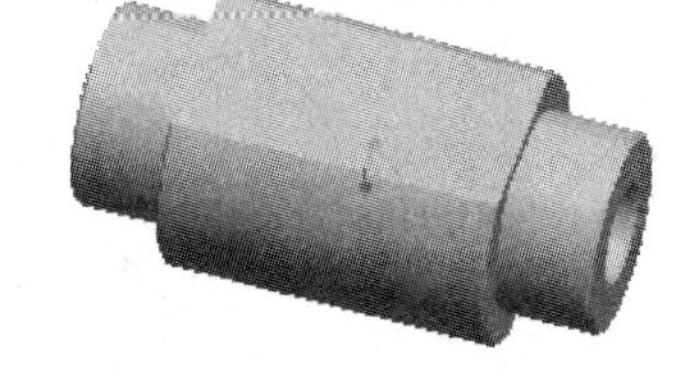

图 5-29　绘制拉伸面草图

图 5-30　拉伸实体

[10] 单击【拉伸】按钮，或选择菜单【插入】/【拉伸】命令，单击 位置 中的 定义... 按钮；选择步骤[8]中拉伸出来的平面为草绘平面，进入草绘环境，绘制如图 5-31 所示的拉伸面草图，得到如图 5-32 所示的拉伸实体。

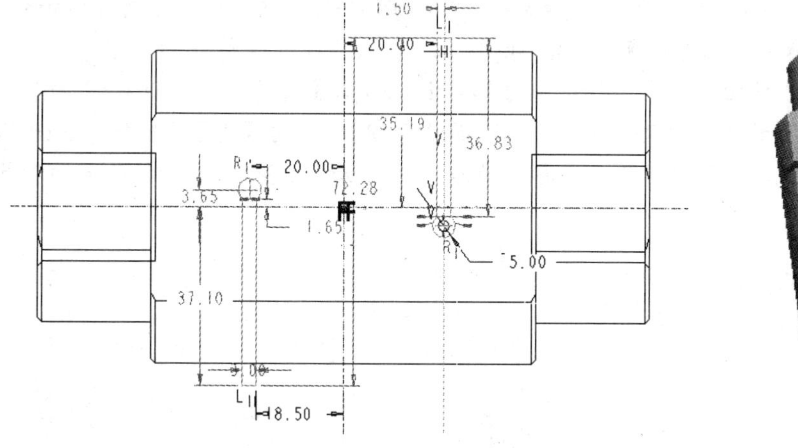

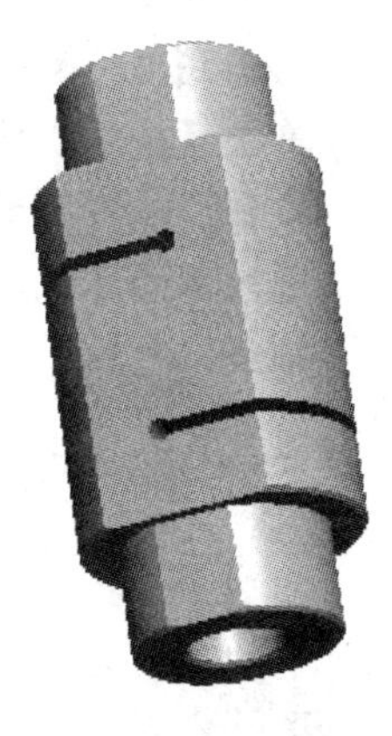

图 5-31　拉伸面草图

图 5-32　拉伸实体

[11] 进行必要的倒角、倒圆角操作，创建倒角、倒圆角特征。

[12] 选择【文件】/【保存副本】命令，弹出【保存副本】对话框，保存文件副本。

5.2.2 阶梯轴造型设计

本例将要用到的特征有拉伸、旋转、倒角、倒圆角。

设计要求

拟设计一阶梯轴，结构与尺寸如图 5-33 所示。其未注倒角为 1×45°。

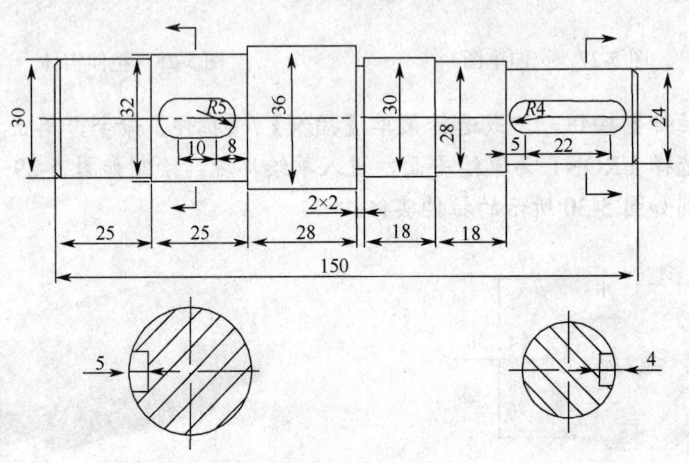

图 5-33 阶梯轴尺寸图

设计过程

[1] 单击【新建】按钮，或选择菜单【文件】/【新建】命令，选择【零件】、输入文件名【例 5-4】、不选择□使用缺省模板，单击确定按钮，将模板设置为【mmns_part_solid】，其单位为【米制】，单击确定按钮，进入零件创建界面。

[2] 单击【旋转】按钮，或选择菜单【插入】/【旋转】命令，单击位置中的定义...按钮；选择草绘平面【RIGHT】、参照面【TOP】、方向【左】，单击草绘按钮，进入草绘环境，使用工具栏中的各项功能，绘制如图 5-34 所示的旋转截面和旋转轴线。

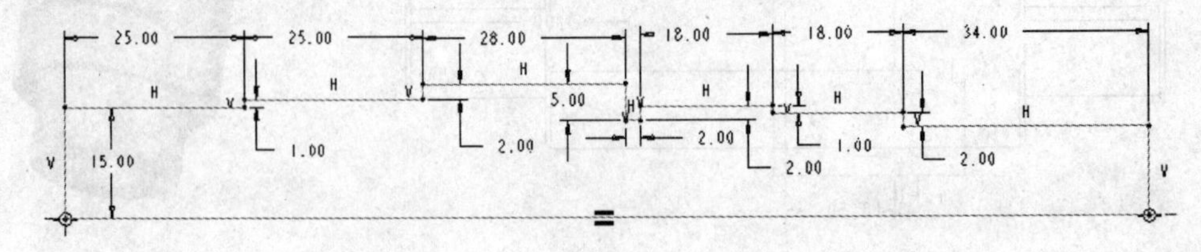

图 5-34 绘制旋转截面和旋转轴线

[3] 单击完成按钮，进入旋转设置操控面板。然后按照如图 5-35 所示进行操作。

[4] 选择【FRONT】面，单击【基准面】按钮，然后按照如图 5-36 所示进行操

作，创建基准平面【DTM1】。

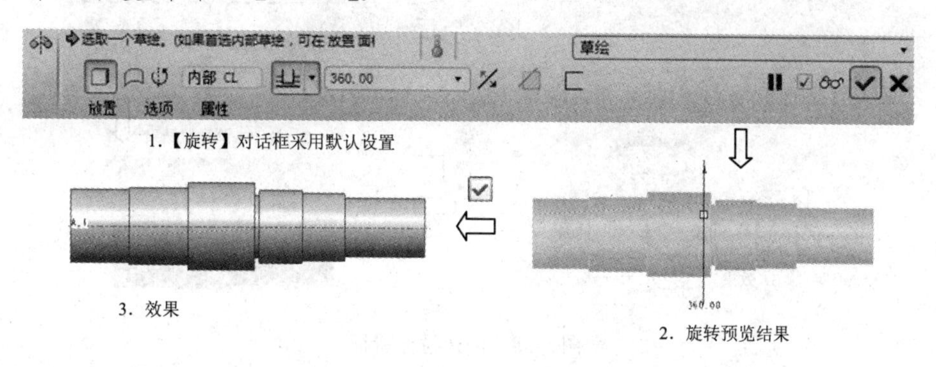

图 5-35　建立旋转主体特征

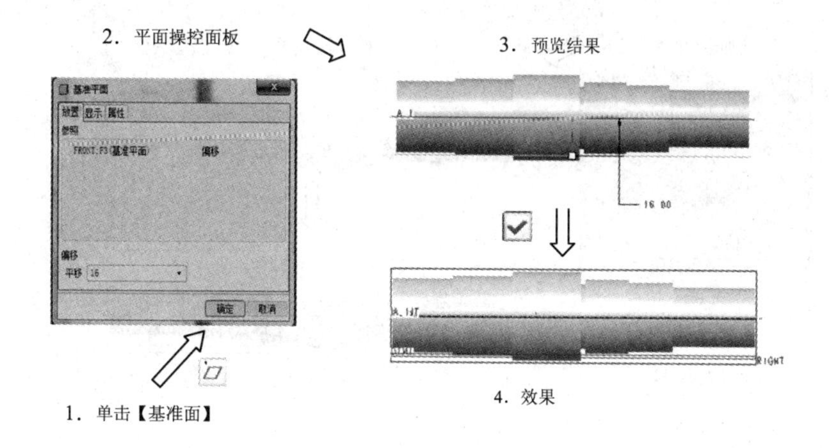

图 5-36　创建基准平面 DTM1

[5] 单击【拉伸】按钮，或选择菜单【插入】/【拉伸】命令，单击位置中的定义...按钮；选择基准面【DTM1】、参照面【RIGHT：F1】、方向【顶】，单击草绘按钮，进入草绘环境，绘制如图 5-37 所示的拉伸面草图。

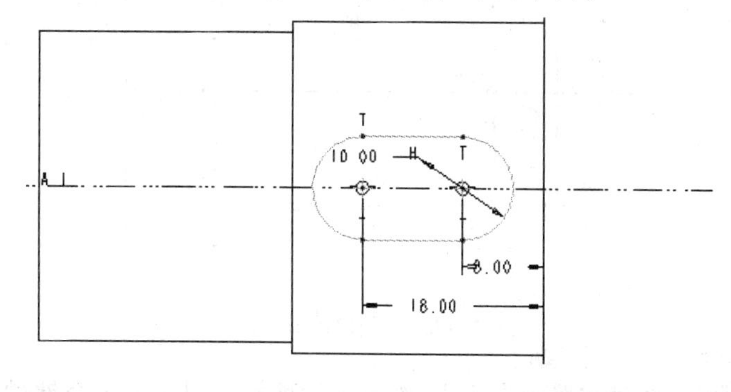

图 5-37　绘制拉伸面草图

[6] 单击完成按钮，进入拉伸设置操控面板。然后按照如图 5-38 所示进行操作。

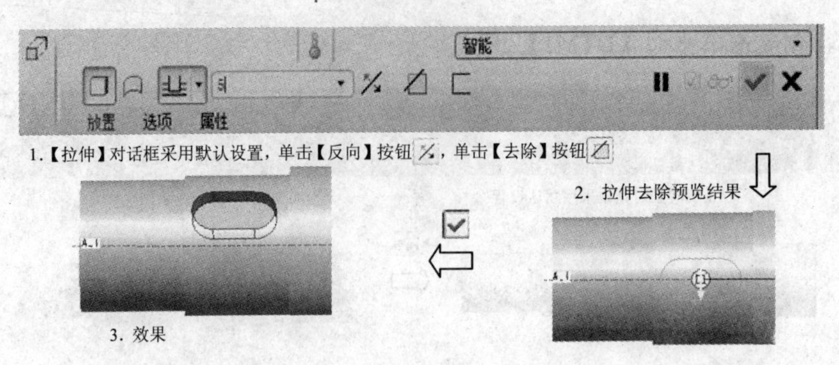

图 5-38 创建拉伸特征

[7] 重复步骤[4]，然后按照如图 5-39 所示进行操作，创建基准平面【DTM2】。

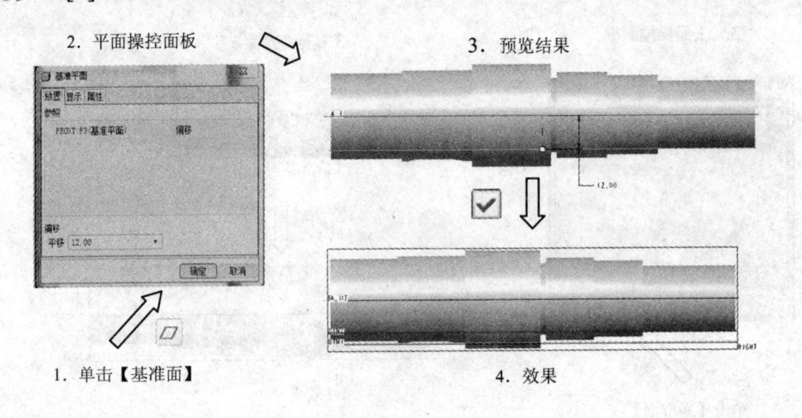

图 5-39 创建基准平面 DTM2

[8] 重复步骤[5]，绘制如图 5-40 所示的拉伸面草图。

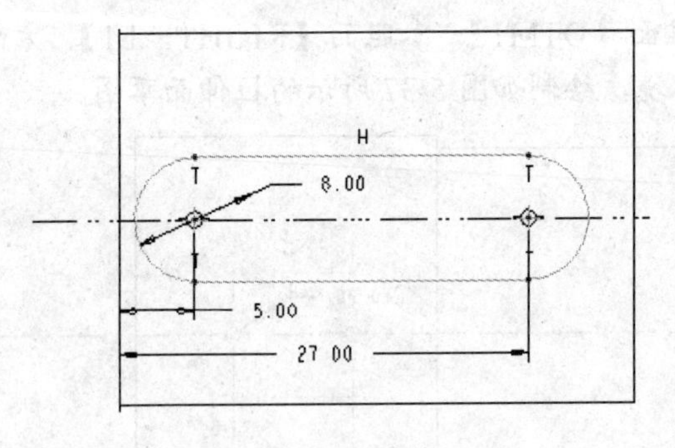

图 5-40 绘制拉伸面草图

[9] 重复步骤[5]，然后按照如图 5-41 所示进行操作，创建另一个键槽特征。

[10] 进行必要的倒角、倒圆角操作，创建倒角、倒圆角特征。

[11] 选择【文件】/【保存副本】命令，弹出【保存副本】对话框，保存文件副本。

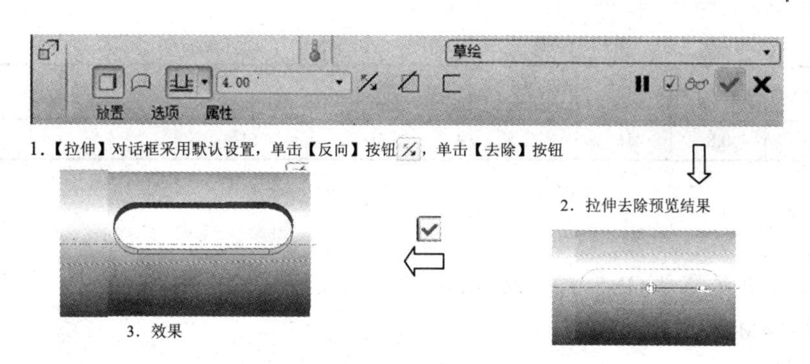

图 5-41　创建拉伸特征

5.3 紧固件建模

螺纹紧固件的品种很多，常用的螺纹紧固件有螺栓、双头螺柱、螺钉、螺母和垫圈。垫圈通常垫在螺母和被连接件之间，目的是增加螺母与被连接件之间的接触面，保护被连接件的表面不致因拧螺母而被刮伤。垫圈分为平垫圈和弹簧垫圈。

螺纹紧固件的结构和尺寸都已经标准化，称为标准件，使用时，可以从相应标准或机械手册中查到所需要的结构尺寸，经过合理选择其规格、型号后，可直接在五金商店购买。本节主要介绍螺母、螺旋弹簧和涡卷形盘簧的造型设计。

5.3.1 螺母造型设计

设计要求

拟设计一螺母，六角头螺母（GB5782—86）的外形结构如图 5-42 所示。标准化产品的系列规格如表 5-1（引自《机械设计手册软件版 2.0》）所示。

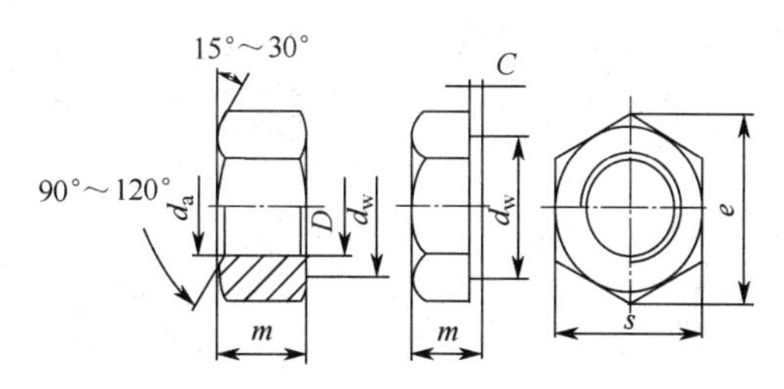

图 5-42　螺母尺寸

表 5-1　系列规格螺母 GB5782—86

螺纹规格 d	c max	d_a min	d_w min	e min	m max	s max	1000 个钢螺母 重量 kg
M8	0.6	8	11.6	14.38	6.8	13	5.67
M10	0.6	10	14.6	17.77	8.4	16	10.99
M12	0.6	12	16.6	20.03	10.8	18	16.32

续表

螺纹规格 d	c max	d_a min	d_w min	e min	m max	s max	1000个钢螺母重量kg
M16	0.8	16	22.5	26.75	14.8	24	34.12

外形尺寸

根据表5-1可知螺母GB5782—86 M10的外形尺寸为:

螺纹规格 d = M10

c（max）=0.6

d_a（min）=10

d_w（min）=14.6

e（min）=17.77

m（max）=8.4

s（max）=16

设计过程

[1] 单击【新建】按钮，或选择【文件】/【新建】命令，在弹出的对话框中选中【零件】单选按钮，输入文件名“luomu”，取消选中【使用缺省模板】复选框，单击确定按钮。

[2] 将模板设置为【mmns_part_solid】，其单位为【米制】，单击确定按钮，进入零件创建界面。

[3] 单击【拉伸】/【放置】/【定义】，选择【FRONT】面为草绘平面，【RIGHT】为参照。单击【草绘】按钮，进入草绘界面绘制草图，如图5-43所示。

[4] 单击【旋转】按钮，选择【放置】/【定义】，进入草绘对话框，定义【RIGHT】为草绘基准面，【TOP】为参考平面，方向选择【右】，单击草绘按钮，进入草绘界面，单击【几何中心线】按钮绘制螺母水平中心线，步骤如图5-44所示。

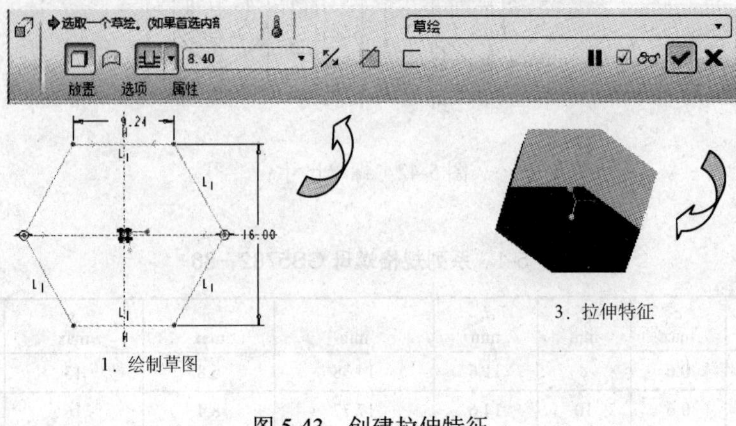

图5-43 创建拉伸特征

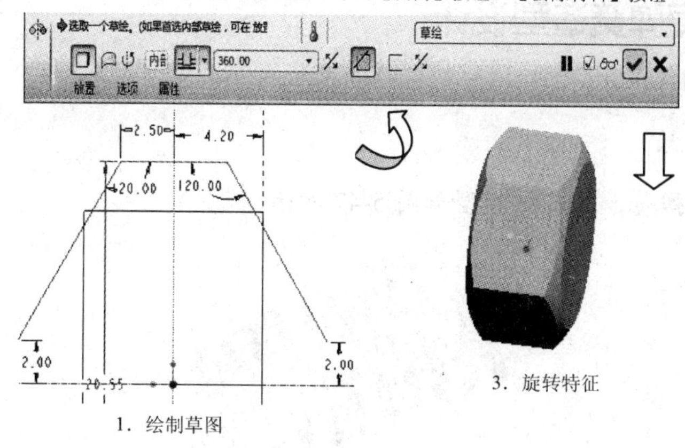

图 5-44　创建旋转特征

[5] 单击【拉伸】按钮，绘制草图及生成特征，如图 5-45 所示。

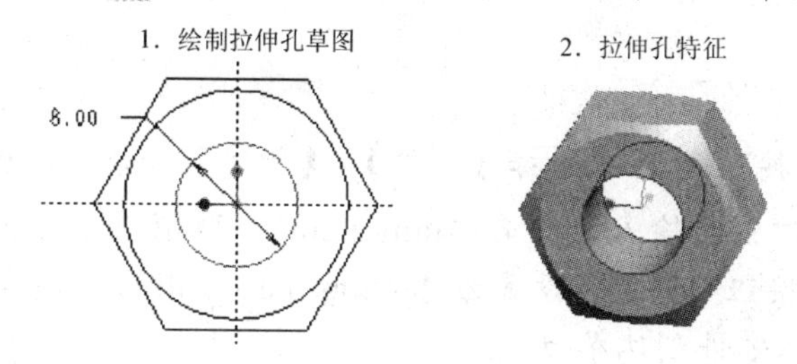

图 5-45　创建拉伸特征

[6] 选择【插入】/【螺旋扫描】/【切口】，选择【常数】/【穿过轴】/【右手定则】/【完成】，进入【菜单管理器】对话框选择【RIGHT】为基准平面，定义基准方向，单击【正向】后，选择【顶】后，进入定义基准参照，选择 TOP 为参照平面后，进入界面。绘制扫描轨迹及在节距框中输入 1，单击确定按钮，然后再在图中绘制边长为 1 的等边三角形扫描截面，最后得到螺纹特征，步骤如图 5-46 所示。

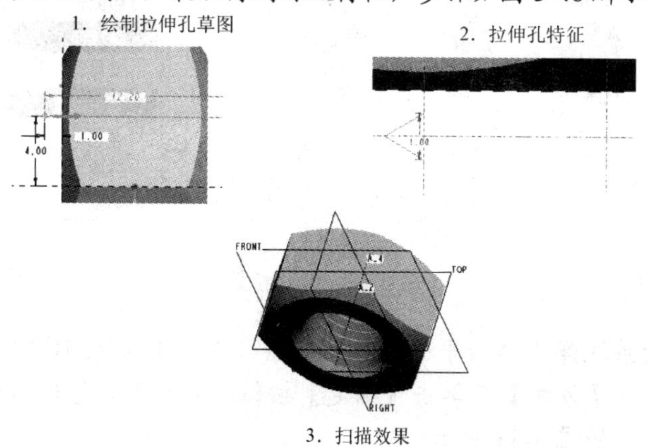

图 5-46　创建拉伸切除特征

5.3.2 螺旋弹簧造型设计

设计要求

拟设计一螺旋弹簧，其三维模型如图 5-47 所示。

图 5-47 螺旋弹簧三维造型

设计过程

[1] 单击【新建】按钮，或选择【文件】/【新建】命令，在弹出的对话框中选中【零件】单选按钮，输入文件名“tanhuang”，取消选中【使用缺省模板】复选框，单击确定按钮。将模板设置为【mmns_part_solid】，其单位为【米制】，单击确定按钮，进入零件创建界面

[2] 单击【插入】/【螺旋扫描】/【伸出项】，然后在弹出的菜单管理器中单击【常数】、【穿过轴】和【右手定则】，然后单击【完成】，完成伸出项属性参数设置，如图 5-48 所示。

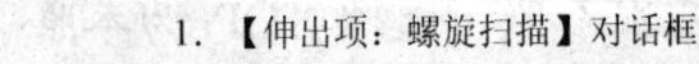
1. 【伸出项：螺旋扫描】对话框

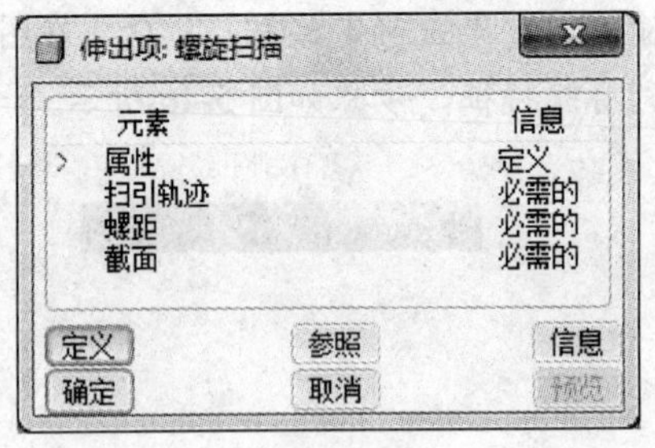

2. 【属性】菜单管理器

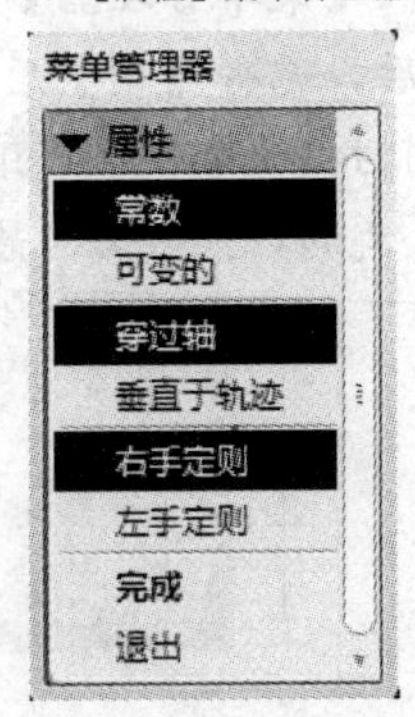

图 5-48 设置参数

[3] 上步完成后系统弹出草绘平面菜单管理器，再单击【RIGHT】面，在弹出的菜单管理器中定义【方向】后单击【确定】按钮，再在菜单管理器中单击【缺省】，进入草绘界面，如图 5-49 所示。

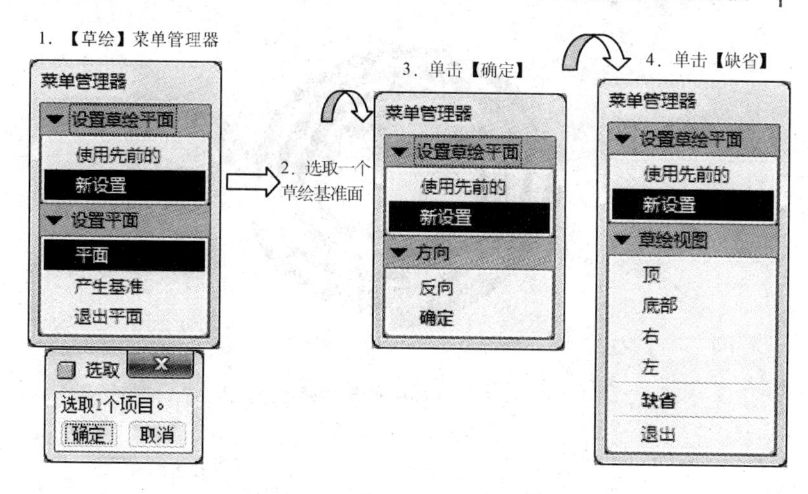

图 5-49　选择草绘基准面

[4] 绘制如图 5-50 所示的草绘，确定螺旋扫描路径和中心线。绘制完成后单击完成按钮，这时系统会弹出【输入节距】文本框，在文本框中输入节距值 24，单击按钮返回草绘环境，在扫描轨迹起点绘制“扫描截面”曲线，最后单击【伸出项：螺旋扫描】对话框中的确定按钮，完成创建，如图 5-50 所示。

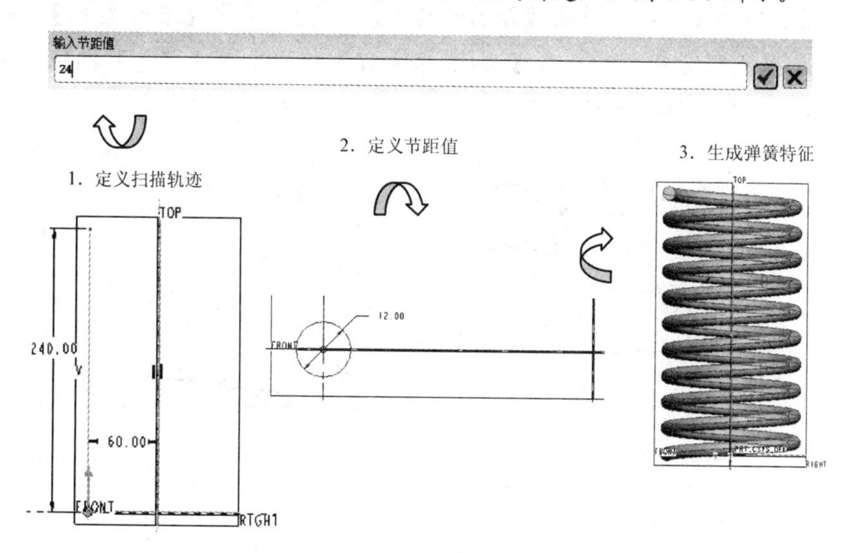

图 5-50　创建弹簧特征

5.3.3　涡卷形盘簧造型设计

设计要求

拟设计一涡卷形盘簧，其三维模型如图 5-51 所示。

图 5-51 涡卷形盘簧三维模型

设计过程

[1] 单击【新建】按钮，或选择【文件】/【新建】命令，在弹出的对话框中选中【零件】单选按钮，输入文件名“panhuang”，取消选中【使用缺省模板】复选框，单击确定按钮。将模板设置为【mmns_part_solid】，其单位为【米制】，单击确定按钮，进入零件创建界面。

[2] 单击【基准线】，单击【从方程】/【完成】，单击【系统坐标】，单击【圆柱】，输入坐标方程，然后在【曲线 从方程】框中单击【确定】按钮，得到盘簧曲线效果，步骤如图 5-52 所示。

1.曲线方程

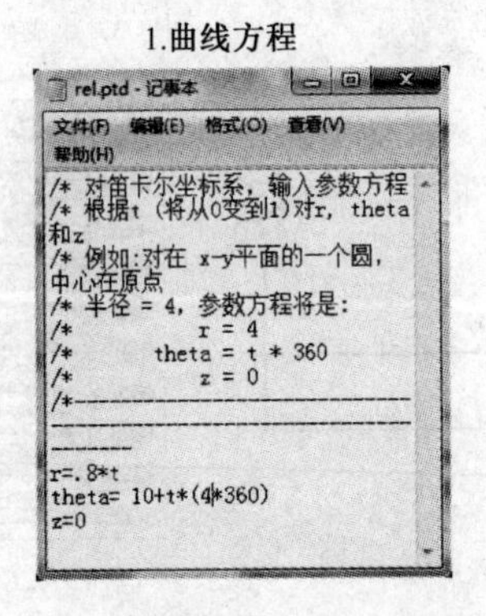

2.图形效果

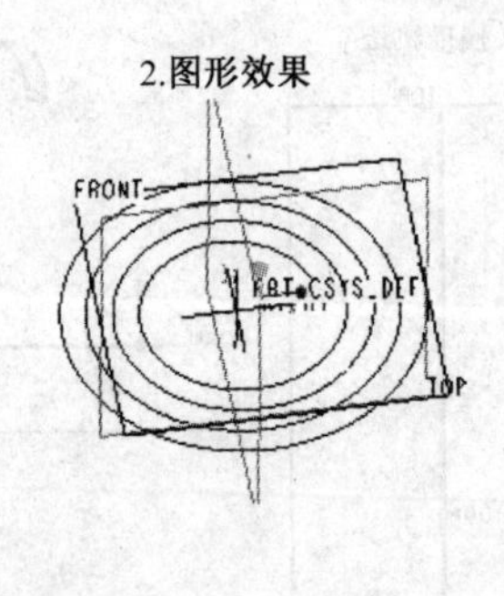

图 5-52 创建曲线图形

提醒：可在特征栏中单击 PRT_CSYS_DEF，选择圆柱坐标，其方程为 r=.8*t; theta= r_b+t*(n*360); z=0 此时取基经 r_b=10，圈数 n=4，单击【保存】/【退出】。

[3] 单击【插入】/【扫描】/【伸出项】，单击【选取轨迹】，单击【曲线】，然后单击【完成】，从而完成选取轨迹。然后草绘截面，单击完成按钮，然后在【伸出项：扫描】中单击【确定】，完成特征创建，步骤如图 5-53 所示。

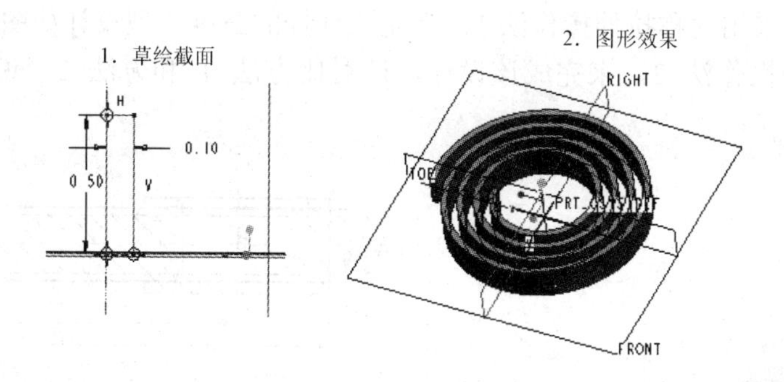

图 5-53　涡卷形盘簧三维模型

5.4 思考与练习

1. 思考题

（1）简述 Pro/E 在进行二维零件设计时，定义基准平面的作用。

（2）怎样理解特征的概念。

（3）请比较说明拉力传感器和阶梯轴造型设计的不同点。

2. 操作题

（1）拟设计一盘形凸轮，如图 5-54 所示，已知凸轮的基圆半径为 100mm，升程为 50mm，从动件的运动规律如图 5-55 所示，凸轮安装孔的尺寸如图 5-56 所示。试设计该凸轮。

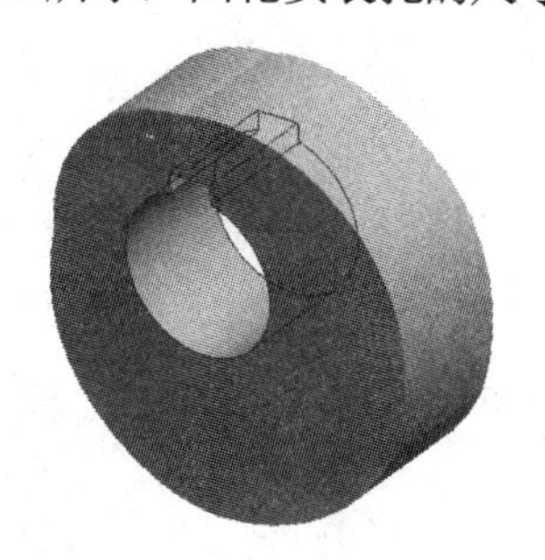

图 5-54　典型凸轮的三维造型

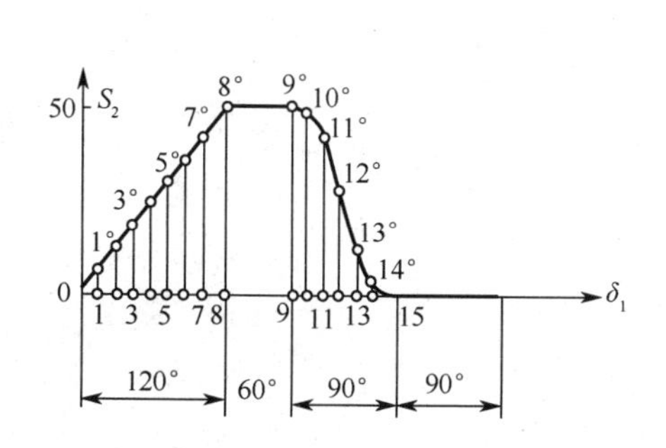

图 5-55　凸轮从动件的运动规律

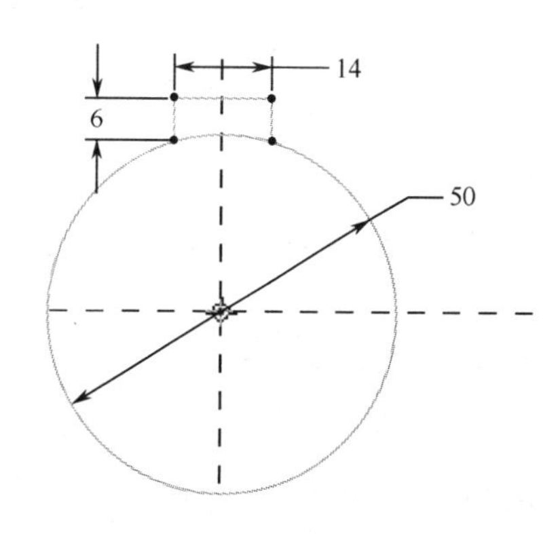

图 5-56　凸轮安装孔的尺寸

（2）试通过采用对称拉伸操作法 1，来完成连杆的三维造型设计如图 5-57 所示。也可以直接采用拉伸操作法 2，来完成该设计，请对比方法 1 和方法 2，说明它们有什么不同。

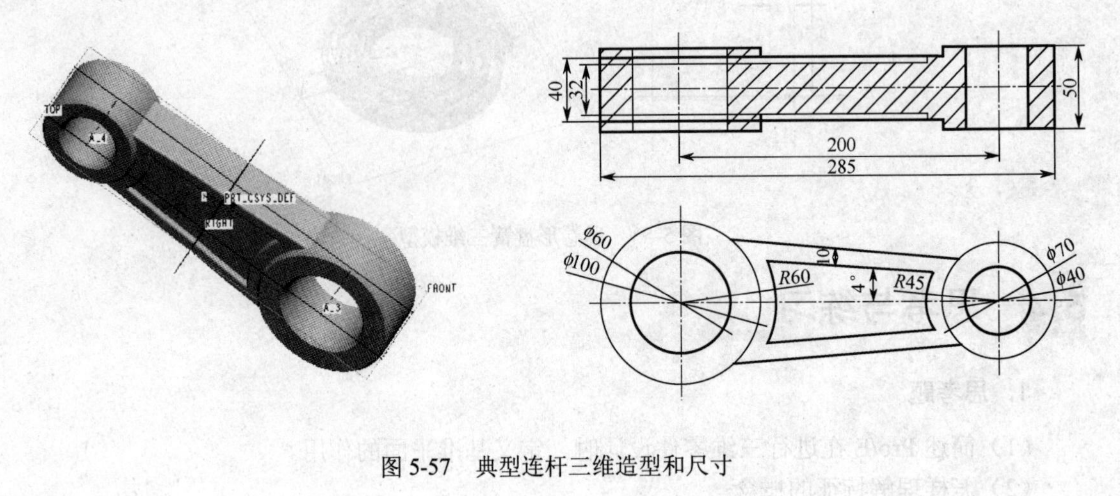

图 5-57　典型连杆三维造型和尺寸

第 6 章

齿轮零件建模

齿轮机构依靠齿廓啮合传动，不仅传动比稳定、寿命长、效率高，而且工作可靠性高、适用的圆周速度和范围广。此外，还可以实现平行轴、任意相交轴，甚至任意角交错轴之间的传动。因此，几乎所有回转运动的机器，都使用齿轮作为传动件。

本章的设计将通过介绍齿轮零件造型设计的一般方法与步骤，使读者学会利用 Pro/E 进行相关零件的分析与设计。

6.1 齿轮造型分析

齿轮的种类很多，按照轮齿曲线相对于齿轮轴心线方向可以将齿轮分为直齿、斜齿和人字齿。按照齿廓曲线可以将齿轮分为渐开线齿、摆线齿和圆弧齿。在生产实践中，渐开线齿轮应用最为广泛。因此，本书着重介绍各种渐开线齿轮的造型设计，至于摆线齿轮和圆弧齿轮的造型设计，由于设计思路基本相同，读者可以参照渐开线齿轮的设计方法类推。

如图 6-1 所示，齿轮一般由轮体、轮齿、辅板、轮毂等组成。在齿轮的造型设计中，轮齿的创建最为关键，理论性也最强，需要用复杂的数学公式来计算渐开线齿廓曲线的三维坐标。

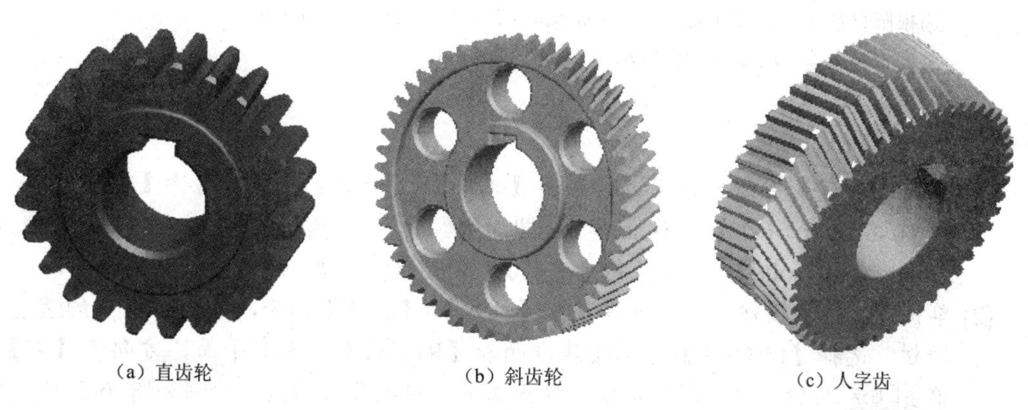

（a）直齿轮　　（b）斜齿轮　　（c）人字齿

图 6-1　齿轮三维模型

1．笛卡尔坐标下的渐开线参数方程

设压力角与展角之和 afa 由 0 到 60°，基圆半径为 r_b，则笛卡尔坐标系下的渐开线参数方程如下：

afa = 60*t

$x = r_b$ *cos(afa) + pi* r_b *afa/180 * sin(afa)

$y = r_b$ *sin(afa)–pi* r_b *afa/180 * cos(afa)

$z = 0$

2．圆柱坐标下的渐开线参数方程

设基圆半径为 r_b，压力角与展角之和 afa 从 0 到 60°，圆柱坐标系下的渐开线参数方程如下：

afa = 60*t

r = (r_b ^2 + (pi* r_b *afa/180)^2)^0.5

theta = afa–atan((pi* r_b *afa/180)/ r_b)

$z = 0$

6.1.1 直齿圆柱齿轮的造型设计

设计要求

设计直齿圆柱齿轮，效果如图 6-1（a）所示。已知齿轮的参数为：模数 $m = 2$mm，齿数 $z = 30$，压力角为标准压力角 $\alpha = 20°$，齿轮厚度 $B = 60$mm。

参数计算

由给定的基本参数，计算齿轮的其他参数：

分度圆直径 $d = m \cdot z = 2 \times 30 = 60$mm

齿顶圆直径 $d_a = d + 2h_a^* \cdot m = 60 + 2 \times 1 \times 4 = 64$mm

齿根圆直径 $d_f = d - 2（h_a^* + c^*）\cdot m = 60 - 2 \times (1 + 0.25) \times 2 = 55$mm

基圆直径 $d_b = d \cdot \cos\alpha = 60 \times \cos 20° = 55.3816$mm

设计过程

[1] 单击【新建】按钮，或选择菜单【文件】/【新建】命令，选择【零件】、输入文件名【例 6-1】、不选择□使用缺省模板，单击确定按钮，将模板设置为【mmns_part_solid】，其单位为【米制】，单击确定按钮，进入零件创建界面。

[2] 单击【拉伸】按钮，或选择菜单【插入】/【拉伸】命令，单击位置中的定义...按钮；选择【FRONT】为草绘基准面和【RIGHT】为参考平面，方向选【右】，单击草绘按钮，进入草绘环境，使用工具栏中的各项功能，绘制如图 6-2 所示的拉伸面草图。

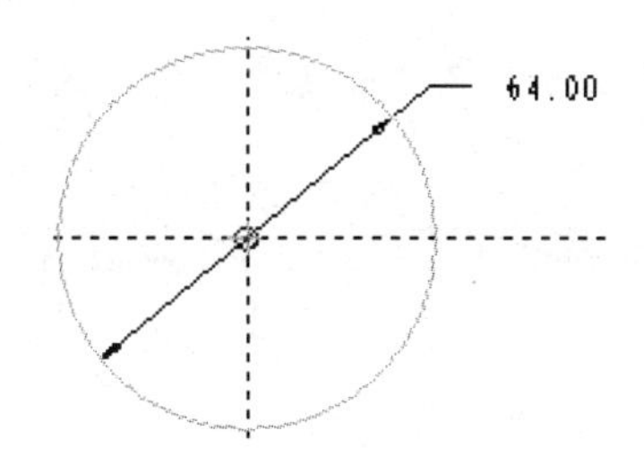

图 6-2　绘制拉伸面

[3] 单击完成按钮✓，进入拉伸设置操控面板。然后按照如图 6-3 所示进行操作。

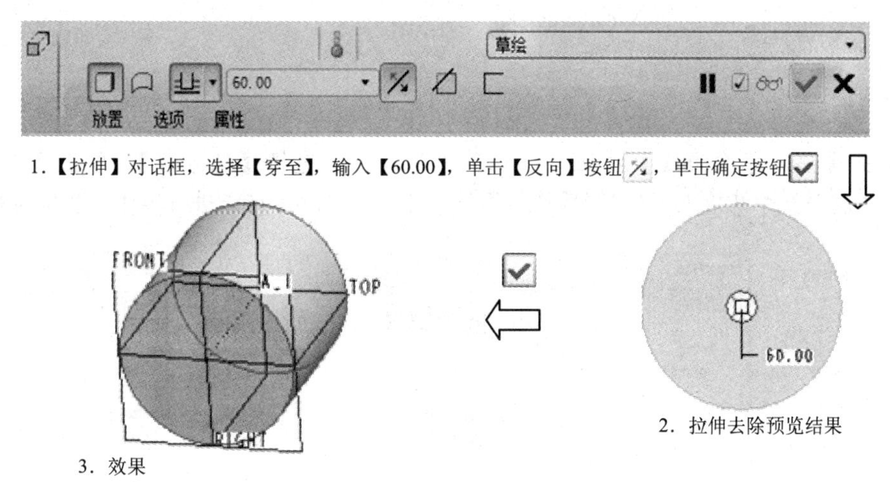

图 6-3　建立拉伸特征

[4] 单击【基准轴】按钮，选择【拉伸 1 外圆柱面】，然后按照如图 6-4 所示进行操作，创建基准轴 A_2。

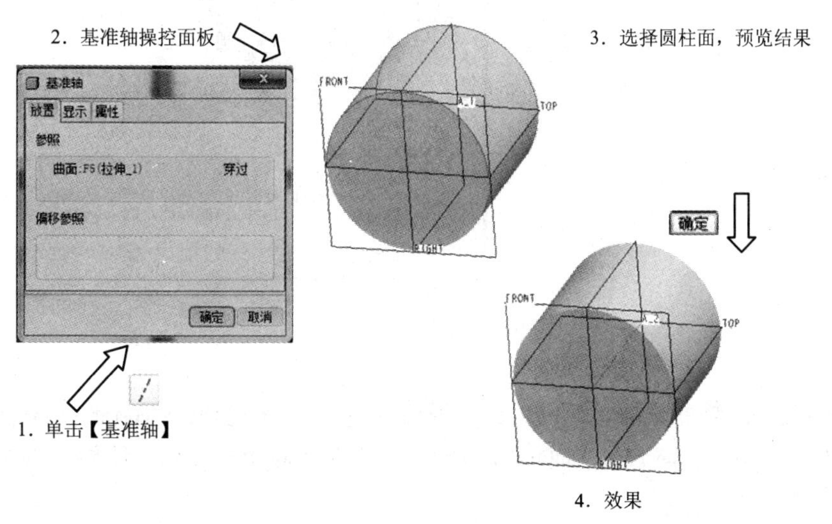

图 6-4　创建基准轴 A_2

[5] 单击草绘按钮，在属性面板中单击【使用先前的】，进入草绘，绘制如图 6-5 所示截面，单击✓按钮。

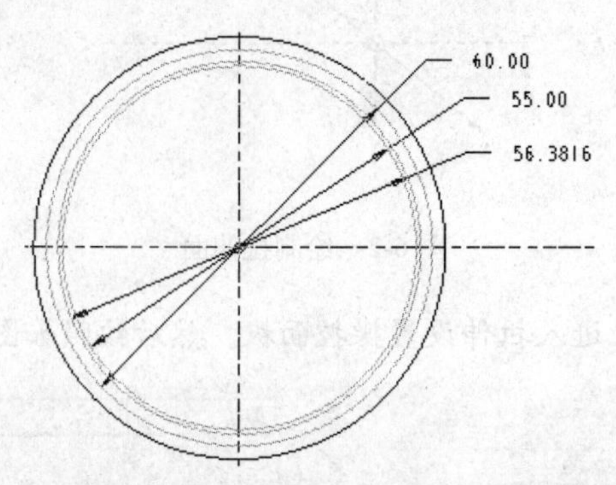

图 6-5　绘制齿根圆、分度圆、基圆

[6] 单击【插入基准曲线】按钮，在菜单管理器上选择【从方程】，单击【确定】，单击特征栏中基准点按钮 PRT_CSYS_DEF，按照如图 6-6 所示进行操作，创建渐开线。

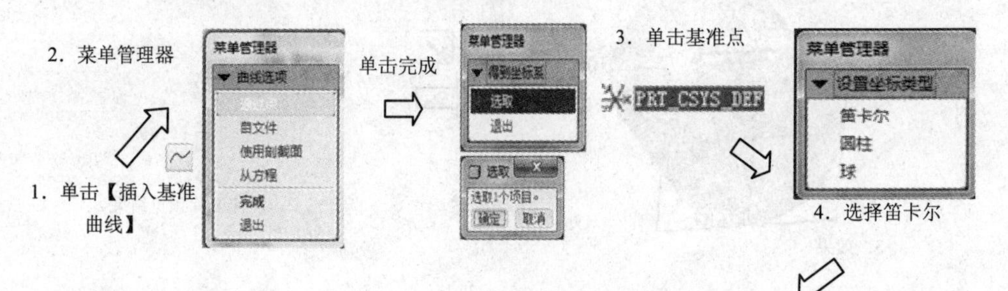

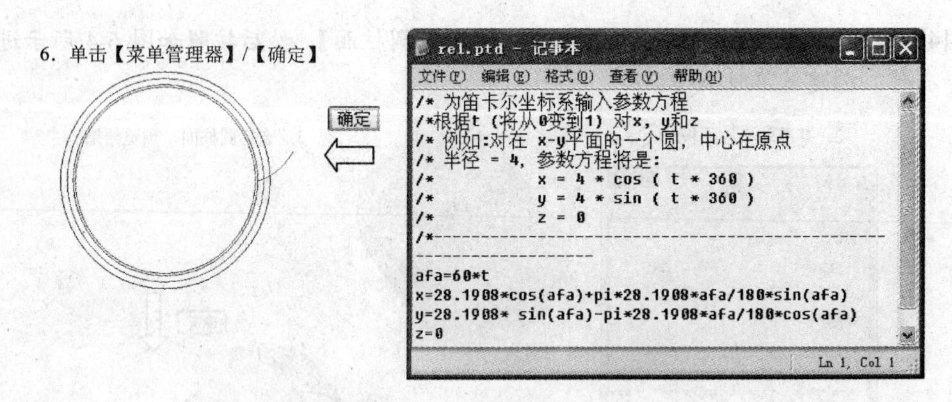

图 6-6　创建渐开线操作

提醒：这里用到的渐开线方程为 afa = 60*t，x = 28.1908*cos(afa) + pi*28.1908*afa/180*sin(afa)，y = 28.1908* sin(afa)–pi*28.1908*afa/180*cos(afa)，z = 0，该方程可复制到“记事本”的文件中。

[7] 单击【基准点】按钮，按住 Ctrl 键，同时选择【渐开线】和【分度圆】，按照如图 6-7 所示进行操作，创建基准点。

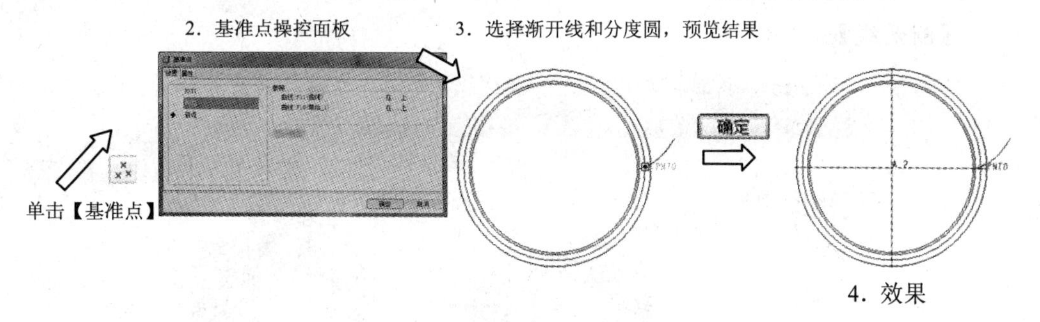

图 6-7　创建基准点操作

[8] 单击【基准面】按钮，按住 Ctrl 键，选择【外圆柱面】，按照如图 6-8 所示进行操作，创建基准平面 DTM1。

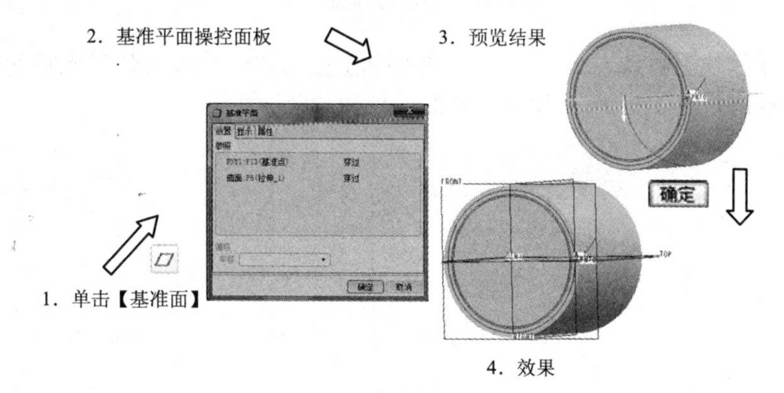

图 6-8　创建基准平面 DTM1

[9] 选择【DTM1】，单击【基准面】按钮，按住 Ctrl 键，选择基准轴 A_2，按照如图 6-9 所示进行操作，创建基准平面 DTM2。

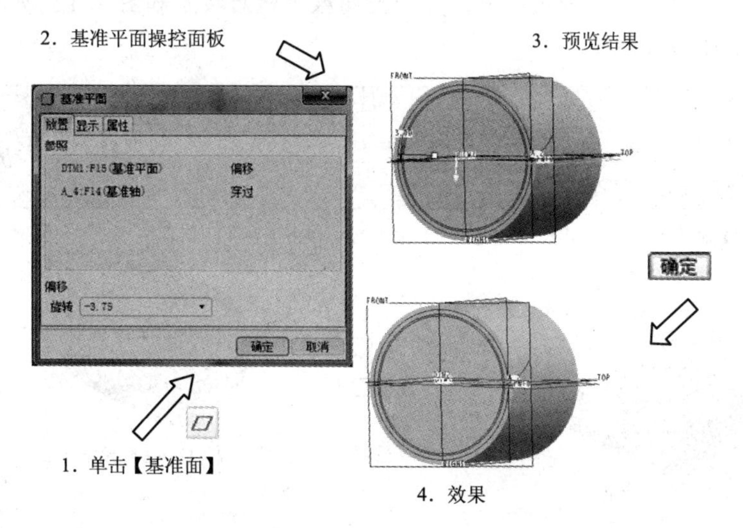

图 6-9　创建基准平面 DTM2

[10] 选择【渐开线】，单击【镜像】按钮，按照如图 6-10 所示进行操作，创建对称

【渐开线】。

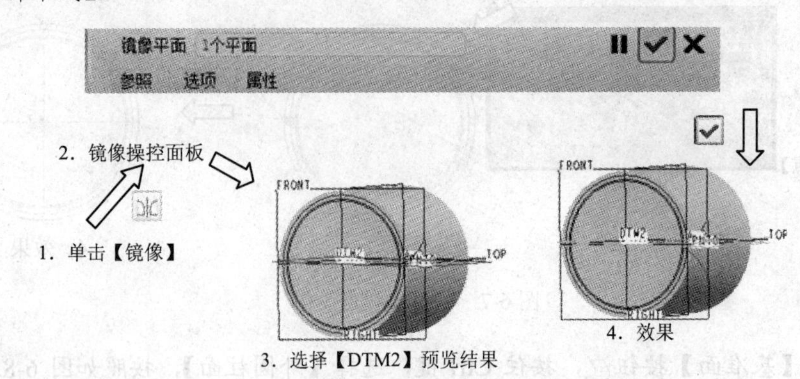

图 6-10 创建对称渐开线

[11] 单击【拉伸】按钮，单击 位置 中的 定义... 按钮；单击【使用先前的】，进入草绘，绘制如图 6-11 所示截面，单击✓按钮。

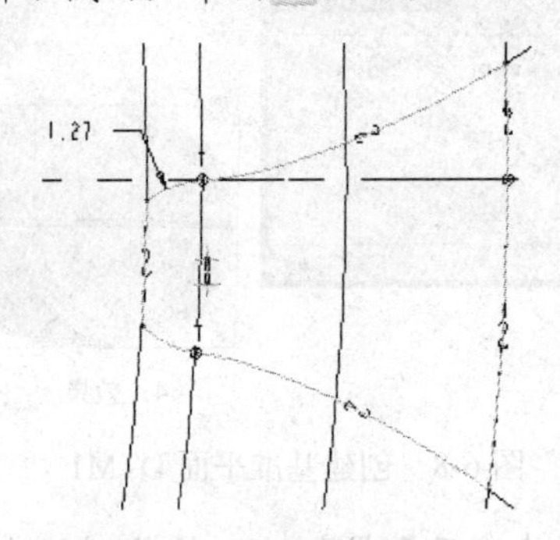

图 6-11 绘制拉伸截面

[12] 单击完成按钮✓，进入拉伸设置操控面板。然后按照如图 6-12 所示进行操作，完成拉伸去除特征。

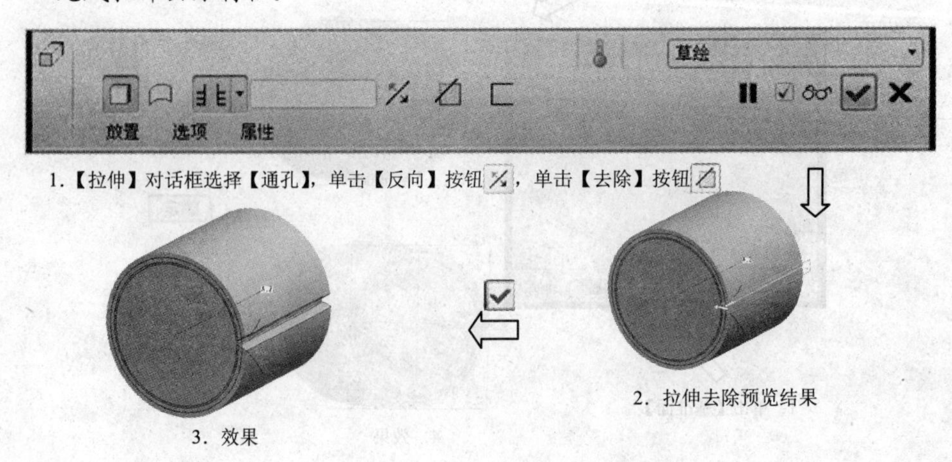

图 6-12 建立齿槽特征

[13] 选择齿槽特征，单击【阵列】按钮，在阵列操控面板的【尺寸】下拉菜单中选

择【轴】，选择【A_2】轴后，在轴阵列操控面板中输入【数量】为 24 和【角度】为 15.00，单击✓按钮，生成阵列特征，如图 6-13 所示。

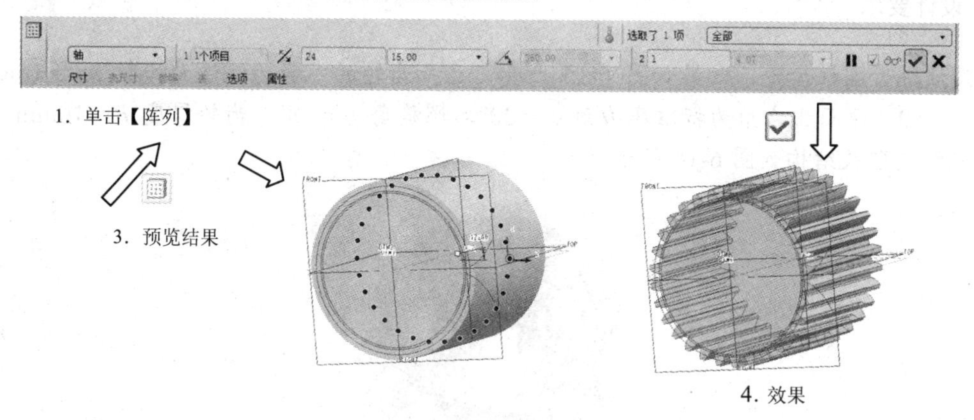

图 6-13　建立阵列特征

[14] 单击【层】按钮，在层特征工具栏单击【新建层】，系统弹出层属性栏，选择【草绘 1】、【渐开线】、【DTM1】、【DTM2】、【镜像渐开线】，然后按照如图 6-14 所示进行操作，完成隐藏以上各线的操作。

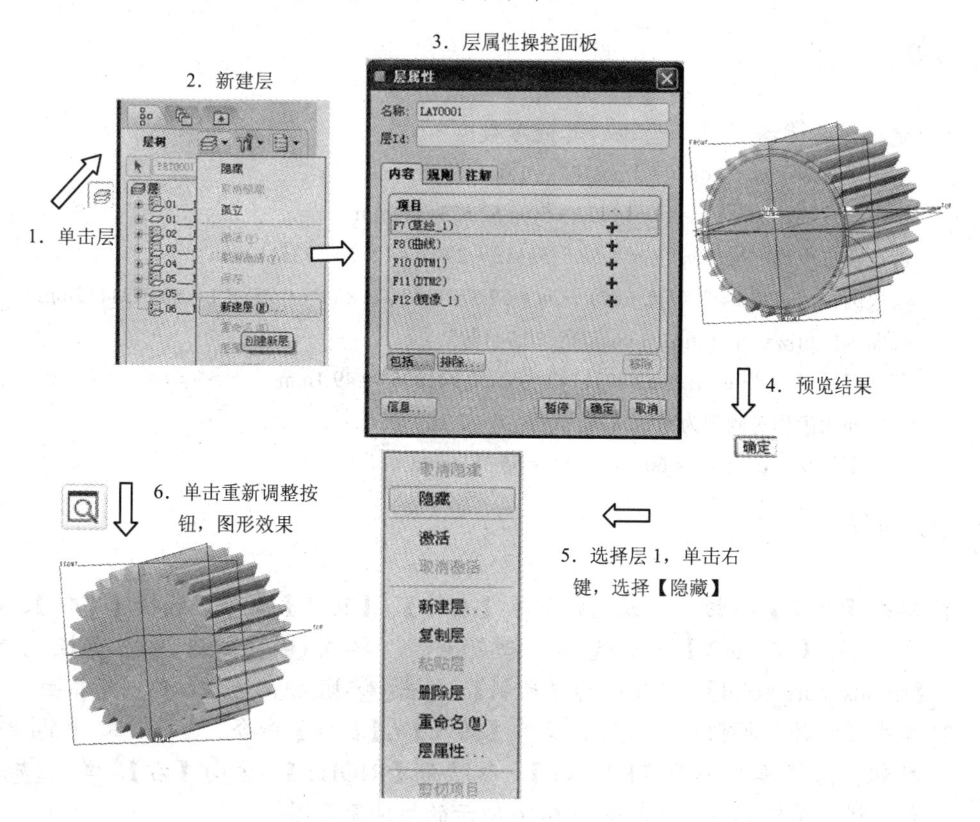

图 6-14　隐藏线操作

6.1.2 斜齿圆柱齿轮的造型设计

设计要求

设计斜齿圆柱齿轮，效果如图 6-15 所示。已知齿轮的参数为：法面模数 $m_n = 1mm$，齿数 $z = 50$，法面压力角为标准压力角 $\alpha = 20°$，螺旋角 $\beta = 18°$，齿轮厚度 $B = 10mm$。斜齿轮三维造型及结构如图 6-15 所示。

图 6-15 斜齿轮三维造型

参数计算

由给定的基本参数，计算齿轮的其他参数：

端面模数 $m_t = m_n \div \cos\beta = 1/\cos18° = 1.0514622mm$

分度圆直径 $d = m_t \cdot z = 1.0514622 \times 50 = 52.5731112mm$

齿顶圆直径 $d_a = d + 2h_a{}^* \cdot m = 52.5731112 + 2 \times 1 \times 1 = 54.5731112mm$

齿根圆直径 $d_f = d - 2（h_a{}^* + c^*）\cdot m = 52.5731112 - 2 \times (1 + 0.25) \times 1 = 50.0731112mm$

端面压力角 $\alpha_t = \arctg(tg\alpha_n \div \cos\beta) = 20.941895$

基圆直径 $d_b = d \cdot \cos\alpha_f = 52.5731112 \times \cos20.941895° = 49.1mm$

两端面轮齿相对倾角为 $\arcsin(2B \cdot tg\beta/d) = 7.1003°$

基圆直径 $d_b = d \cdot \cos\alpha = 60 \times \cos20° = 55.3816mm$

设计过程

[1] 单击【新建】按钮，或选择菜单【文件】/【新建】命令，选择【零件】，输入文件名【例 6-2】，不选择□使用缺省模板，单击确定按钮，将模板设置为【mmns_part_solid】，其单位为【米制】，单击确定按钮，进入零件创建界面。

[2] 单击【拉伸】按钮，或选择菜单【插入】/【拉伸】命令，单击位置中的定义...按钮；选择草绘平面【FRONT】、参照面【RIGHT】、方向【右】，单击草绘按钮，进入草绘环境，绘制如图 6-16 所示的拉伸面草图。

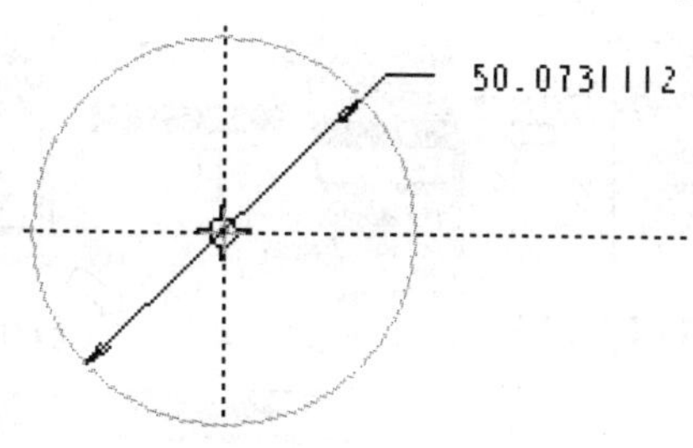

图 6-16　绘制拉伸截面

[3] 单击完成按钮，进入拉伸设置操控面板。然后按照如图 6-17 所示进行操作，完成拉伸特征。

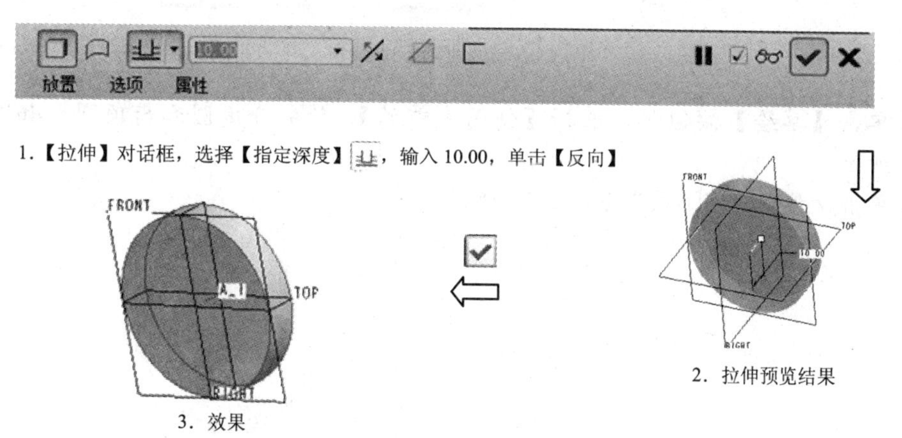

图 6-17　建立拉伸特征

[4] 单击【基准轴】按钮，选择【圆柱面】，然后按照如图 6-18 所示进行操作，创建基准轴 A_2。

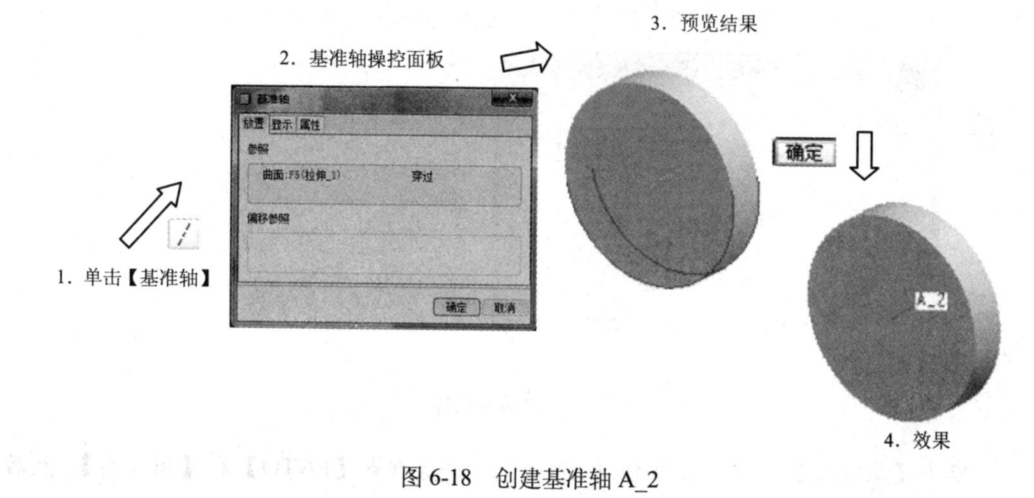

图 6-18　创建基准轴 A_2

[5] 单击【插入基准曲线】按钮，选择【从方程】，单击【确定】，单击特征栏中基准点按钮 PRT_CSYS_DEF，按照如图 6-19 所示进行操作，创建渐开线。

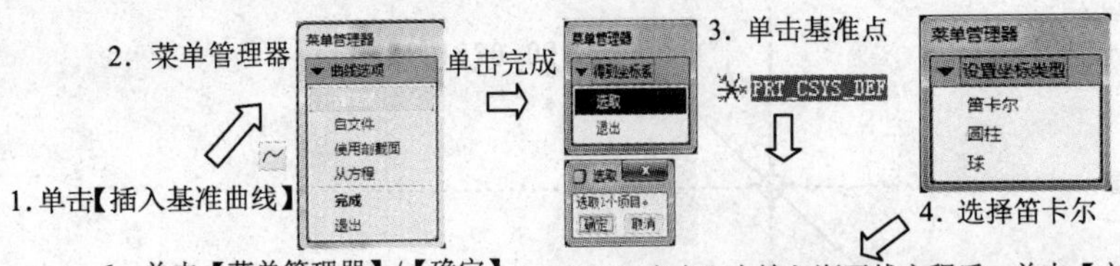

6. 单击【菜单管理器】/【确定】 5. 在“记事本”中输入渐开线方程后，单击【文件】/【保存】

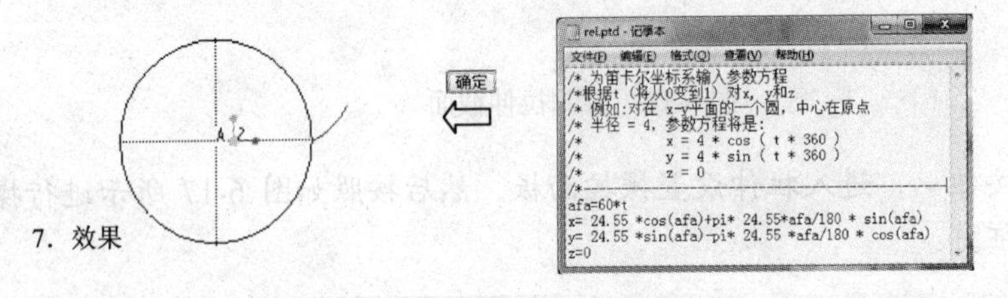

图 6-19 创建渐开线操作

[6] 单击【草绘】按钮，选择【使用先前的】，绘制分度圆和齿顶圆，如图 6-20 所示。

[7] 单击✓按钮，图形效果如图 6-21 所示。

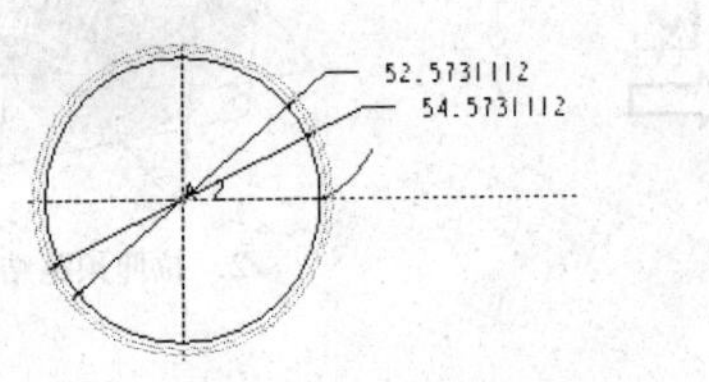

图 6-20 草绘分度圆和齿顶圆　　图 6-21 分度圆和齿顶圆效果

[8] 单击【基准点】按钮，按住 Ctrl 键，同时选择【渐开线】和【分度圆】，按照如图 6-22 所示进行操作，创建基准点。

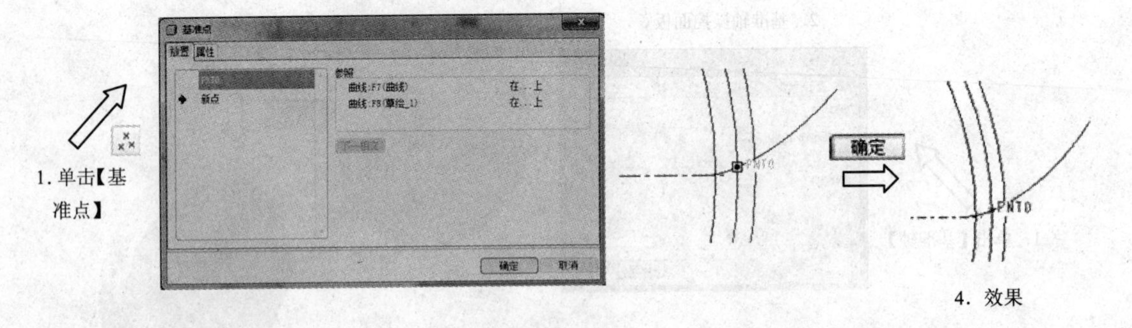

图 6-22 创建基准点操作

[9] 单击【基准面】按钮，按住 Ctrl 键，选择基准点【PNTO】和【圆柱面】，然后按照如图 6-23 所示进行操作，创建基准平面【DTM1】。

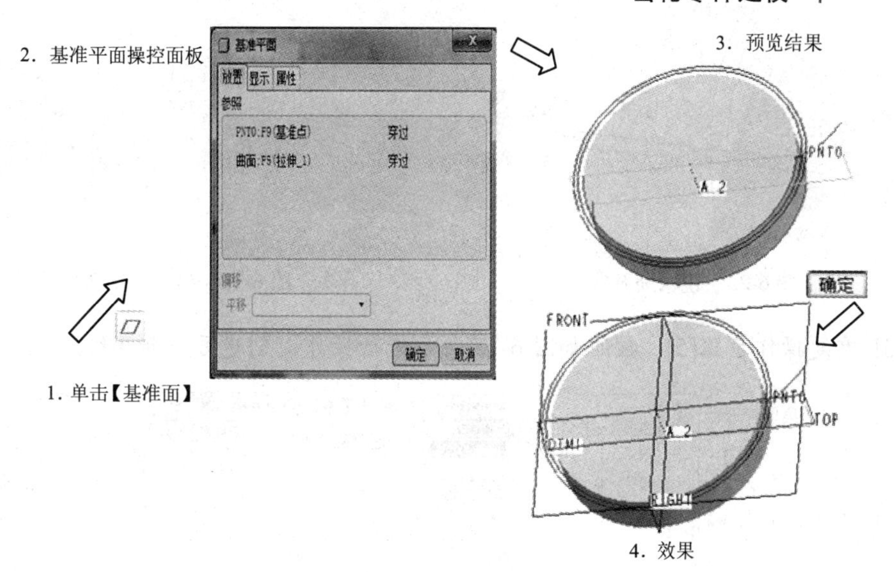

图 6-23 创建基准平面 DTM1

[10] 重复步骤[9]，选择【DTM1】和基准轴【A_2】，然后按照如图 6-24 所示进行操作，创建基准平面【DTM2】。

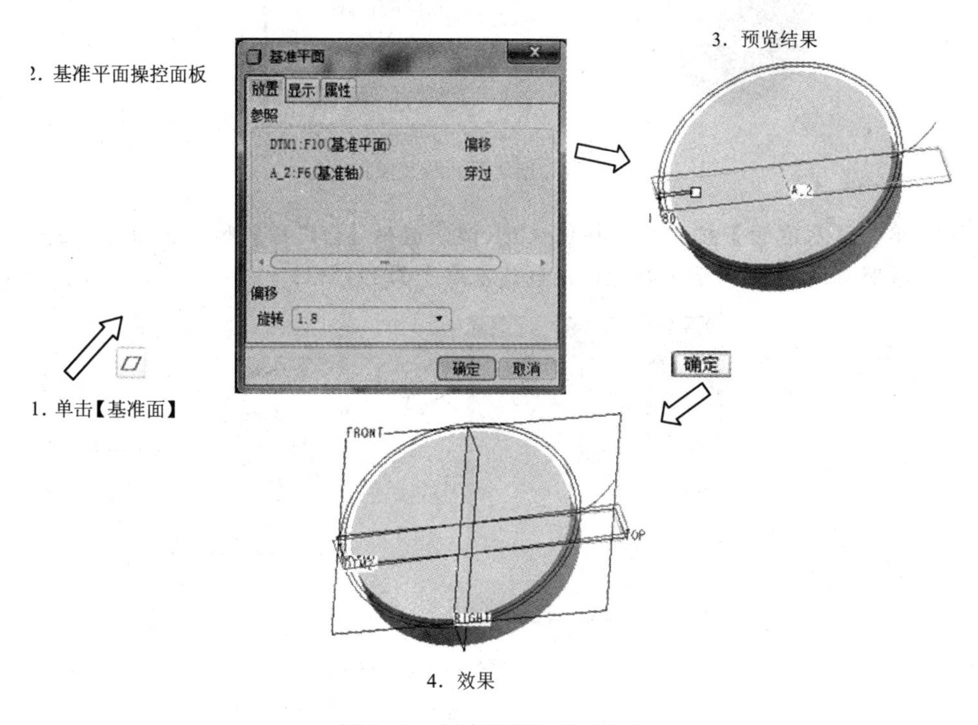

图 6-24 创建基准平面 DTM2

[11] 选择【渐开线】，单击【镜像】，选择【DTM2】为镜像面，创建镜像渐开线，如图 6-25 所示。

[12] 单击【草绘】按钮，选择【使用先前的】，进入草绘环境，绘制如图 6-26 所示的拉伸面草图。单击草绘界面的✓按钮。

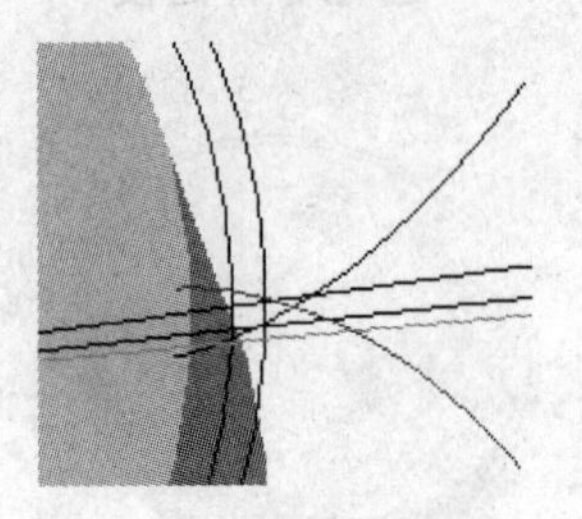

图 6-25　镜像渐开线

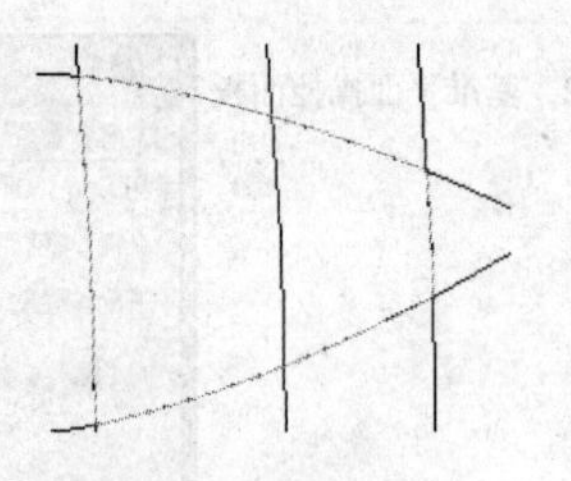

图 6-26　建立草绘 2 特征

[13] 重复操作步骤[5]，按照如图 6-27 所示进行操作，创建另一渐开线。

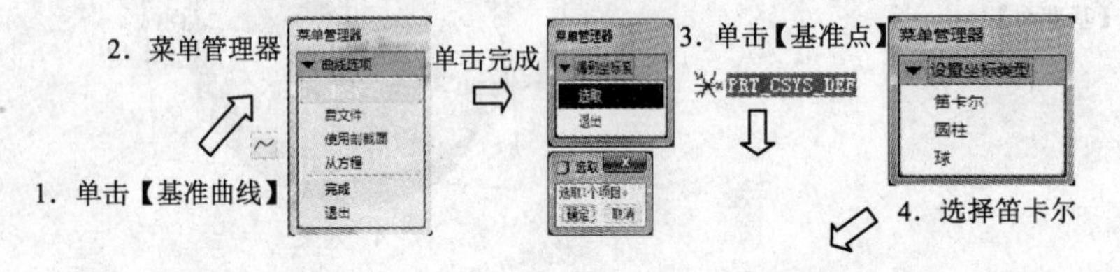

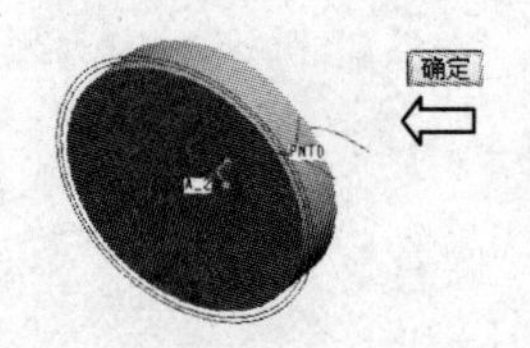

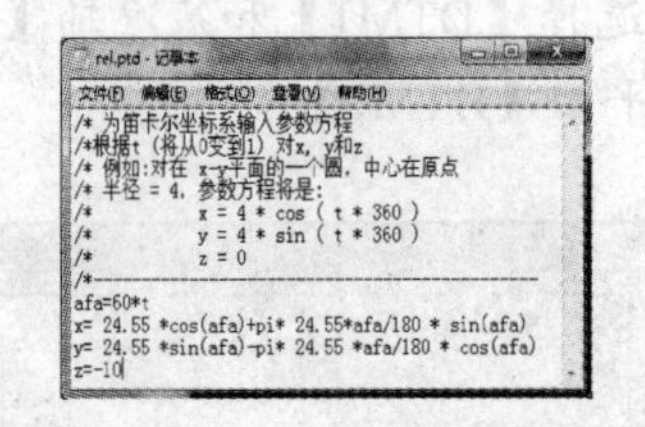

图 6-27　创建渐开线 2 操作

[14] 单击【基准面】按钮，按住 Ctrl 键，选择【DTM2】和基准轴【A_2】，然后按照如图 6-28 所示进行操作，创建基准平面 DTM3。

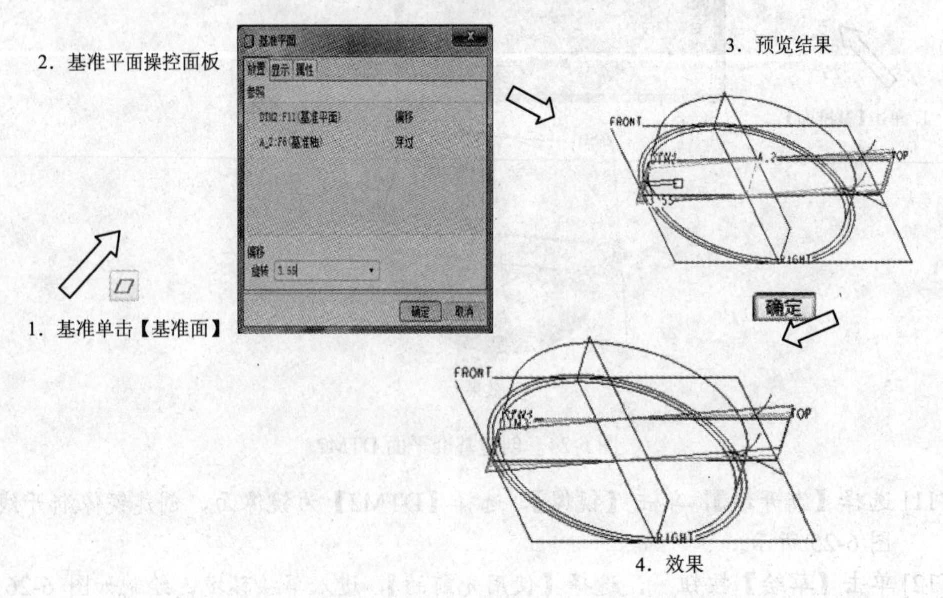

图 6-28　创建基准平面 DTM3

[15] 单击【基准面】按钮▱，按住 Ctrl 键，选择【DTM3】和基准轴【A_2】，然后按照如图 6-29 所示进行操作，创建基准平面 DTM4。

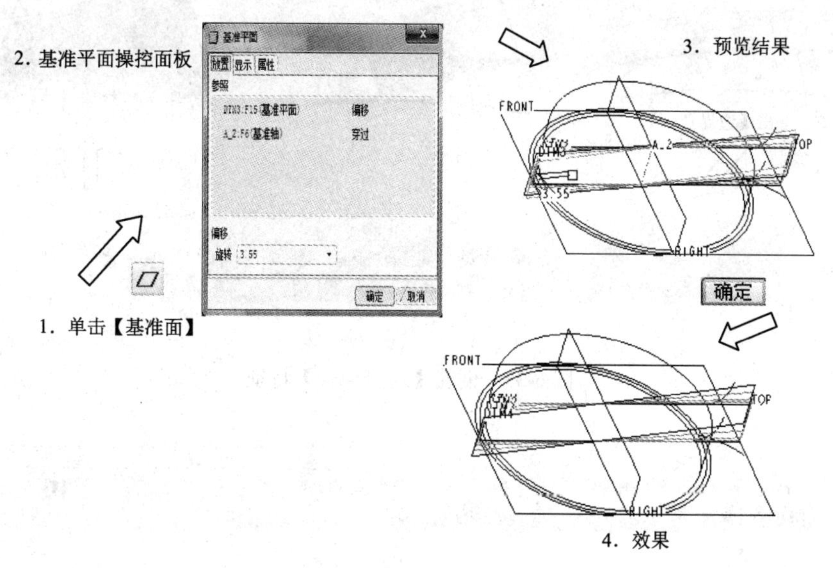

图 6-29　创建基准平面 DTM4

[16] 选择【渐开线 2】，单击【镜像】，选择【DTM3】为镜像面，创建镜像渐开线 2，如图 6-30 所示。

[17] 选择【镜像渐开线 2】，单击【镜像】，选择【DTM4】为镜像面，创建镜像特征，如图 6-31 所示。

[18] 单击【草绘】按钮，选择圆柱另一个端面【曲面：F5（拉伸_1）】为草绘平面，参照为【RIGHT】面，方向为【顶】，创建草绘 3，如图 6-32 所示。

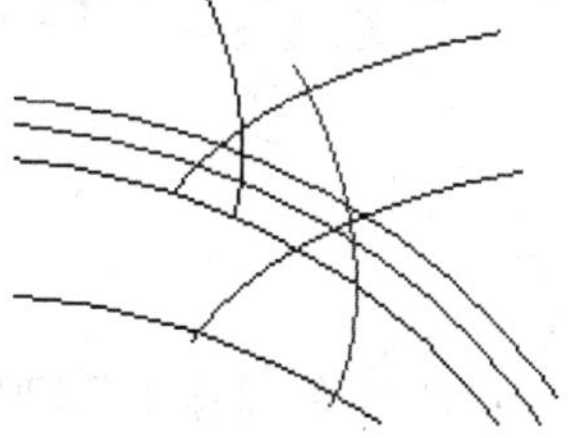

图 6-30　镜像渐开线 2

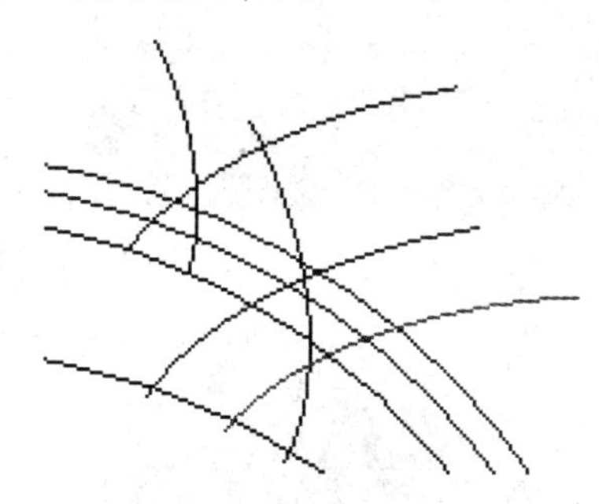

图 6-31　创建镜像特征

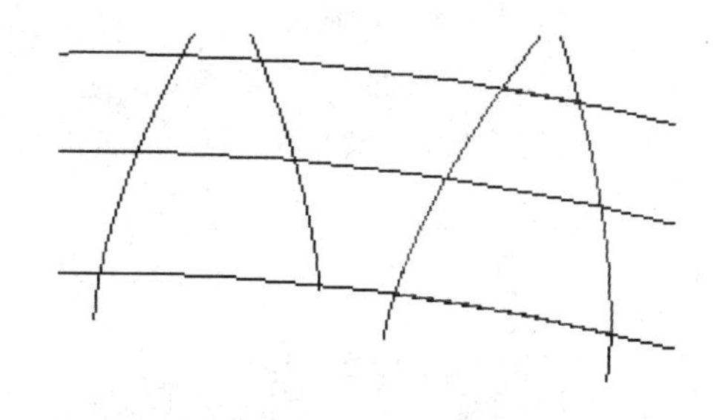

图 6-32　创建草绘 3

[19] 选择【草绘 2】和【草绘 3】，单击【边界混合】按钮或选择【插入】/【边界混合】命令，然后按照如图 6-33 所示进行操作，创建边界混合特征。

[20] 选择【编辑】/【填充】，创建填充特征，操作过程如图 6-34 所示。

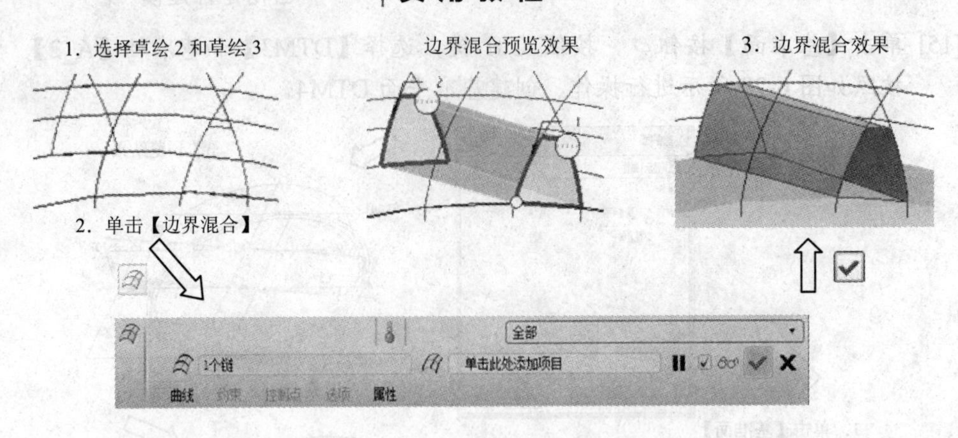

图 6-33　创建【边界混合】特征

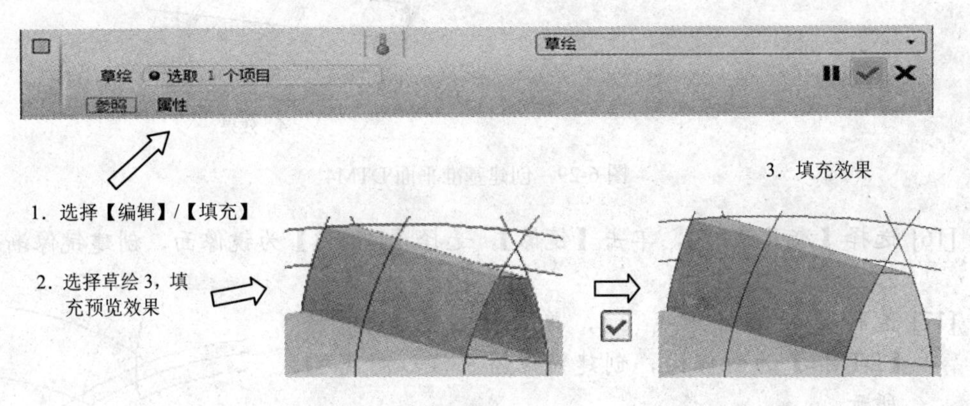

图 6-34　创建草绘 3 填充特征

[21] 重复操作步骤[20]，选择【草绘 2】，创建草绘 2 填充特征。

[22] 选择【边界混合 1】和【填充 1】特征，单击【合并】按钮或选择【编辑】/【合并】命令，执行如图 6-35 所示操作，创建合并 1 特征。

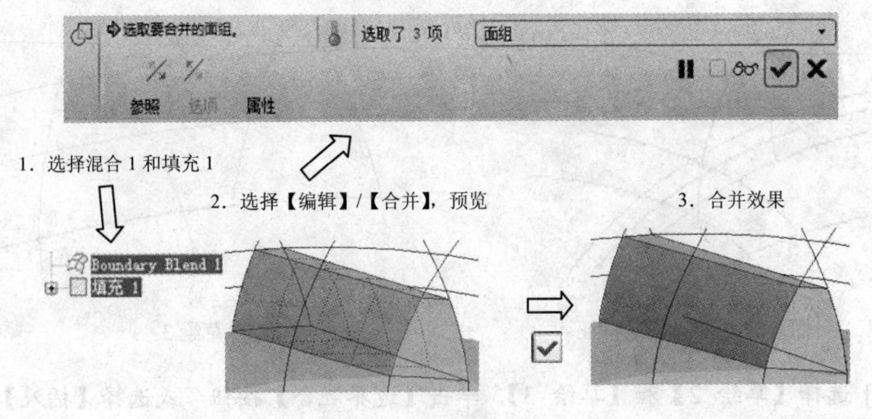

图 6-35　创建合并 1 特征

[23] 重复操作步骤[22]，选择【合并 1】和【填充 2】特征，单击【合并】按钮或

选择【编辑】/【合并】命令，创建合并 2 特征。

[24] 选择【合并 2】特征，执行【编辑】/【实体化】命令，如图 6-36 所示操作，创建合并 2 的实体化 1 特征。

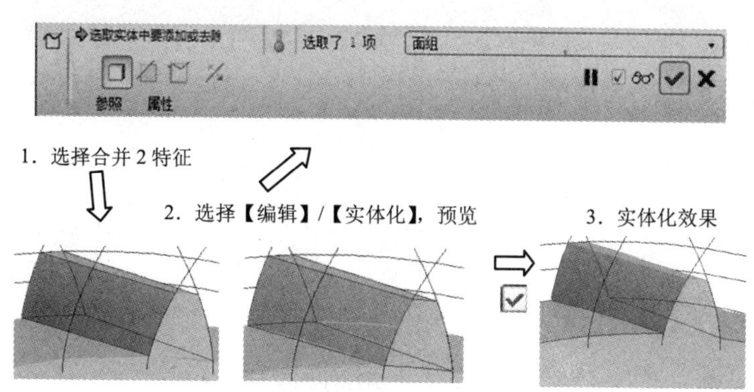

图 6-36　创建合并 2 的实体化 1 特征

[25] 选择【混合 1】、【填充 1】、【填充 2】、【合并 1】、【合并 2】和【实体化 1】，单击【右键】并选择【组】，创建组 1 特征，如图 6-37 所示。

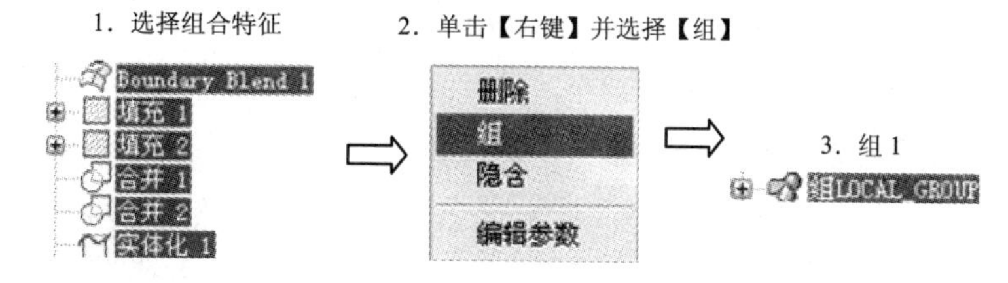

图 6-37　建立组 1 特征

[26] 选择【组 1】特征，单击【阵列】按钮，在阵列操控面板的【尺寸】下拉列表框中选择【轴】，选择【A_2】轴后，在轴阵列操控面板中输入【数量】为 50 和【角度】为 7.20，单击按钮，生成阵列特征，如图 6-38 所示。

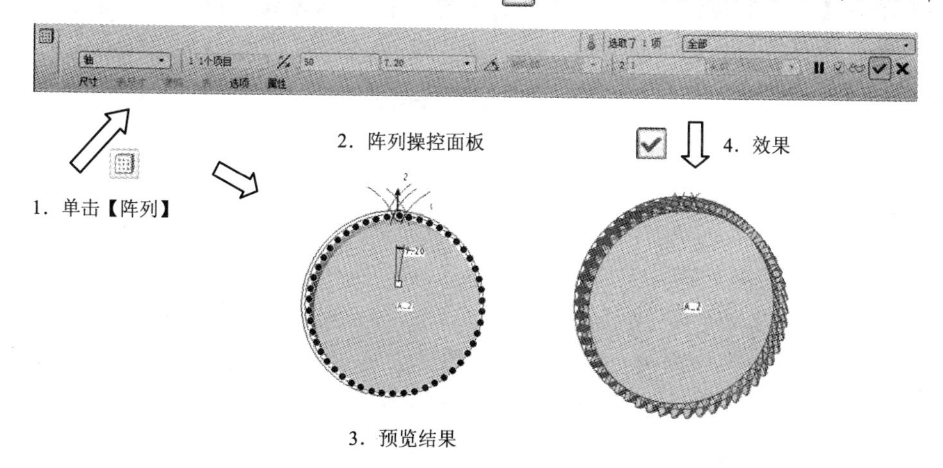

图 6-38　建立阵列特征

[27] 单击【拉伸】按钮，选择【曲面：F5（拉伸_1）】为草绘平面、参照面【RIGHT】、方向【顶】，单击【草绘】按钮，进入草绘环境，绘制如图 6-39 所示的拉伸面草图。

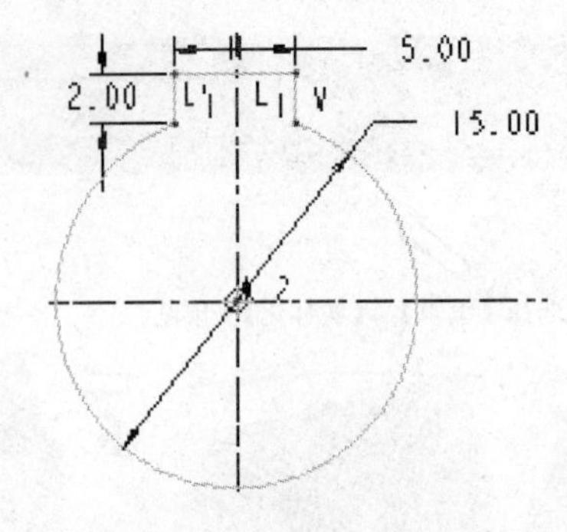

图 6-39　绘制拉伸面草图

[28] 单击完成按钮，然后按照如图 6-40 所示进行操作，完成拉伸特征。

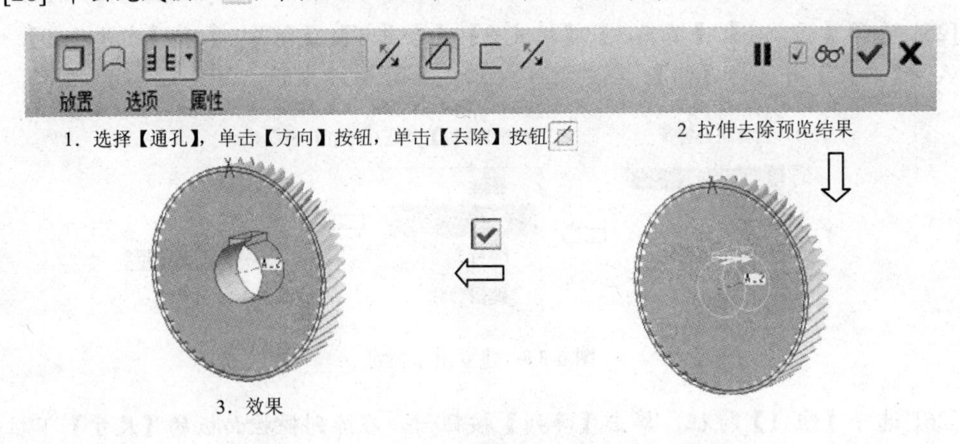

图 6-40　建立拉伸特征

[29] 单击【拉伸】按钮，选择【使用先前的】，进入草绘环境，绘制如图 6-41 所示的拉伸面草图。

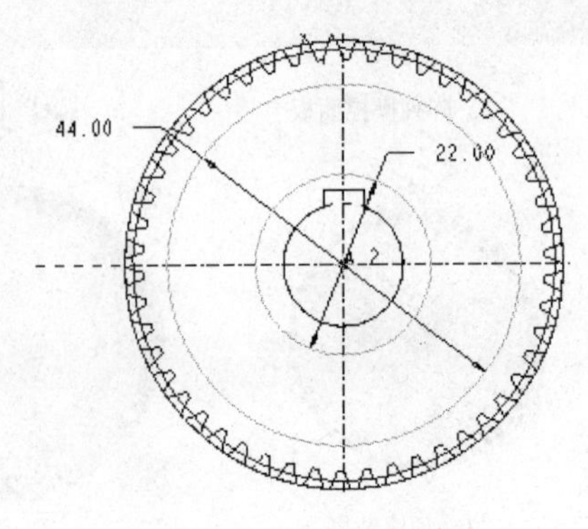

图 6-41　绘制拉伸面草图

[30] 单击完成按钮，然后按照如图 6-42 所示进行操作，完成拉伸特征。

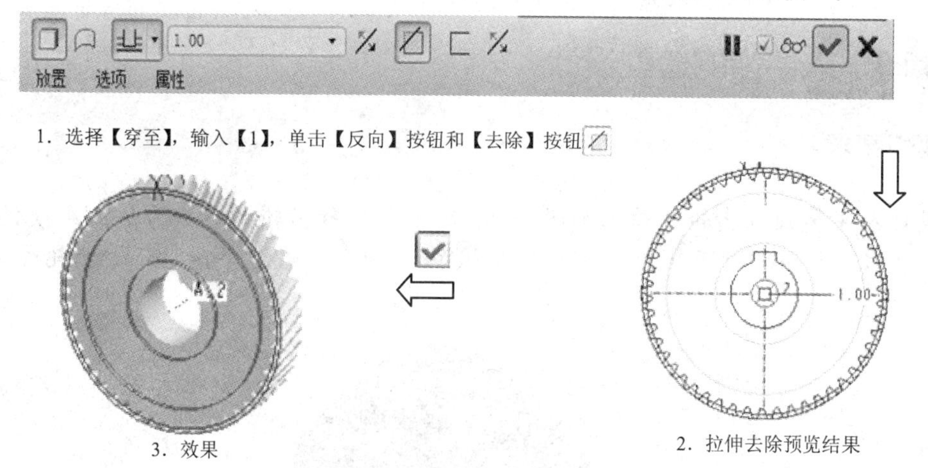

图 6-42　建立拉伸特征

[31] 重复操作步骤[29]、[30]，创建另一面的拉伸去除特征。

[32] 单击工具栏中【孔】按钮，弹出【孔】特征操控面板，单击凹槽面【曲面：F375（拉伸_3)】，弹出孔类型面板，选择【线性】，进入参照设置，有两个参照要设定，此时需要按住 Ctrl 键，再分别选择【TOP】、【RIGHT】，按照如图 6-43 所示操作。

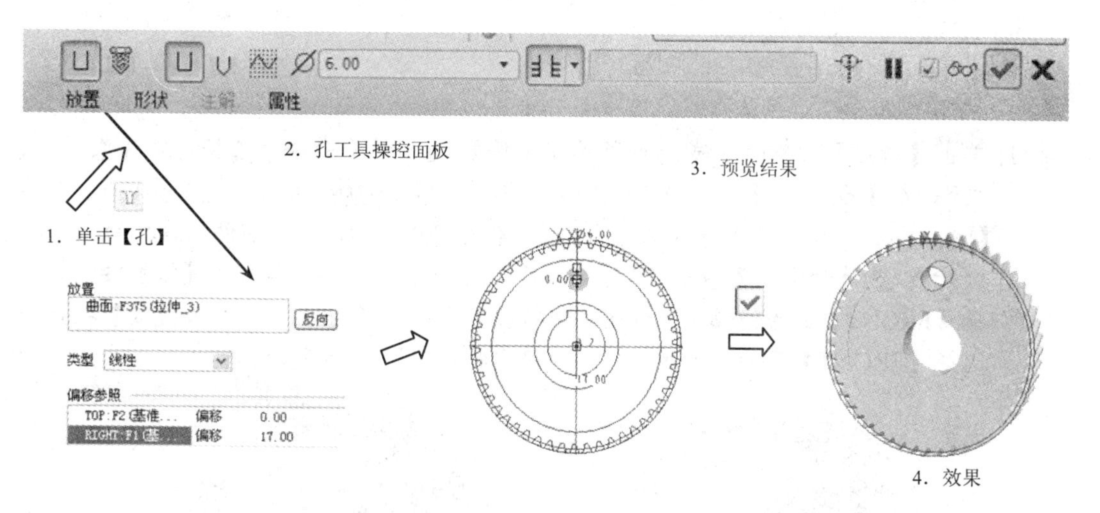

图 6-43　创建线性孔 1 特征

[33] 选择【孔 1】特征，单击【阵列】按钮，在阵列操控面板的【尺寸】下拉列表框中选择【轴】，选择【A_2】轴后，在轴阵列操控面板中输入【数量】为 6 和【角度】为 60.00，单击按钮，生成阵列特征。

[34] 执行【层】，定义新层，隐藏【层】，将渐开线、分度圆、齿顶圆隐藏。

[35] 选择【文件】/【保存副本】命令，将弹出【保存副本】对话框，保存文件副本。

6.1.3 人字齿的造型设计

设计要求

设计人字齿圆柱齿轮，效果如图 6-44 所示。已知齿轮的参数为：法面模数 m_n = 1mm，齿数 $z = 50$，法面压力角为标准压力角 $\alpha = 20°$，螺旋角 $\beta = 18°$，齿轮厚度 B = 20mm。

图 6-44 人字齿圆柱齿轮结构图

设计过程

[1] 单击【新建】按钮，或选择菜单【文件】/【新建】命令，选择【零件】、输入文件名【例 6-3】、不选择□使用缺省模板，单击确定按钮，将模板设置为【mmns_part_solid】，其单位为【米制】，单击确定按钮，进入零件创建界面。

[2] 进行 6.1.2 节步骤 2 到步骤 25 的操作后，选择【拉伸 1】，单击【镜像】按钮，选择【FRONT】面为镜像面，创建镜像特征，再选择【组 1】，单击【镜像】按钮，选择【FRONT】面为镜像面，创建的镜像特征如图 6-45 所示。

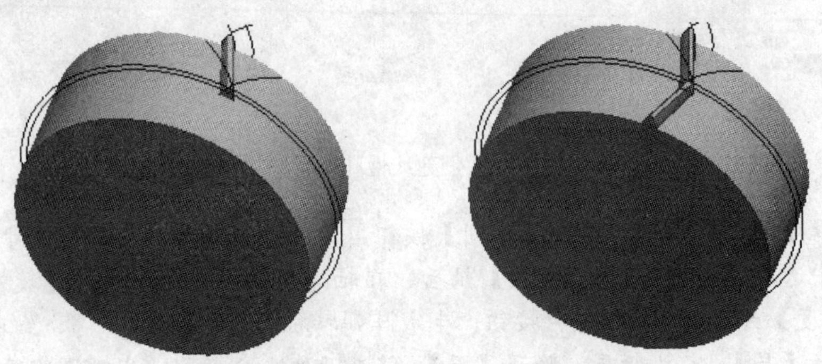

图 6-45 创建拉伸 1 镜像和组 1 镜像特征

[3] 选择【组 1】特征，单击【阵列】按钮，在阵列操控面板的【尺寸】下拉列表框中选择【轴】，选择【A_2】轴后，在轴阵列操控面板中输入【数量】为 50 和

【角度】为 7.20，单击☑按钮，生成阵列特征，如图 6-46 所示。

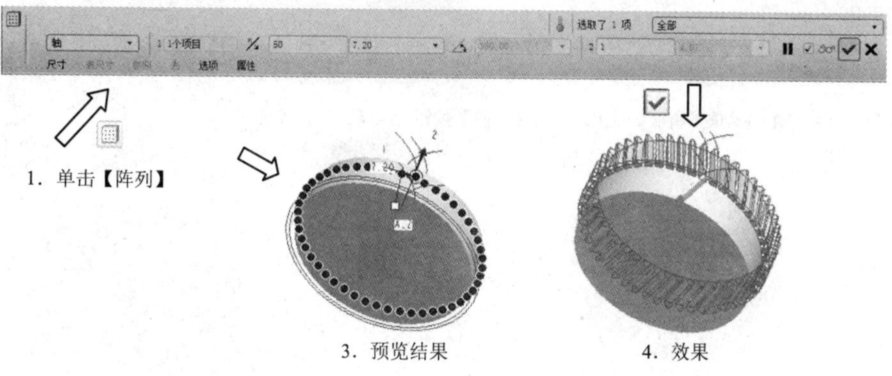

图 6-46　建立阵列特征

[4] 选择【组 1 镜像】特征，单击【阵列】按钮，在阵列操控面板的【尺寸】下拉列表框中选择【轴】，选择【A_2】轴后，在轴阵列操控面板中输入【数量】为 50 和【角度】为 7.20，单击☑按钮，生成阵列特征，如图 6-47 所示。

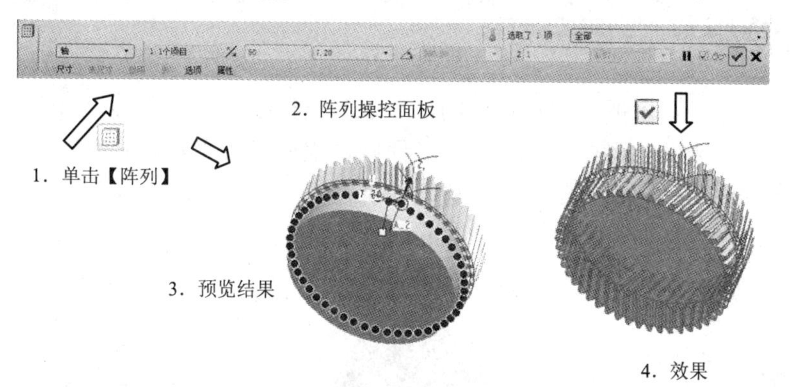

图 6-47　建立阵列特征

[5] 执行【层】，定义新层，隐藏【层】，将渐开线、分度圆、齿顶圆隐藏。

[6] 单击【拉伸】按钮，单击【位置】中【定义...】按钮；选择草绘平面【曲面：F375（拉伸_1__3）】、参照面【RIGHT】、方向【右】，单击【草绘】按钮，进入草绘环境，绘制如图 6-48 所示的拉伸面草图。

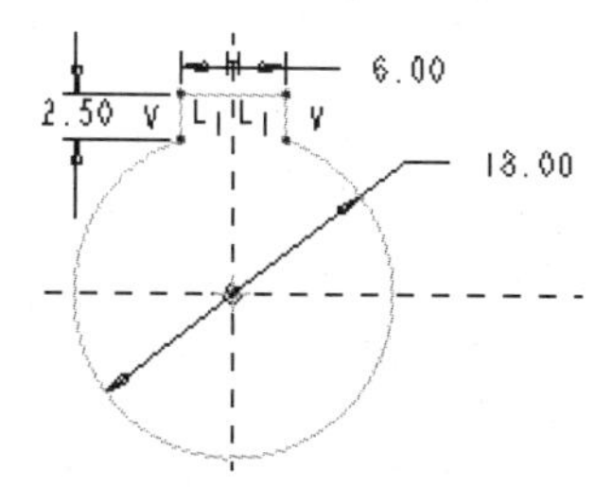

图 6-48　绘制拉伸面草图

[7] 单击完成按钮✓，进入拉伸设置操控面板。然后按照如图 6-49 所示进行操作，完成拉伸特征。

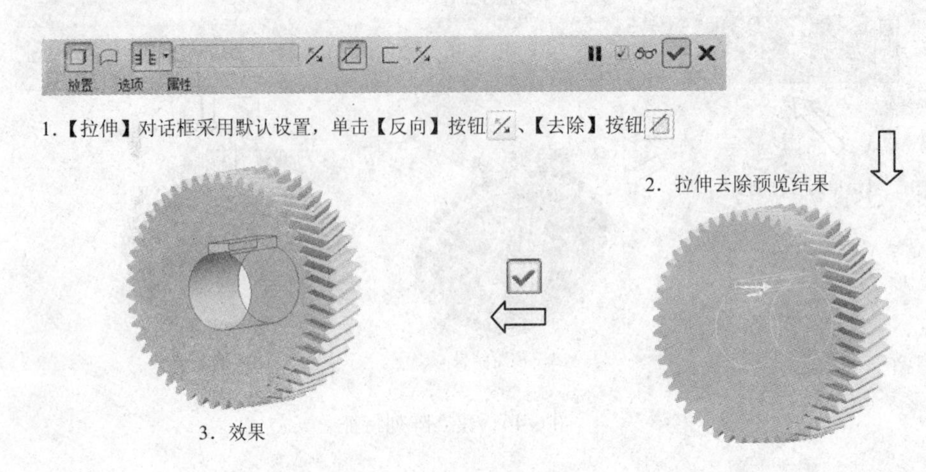

图 6-49 建立拉伸特征

[8] 选择【文件】/【保存副本】命令，将弹出【保存副本】对话框，保存文件副本。

6.2 蜗轮蜗杆造型分析

蜗杆与蜗轮是成对出现、成对存在的，所以其结构必须相互吻合。对于蜗杆来说，按照形状不同，可分为圆柱蜗杆和圆弧蜗杆，而圆柱蜗杆又按照其螺旋面形状不同分为阿基米德蜗杆和渐开线蜗杆等。由于阿基米德蜗杆及与之相适应的蜗轮最为常用，本书将以此为例进行介绍。蜗轮蜗杆类三维模型如图 6-50 所示。

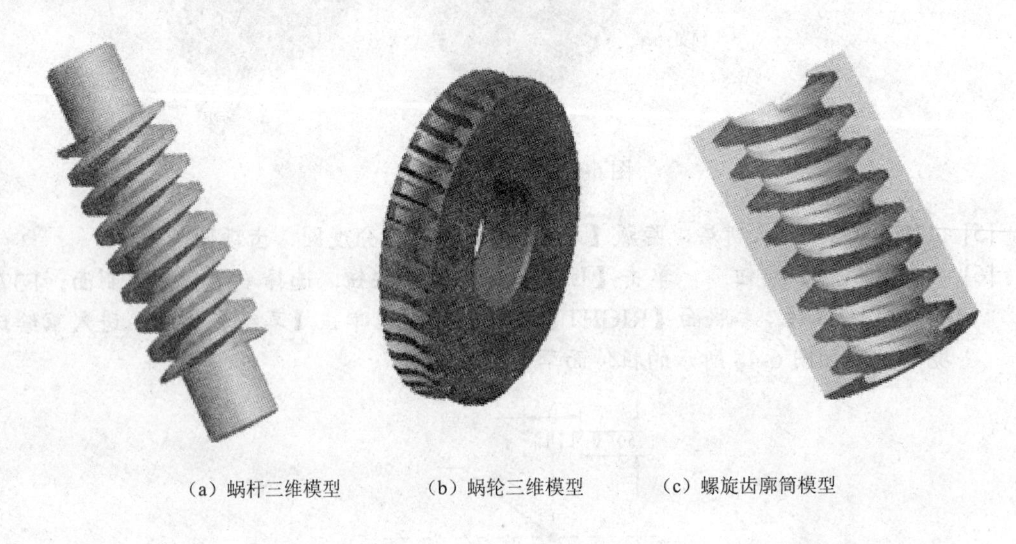

(a) 蜗杆三维模型 (b) 蜗轮三维模型 (c) 螺旋齿廓筒模型

图 6-50 蜗杆蜗轮类

阿基米德蜗杆螺旋面的形成与螺纹的形成相同。所以，可以考虑采用螺旋扫描切口生成阿基米德蜗杆。

普通蜗杆、蜗轮传动的主要参数如图 6-51 所示。包括模数、压力角、蜗杆头数、蜗轮齿数、蜗杆直径系数、蜗杆分度圆导程角、传动比和中心距等。

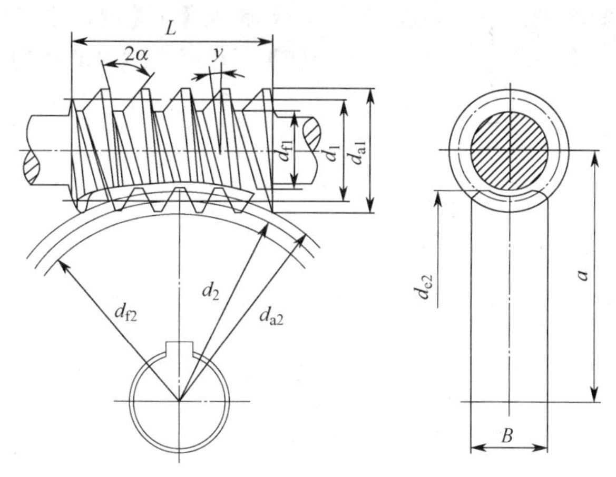

图 6-51 蜗杆蜗轮主要参数

6.2.1 蜗杆的造型设计

设计要求

拟设计一阿基米德蜗杆，已知其主要参数：模数为 4mm、头数为 2、直径系数为 10、传动中心距为 98mm、螺旋升角为 11.3099°。其三维模型如图 6-52 所示。

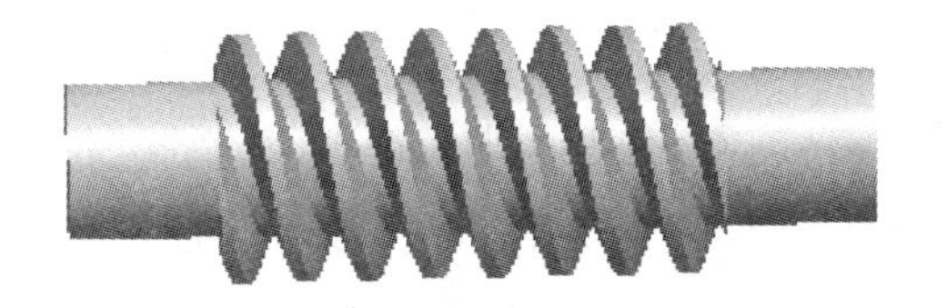

图 6-52 蜗杆三维模型

参数计算

计算蜗杆的几何尺寸如下：

中圆直径 $d_1 = m \times q = 4 \times 10 = 40\text{mm}$

齿顶圆直径 $d_{a1} = d_1 + 2h_a = 40 + 2m = 48\text{mm}$

齿顶圆直径 $d_{f1} = d_1 - 2h_f = 40 - 2 \times 1.2m = 30.4\text{mm}$

轴向齿距 $p_{a1} = \pi m = 3.1415926 \times 4 = 12.566\text{ mm}$

螺距 $s = d_1 \times \pi \times \tan(11.3099°) = 25.132\text{ mm}$

设计过程

[1] 单击【新建】按钮，或选择菜单【文件】/【新建】命令，选择【零件】，输入

文件名【例 6-4】，不选择□使用缺省模板，单击确定按钮，将模板设置为【mmns_part_solid】，其单位为【米制】，单击确定按钮，进入零件创建界面。

[2] 单击【旋转】按钮，或选择菜单【插入】/【旋转】命令，单击位置中的定义...按钮；选择草绘平面【FRONT】、参照面【RIGHT】、方向【右】，单击草绘按钮，进入草绘环境，绘制如图 6-53 所示的旋转面草图。

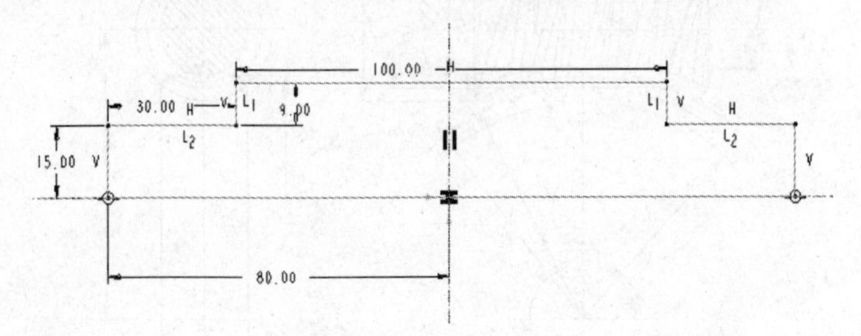

图 6-53　绘制旋转面草图

[3] 单击完成按钮，进入旋转设置操控面板。然后按照如图 6-54 所示进行操作，完成旋转特征。

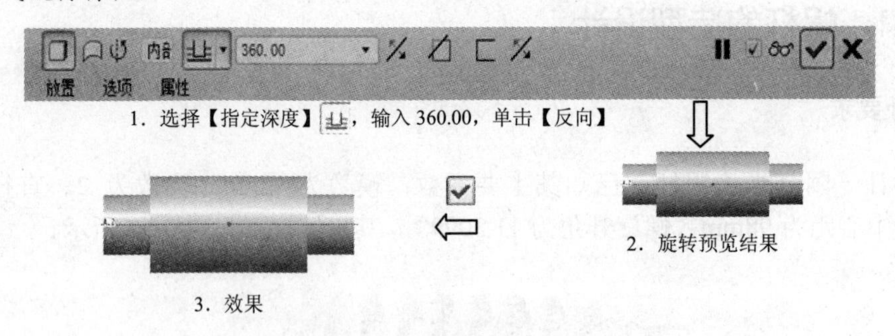

图 6-54　创立旋转特征

[4] 完成蜗杆齿的创建，按照图 6-55 所示进行操作。

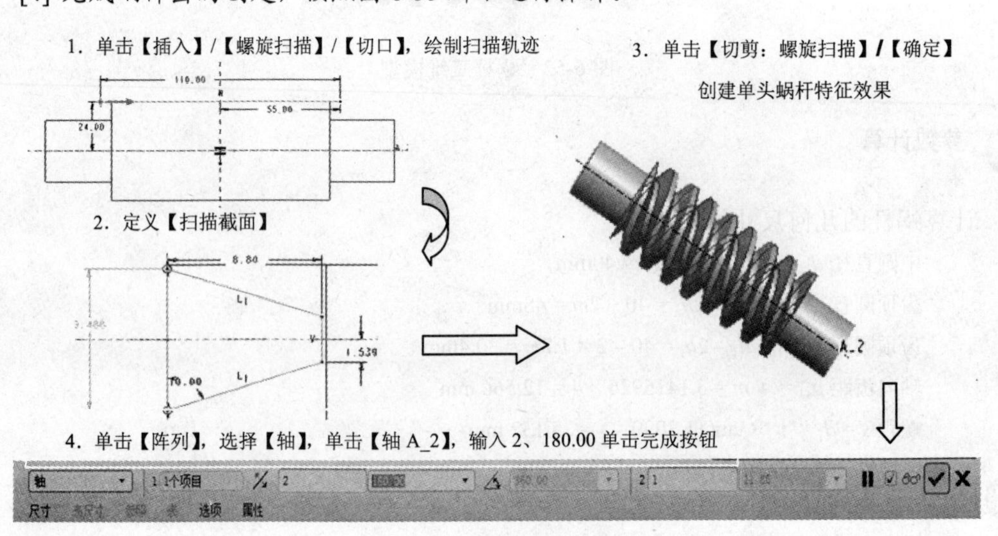

图 6-55　蜗杆齿的创建

提醒：菜单管理器中选择【常数】/【穿过轴】/【右手定则】/【完成】选项，选择FRONT为基准平面，单击【正向】，进入定义基准视图，选择【右】，选择TOP为参照平面，进入草绘旋转轴线和旋转轨迹界面。

[5] 图形效果如图6-56所示。

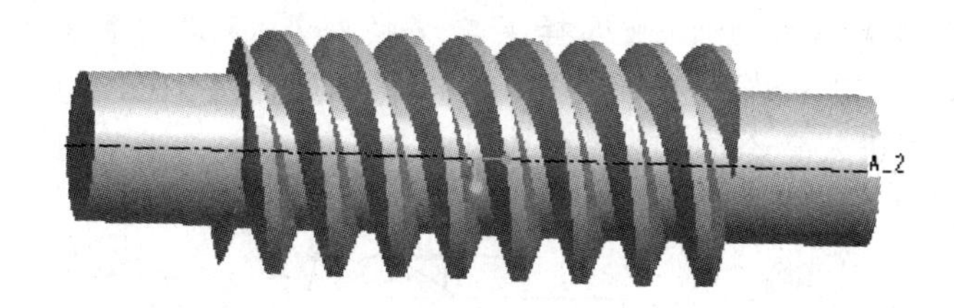

图6-56　蜗杆图形效果

6.2.2　蜗轮的造型设计

设计要求

拟设计一阿基米德蜗轮，已知其主要参数：模数为4mm、齿数为39、传动中心距为98mm、螺旋角为11.3099°。其三维模型如图6-57所示。

图6-57　蜗轮三维模型

参数计算

计算蜗轮的几何尺寸如下：

中圆直径 $d_2 = m \times z_2 = 4 \times 39 = 156\text{mm}$

齿顶圆直径 $d_{a2} = d_2 + 2h_a = 156 + 2m = 164\text{mm}$

齿顶圆直径 $d_{f2} = d_1\text{-}2h_f = 156 – 2 \times 1.2m = 146.4\text{mm}$

轴向齿距 $p_{a2} = \pi m = 3.1415926 \times 4 = 12.566$

螺距 $s = 25.132$

轮缘宽度 $B \leqslant 0.75\ d_{a1} = 0.75 \times 48 = 36\text{mm}$，设计 $B = 30\text{mm}$

蜗轮外径 $d_{e2} \leqslant d_{a2} + 1.5m = 156 + 6 = 162\text{mm}$，设计 $d_{e2} = 162\text{mm}$

设计过程

[1] 单击【新建】按钮，或选择菜单【文件】/【新建】命令，选择【零件】，输入文件名【例 6-5】，不选择□使用缺省模板，单击确定按钮，将模板设置为【mmns_part_solid】，其单位为【米制】，单击确定按钮，进入零件创建界面。

[2] 单击【旋转】按钮，或选择菜单【插入】/【旋转】命令，单击位置中的定义...按钮；选择草绘平面【FRONT】、参照面【RIGHT】、方向【右】，单击草绘按钮，进入草绘环境，绘制如图 6-58 所示的旋转面草图。

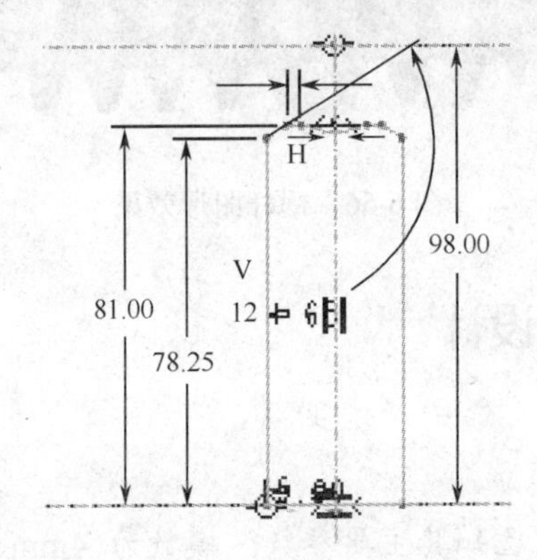

图 6-58　绘制旋转面草图

[3] 单击完成按钮，进入旋转设置操控面板。然后按照如图 6-59 所示进行操作，完成旋转特征。

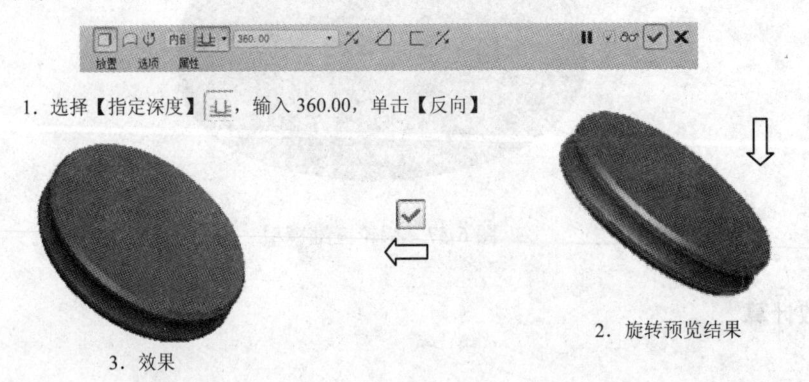

图 6-59　创建旋转特征

[4] 选择【插入】/【螺旋扫描】/【切口】，草绘旋转轴线、旋转轨迹及截面，步骤如图 6-60 所示。

[5] 单击【阵列】，选择【轴】，单击【轴 A_2】，输入 39、360/39 单击完成按钮，如图 6-61 所示。

[6] 阵列图形效果，创建键槽，选择【放置】/【定义】，选择蜗轮侧面为草绘平面，曲面：F5（旋转_1）为参照，方向选择左。单击【草绘】按钮，进入草绘界面。

拉伸深度选择【通孔】，单击鼠标中键确认，单击【方向】按钮，单击【去除材料】按钮，然后单击按钮。操作步骤如图 6-62 所示。

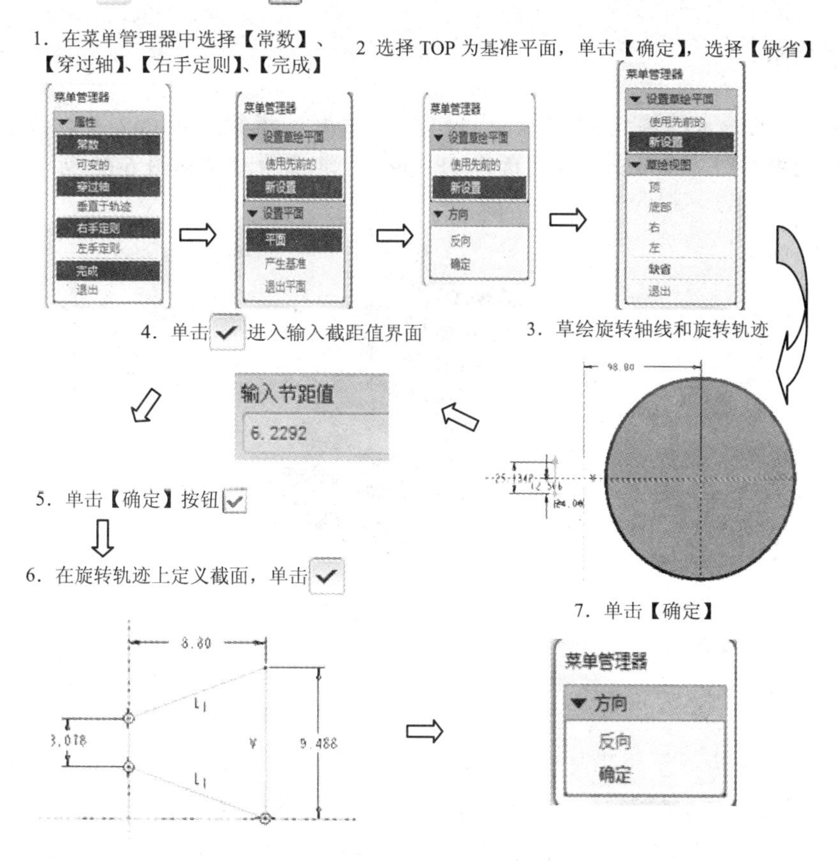

图 6-60　创建旋转轴线、旋转轨迹及截面

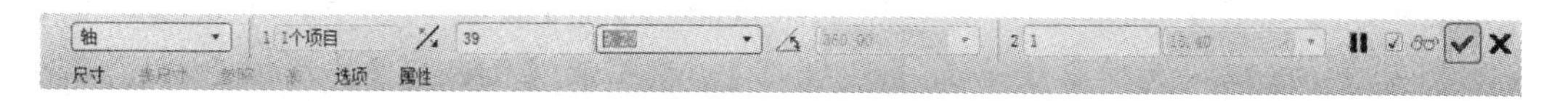

图 6-61　选择轴、阵列数量和角度

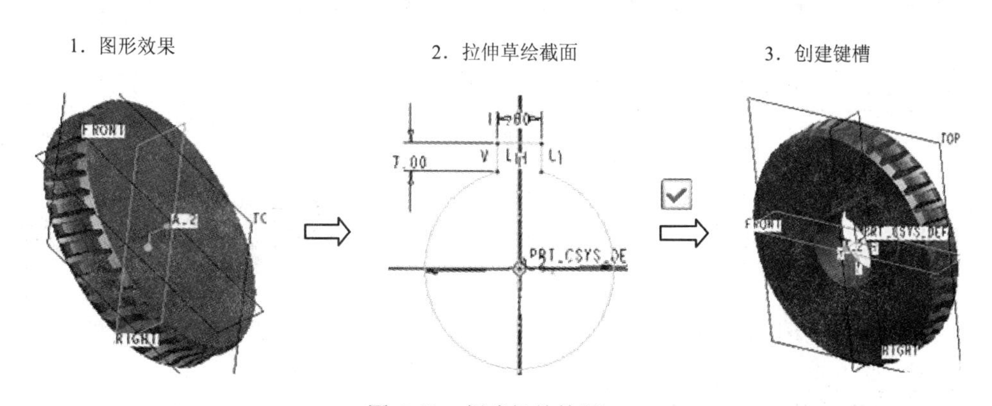

图 6-62　创建拉伸特征

6.2.3 螺旋齿廓筒的造型设计

设计要求

拟设计一阿基米德螺旋齿廓筒，已知其主要参数：模数为4mm、头数为2、直径系数为10、传动中心距为98mm、螺旋角为11.3099°。其三维模型如图6-63所示。

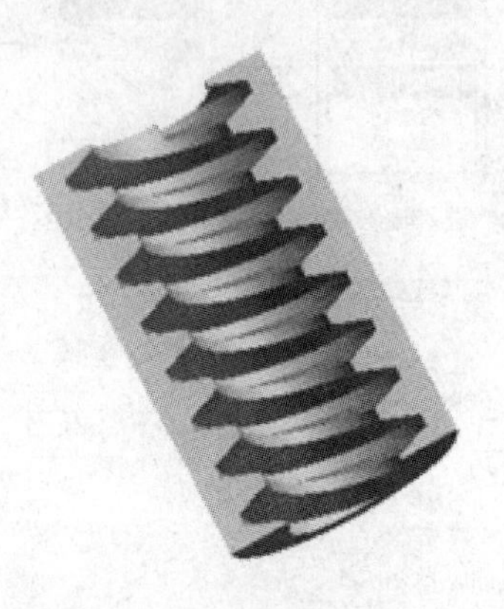

图6-63 螺旋齿廓筒造型

操作步骤

[1] 计算螺旋齿廓筒的几何尺寸，各尺寸的计算方法与蜗杆相同。

[2] 单击【新建】按钮，或选择菜单【文件】/【新建】命令，选择【零件】，输入文件名【例 6-6】，不选择□使用缺省模板，单击确定按钮，将模板设置为【mmns_part_solid】，其单位为【米制】，单击确定按钮，进入零件创建界面。

[3] 单击【旋转】按钮，或选择菜单【插入】/【旋转】命令，单击位置中的定义...按钮；选择草绘平面【FRONT】、参照面【RIGHT】、方向【右】，单击草绘按钮，进入草绘环境，绘制如图6-64所示的旋转面草图。

[4] 单击✔，再单击【确定】，实体效果如图6-65所示。

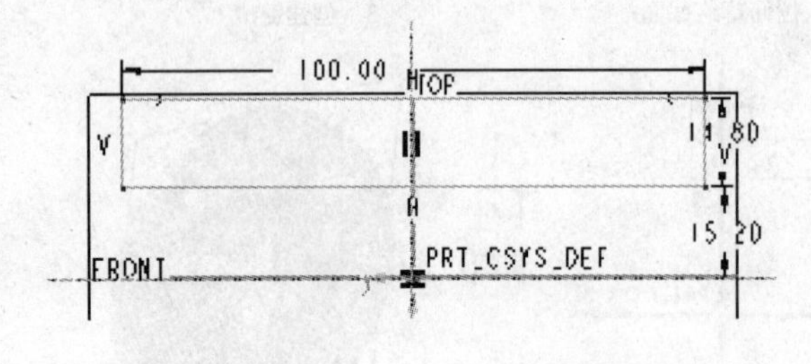

图6-64 绘制旋转面草图

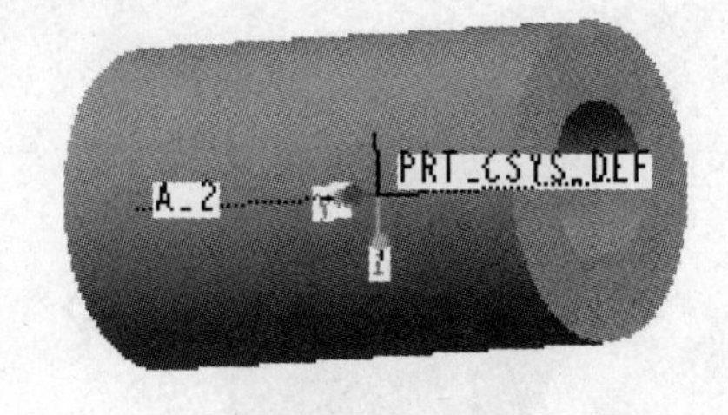

图6-65 实体效果

[5] 创建齿廓筒，步骤如图6-66所示。

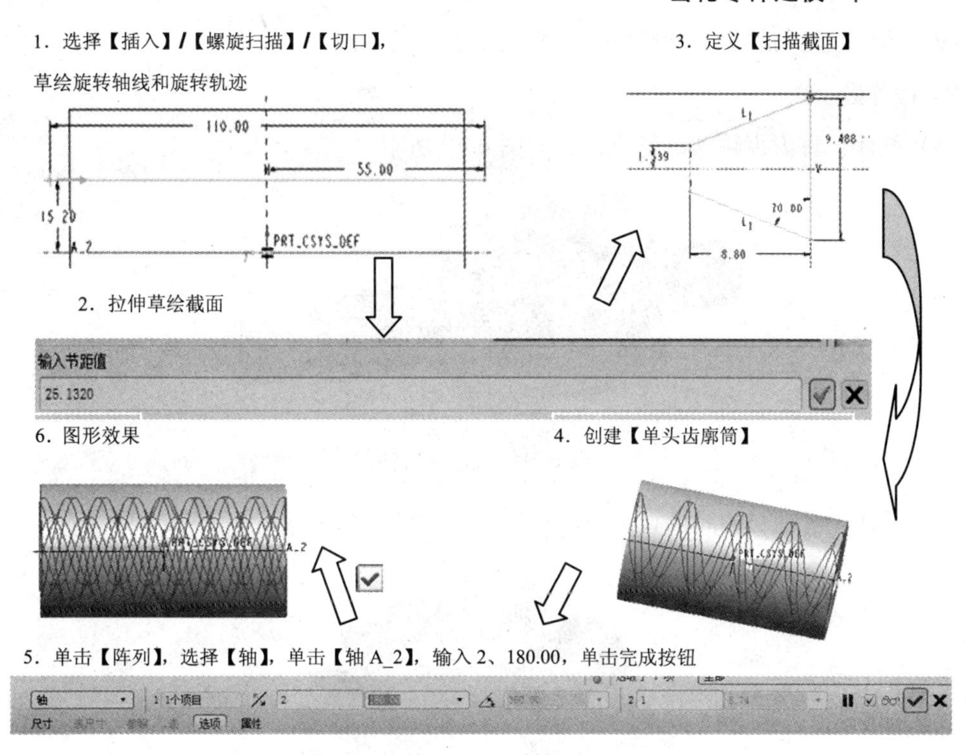

图 6-66　创建齿廓筒

[6] 单击【拉伸】按钮，选择【放置】/【定义】，选择【FRONT】平面为草绘平面，【RIGHT】平面为参照，方向选择【顶】。单击【草绘】按钮，进入草绘界面。步骤如图 6-67 所示。

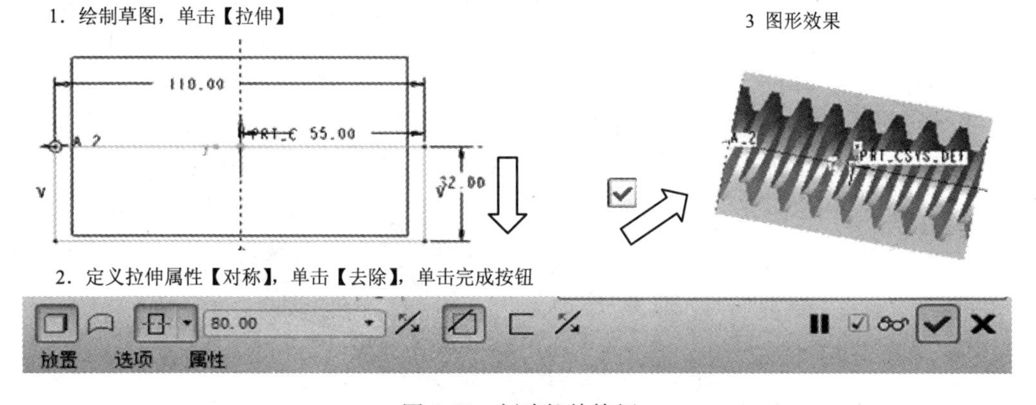

图 6-67　创建拉伸特征

6.3 思考与练习

1. 思考题

（1）试比较说明 Pro/E 进行直齿和斜齿齿轮三维造型设计时的不同。

（2）请比较说明斜齿齿轮和蜗轮三维造型设计的不同。

2．操作题

（1）设计一直齿齿轮轴，三维模型如图 6-68 所示。

图 6-68　直齿齿轮轴

（2）设计一对啮合的间歇直齿轮，三维模型如图 6-69 所示。

图 6-69　间歇直齿轮

（3）设计一阿基米德蜗杆，已知其主要参数：模数为 4mm、头数为 3、直径系数为 10、传动中心距为 98mm、螺旋升角为 11.3099°。其三维模型如图 6-70 所示。

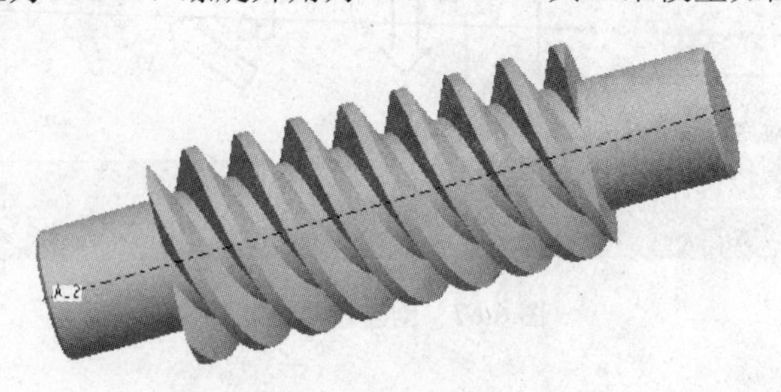

图 6-70　蜗杆三维模型（3 头）

第 7 章

箱体建模

箱体的主要功能是包容、支承、安装、固定部件中的其他零件，并作为部件的基础与机架相连。箱体的特征一般为：其内部常有空腔；两端有装轴承盖及套的孔；箱体的座、盖上有许多安装孔、定位销孔、连接孔；箱体上还设有凸缘；其壁通常比较薄，一般都设有加强筋；多为铸造件，如铸造圆角、拉模斜度等。

由于箱体的结构比较复杂，所以造型设计一直是难点。读者应通过本章的例子，细心体会其中的技巧。

7.1 分度头箱体造型设计

设计要求

拟设计一个分度头箱体零件，长 × 宽 × 高 = 220 × 210 × 191，其三维模型如图 7-1 所示，平面主视图和侧视图如图 7-2 所示。

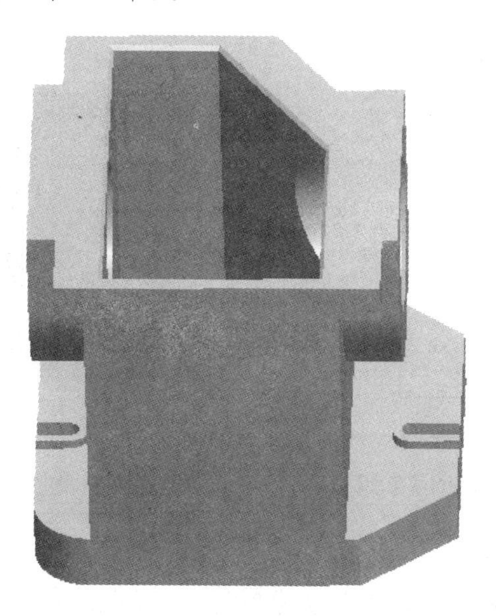

图 7-1 分度头箱体三维造型

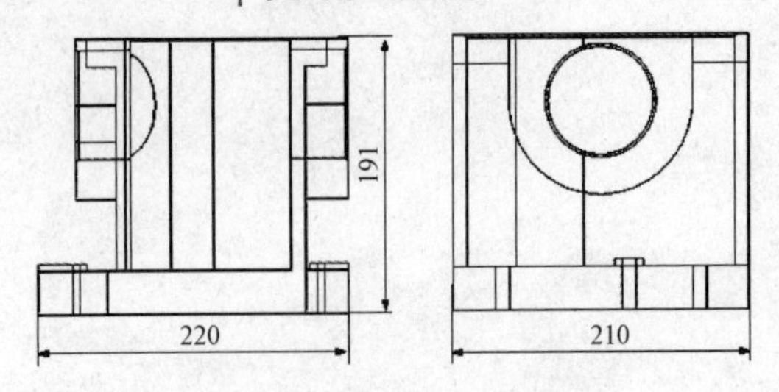

图 7-2　分度头箱体平面图

设计思路

（1）设计分度头箱体零件主体部分；
（2）设计安装座；
（3）设计轴承孔；
（4）进行必要的倒角、倒圆角。

设计过程

[1] 单击【新建】按钮，或选择【文件】/【新建】命令，在弹出的对话框中选中【零件】单选按钮，输入文件名“fdtou”，取消选中【使用缺省模板】复选框，单击确定按钮。将模板设置为【mmns_part_solid】，其单位为【米制】，单击确定按钮，进入零件创建界面。

[2] 单击【拉伸】按钮，或选择【插入】/【拉伸】命令，单击【放置】选项卡中的定义...按钮，选择草绘平面【FRONT】、参照面【RIGHT】、方向【右】，单击草绘按钮，进入草绘环境；使用工具栏中的各项功能，绘制如图 7-3 所示草图及生成拉伸特征 1。

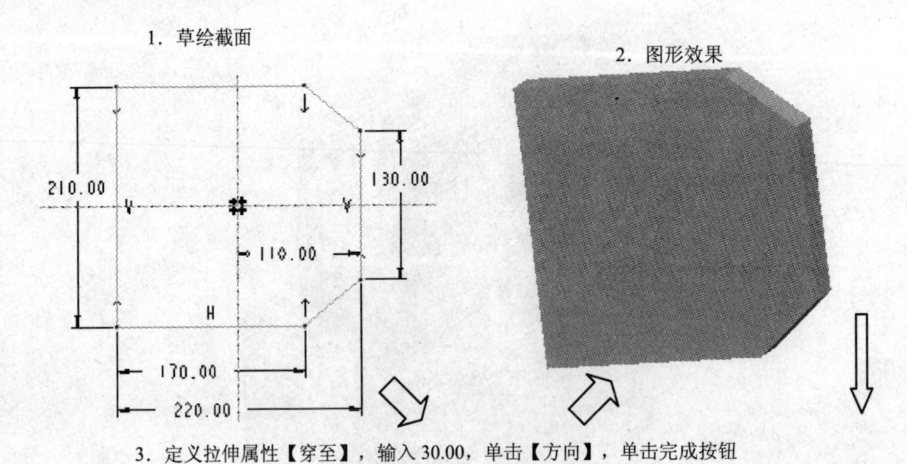

图 7-3　拉伸特征 1

[3] 单击【拉伸】按钮，单击【放置】/【定义】，在草绘对话框中选择【使用先前的】，绘制如图 7-4 所示图形及生成凸垫特征。

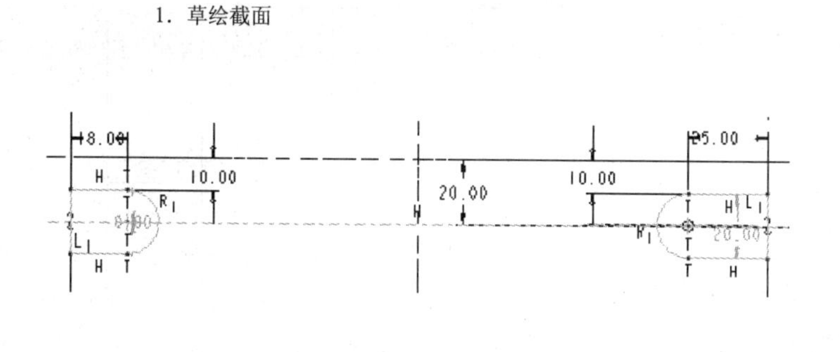

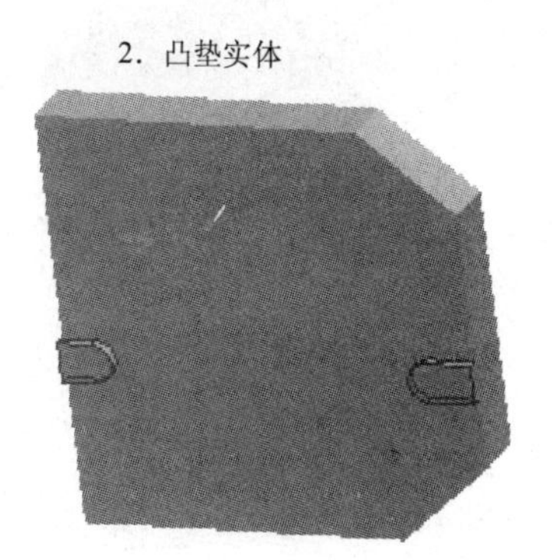

图 7-4　凸垫特征

[4] 单击【拉伸】按钮，单击【放置】/【定义】，选择凸垫上表面为草绘平面，RIGHT 为参照，方向选择右。单击【草绘】按钮，进入草绘界面。绘制草图，生成凸垫孔实体并倒圆角，如图 7-5 所示。

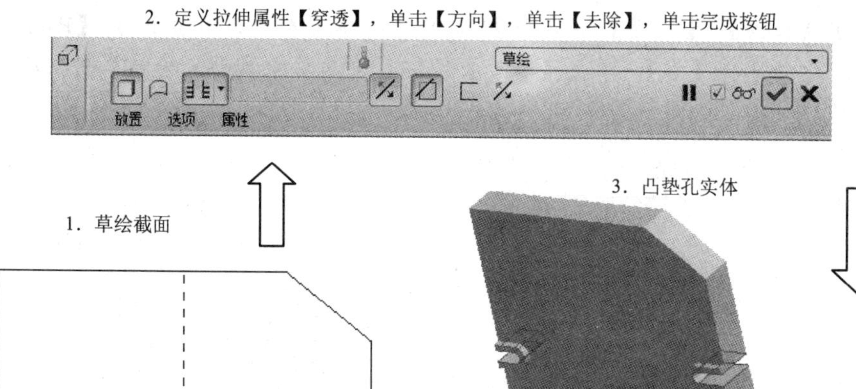

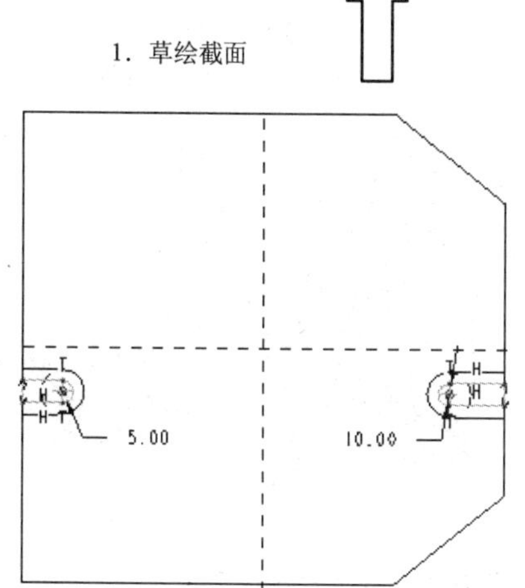

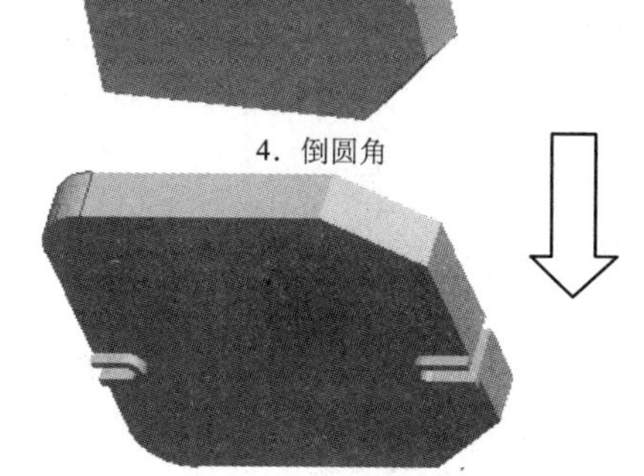

图 7-5　凸垫孔特征

[5] 单击【拉伸】按钮，单击【放置】/【定义】，选择 FRONT 面为草绘平面，RIGHT 为参照，方向选择右。单击【草绘】按钮，进入草绘界面。绘制如图 7-6 所示草图及中间体实体。

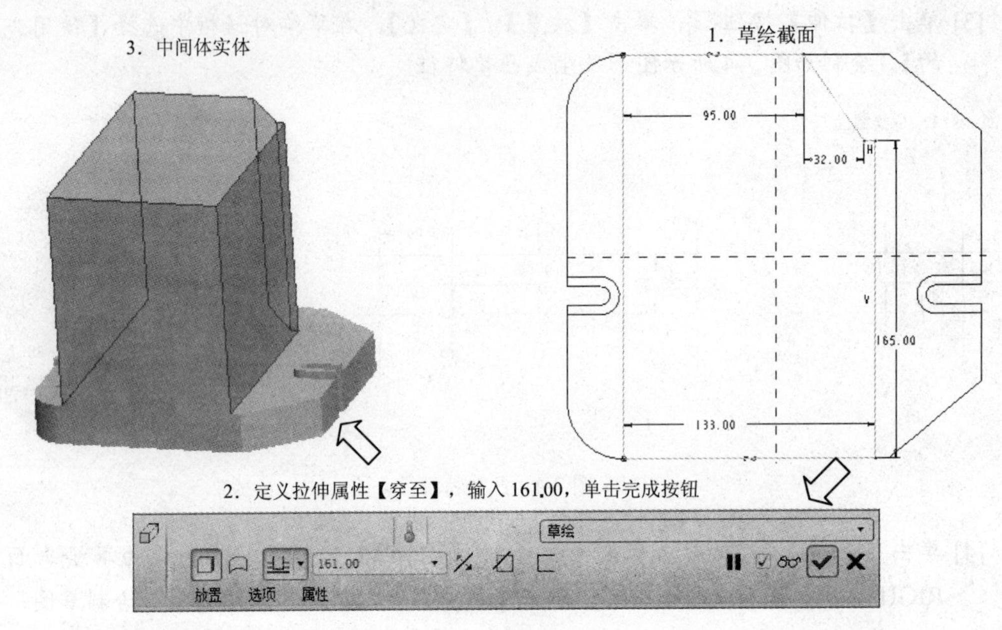

图 7-6　中间体实体特征

[6] 单击【拉伸】/【放置】/【定义】，选择中间体上表面为草绘平面，【RIGHT】为参照，方向选择【右】，单击【草绘】按钮，进入草绘界面。绘制草图以及生成中间体边缘特征，如图 7-7 所示。

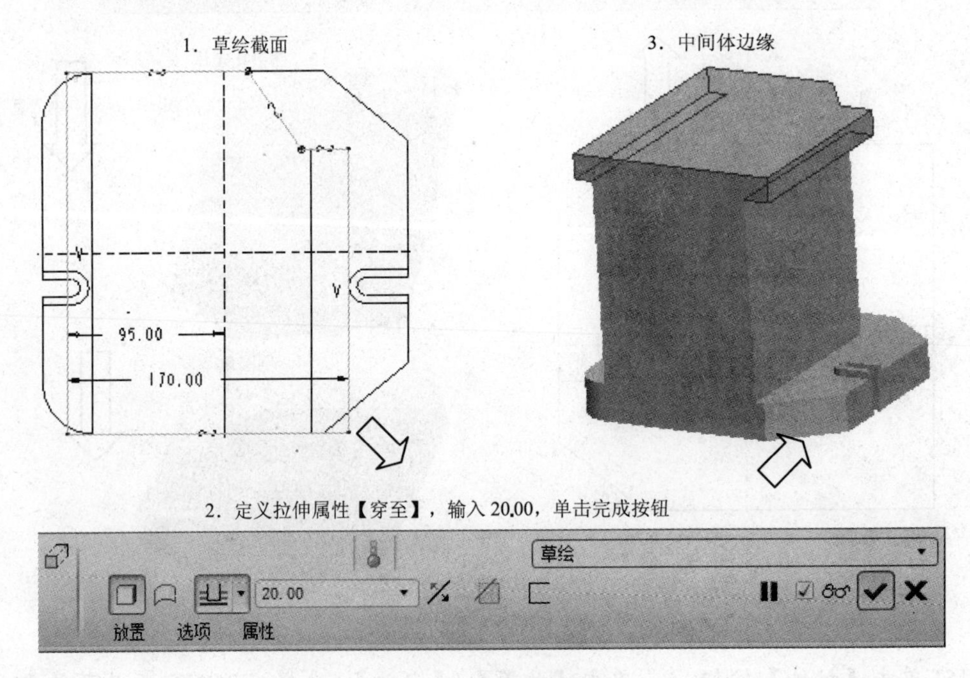

图 7-7　中间体边缘特征

[7] 单击【拉伸】/【放置】/【定义】，选择【FRONT】为草绘平面，【RIGHT】为参

照，方向选择【右】，单击【草绘】按钮，进入草绘界面。绘制草图以及生成中孔体特征，如图 7-8 所示。

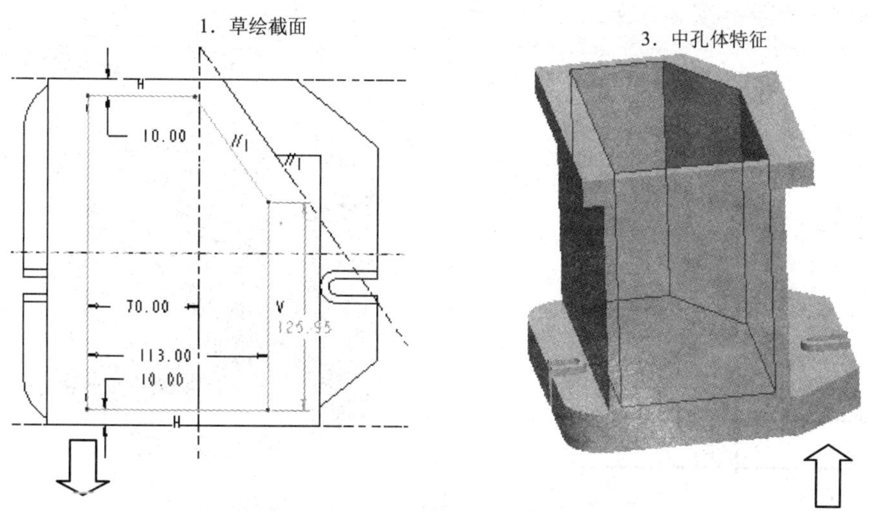

图 7-8　创建中孔体特征

[8] 单击【拉伸】/【放置】/【定义】，选择中间体侧面，即曲面 F9 为草绘平面，【曲面 F9】为参照，方向选择【底部】。单击【草绘】按钮，进入草绘界面。绘制草图以及生成一侧耳体实体，如图 7-9 所示。

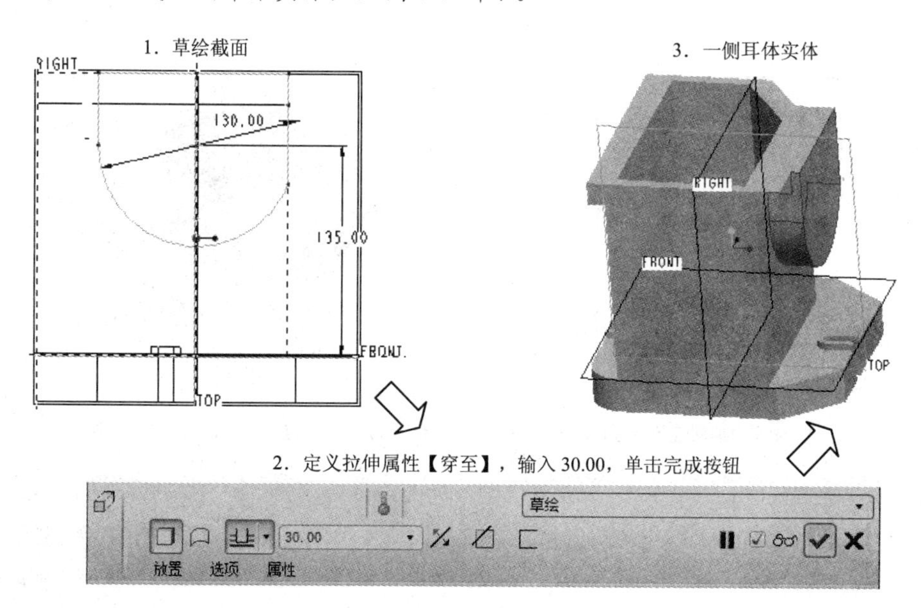

图 7-9　创建一侧耳体实体特征

[9] 单击【拉伸】/【放置】/【定义】，选择中间体另一侧面为草绘平面，【曲面 F9】为参照，方向选择【底部】，单击【草绘】按钮，进入草绘界面。绘制草图以及生成另一侧耳体实体，如图 7-10 所示。

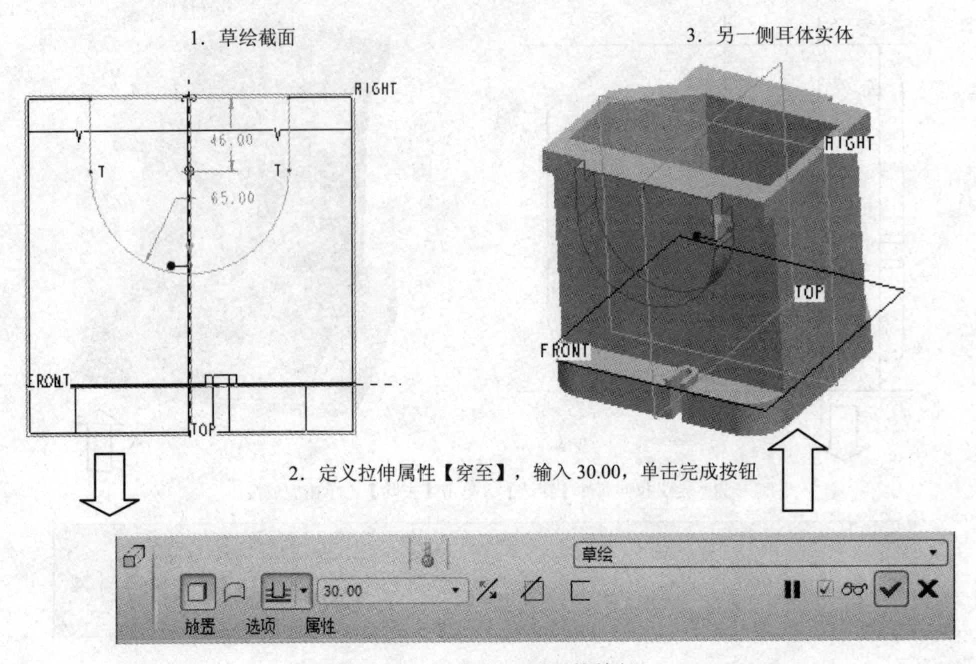

图 7-10　创建另一侧耳体特征

[10] 单击【拉伸】/【放置】/【定义】，选择中间体另一侧面，即曲面 F11 为草绘平面，【曲面 F11】为参照，方向选择【顶部】，单击【草绘】按钮，进入草绘界面。绘制草图及生成一侧耳体去除特征，如图 7-11 所示。

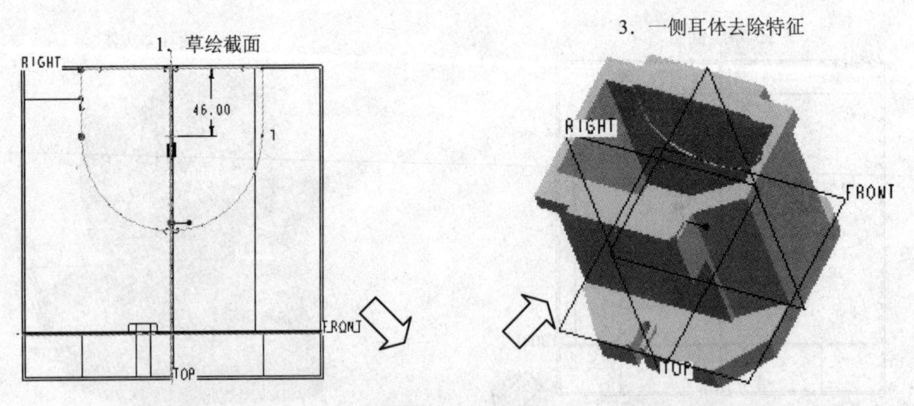

2. 定义拉伸属性【穿至】，输入 3.00，单击【方向】，单击【去除】，单击完成按钮

图 7-11　一侧耳体去除特征

[11] 单击【拉伸】/【放置】/【定义】，选择耳体外侧面，即曲面 F12 为草绘平面，【曲面 F9】为参照，方向选择【底部】，单击【草绘】按钮，进入草绘界面。绘制草图及生成耳体孔特征，如图 7-12 所示。

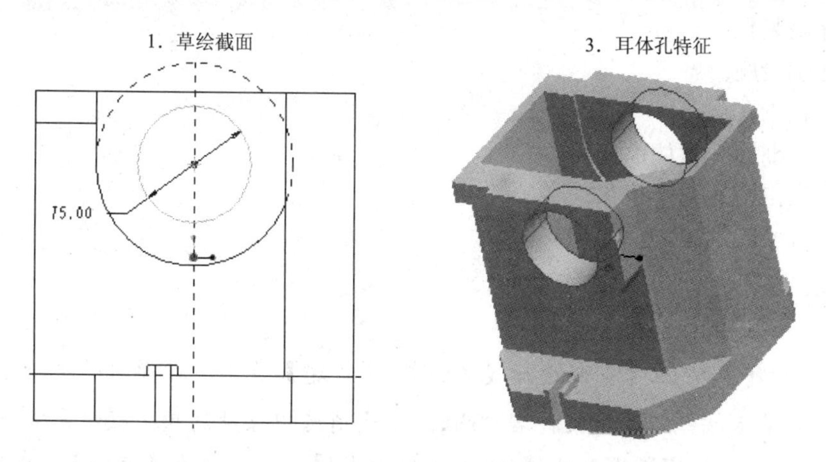

图 7-12　创建耳体孔

[12] 进行必要的倒角及倒圆角操作。

7.2 减速器上箱体造型设计

设计要求

下面来创建一个一级圆柱齿轮减速器上箱体，其基本外形和结构如图 7-13 所示。

图 7-13　减速器上箱体实体造型

设计思路

（1）设计上箱体零件的主体部分；
（2）设计吊装孔；
（3）设计螺栓座；
（4）设计轴承孔；
（5）定义基准面，设计检修孔；
（6）设计定位销孔、安装孔；
（7）进行必要的倒角、倒圆角。

设计过程

[1] 单击【新建】按钮，或选择【文件】/【新建】命令，在弹出的对话框中选中【零件】单选按钮，输入文件名“shxti”，取消选中【使用缺省模板】复选框，单击确定按钮。将模板设置为【mmns_part_solid】，其单位为【米制】，单击确定按钮，进入零件创建界面。

[2] 单击【拉伸】按钮，或选择【插入】/【拉伸】命令，单击【放置】选项卡中的定义...按钮，选择草绘平面【FRONT】、参照面【RIGHT】、方向【右】，单击草绘按钮，进入草绘环境；使用工具栏中的各项功能，绘制如图 7-14 所示草图及生成拉伸特征。

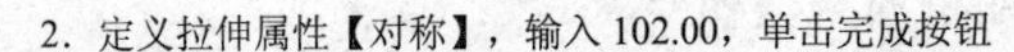

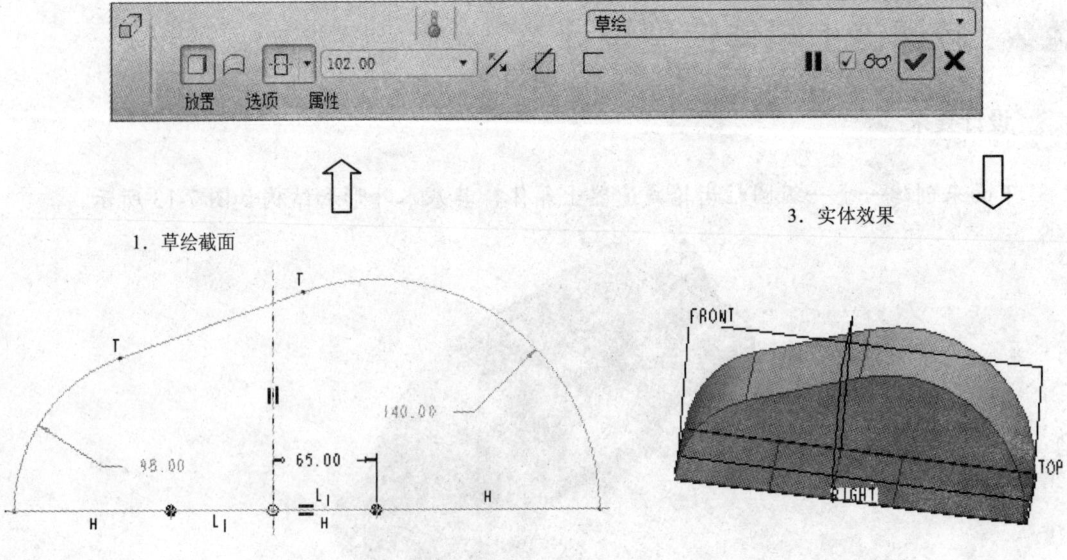

图 7-14 创建拉伸特征

[3] 参考上述步骤，单击【使用先前的】，进入草绘界面，绘制草图和生成吊装板特征，如图 7-15 所示。

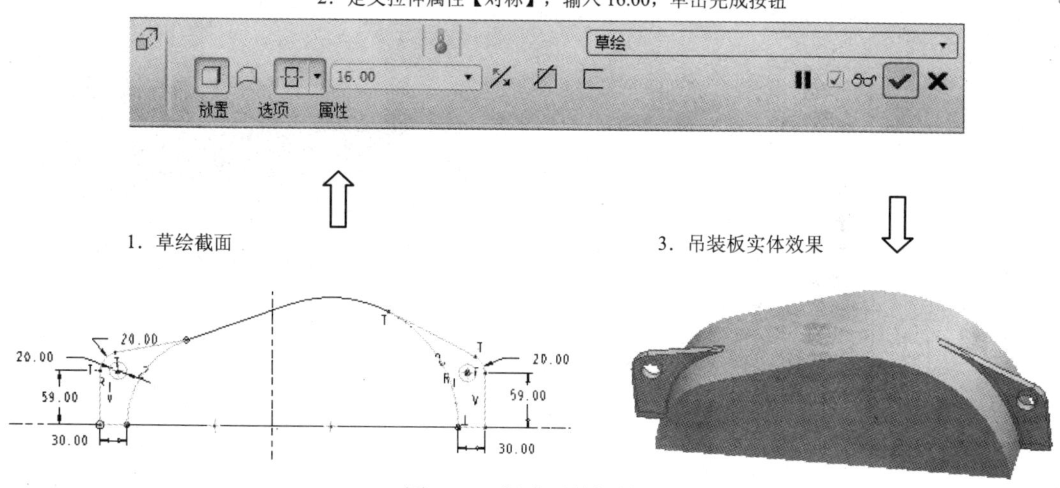

图 7-15　创建吊装板特征

[4] 单击【拉伸】/【放置】/【定义】，选择上顶部的底面，即曲面 F5 为草绘平面，【曲面 F5】为参照，方向选择【底部】，单击【草绘】按钮，进入草绘界面。绘制草图及生成连接板实体特征，如图 7-16 所示。

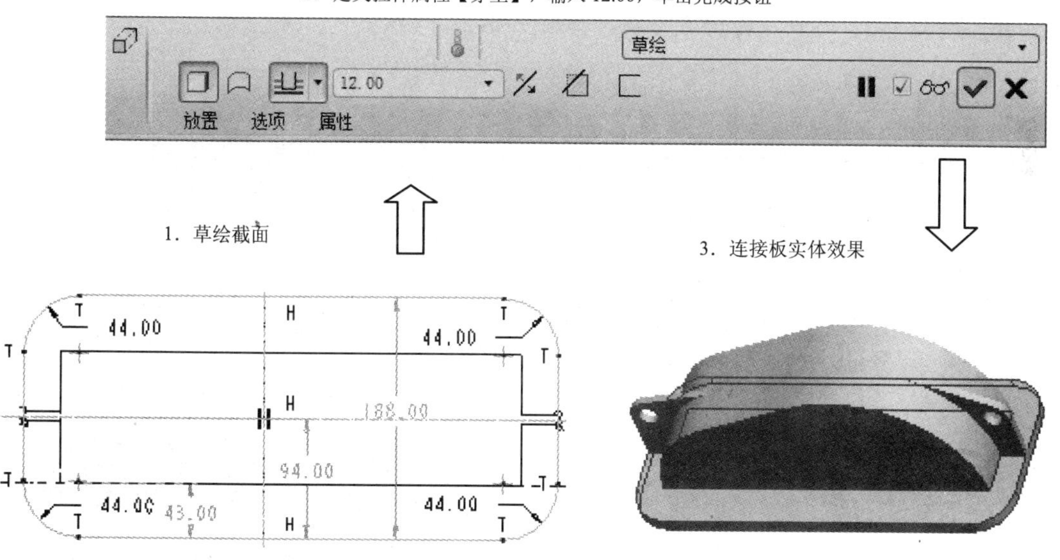

图 7-16　创建连接板特征

[5] 单击【拉伸】/【放置】/【定义】，选择连接板侧面，即曲面 F7 为草绘平面，【曲面 F7】为参照，方向选择【顶】，弹出参照对话框，按住 Ctrl 键，选择【RIGHT】面和【TOP】面，然后关闭参照对话框，进入草绘界面。绘制草图及生成空心特征，如图 7-17 所示。

1. 草绘截面

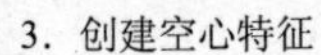

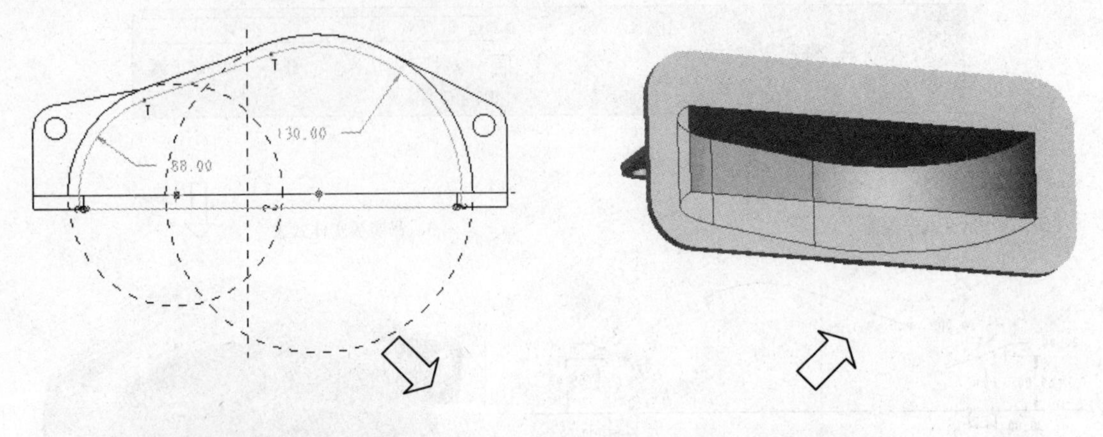

2. 定义拉伸属性【对称】，输入 82.00，单击【方向】，单击【去除】，单击完成按钮

图 7-17　创建空心特征

[6] 参照上述步骤创建拉伸 5 特征，如图 7-18 所示。

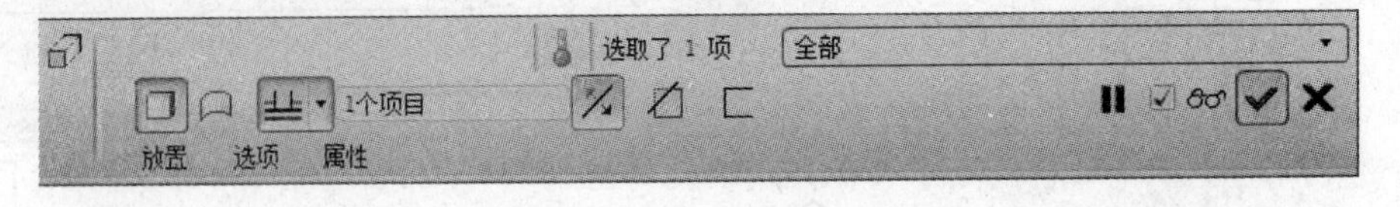

2. 定义拉伸属性【下一个】，单击【方向】，选择上顶部侧面，即曲面 F5，单击完成按钮

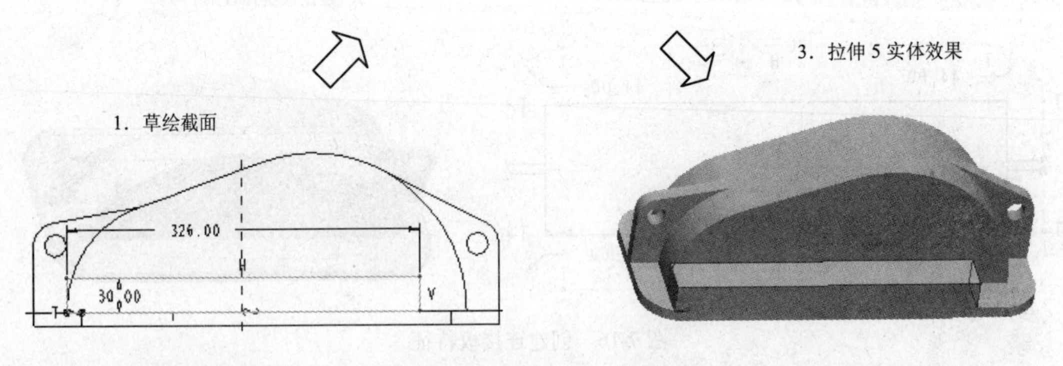

图 7-18　创建拉伸 5 特征

[7] 单击【拉伸】/【放置】/【定义】，选择螺栓座内侧面，即曲面 F9 为草绘平面，【RIGHT】为参照，方向选择【左】，单击【草绘】按钮，进入草绘界面。绘制草图及生成拉伸 6 实体，如图 7-19 所示。

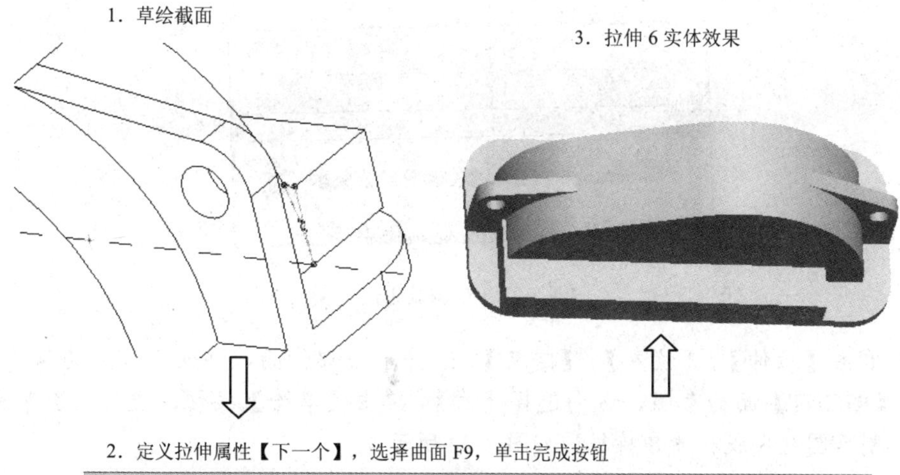

2. 定义拉伸属性【下一个】，选择曲面 F9，单击完成按钮

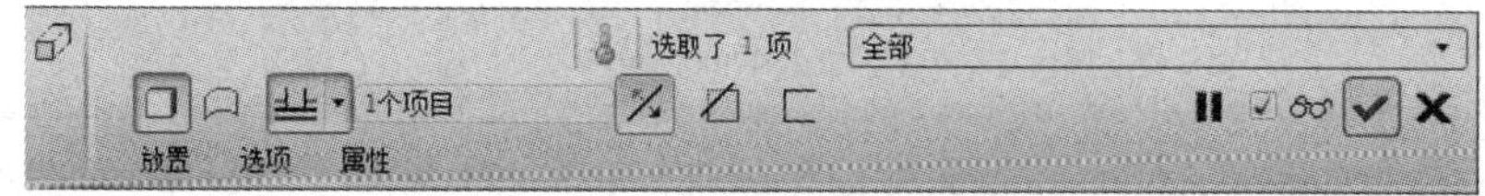

图 7-19　创建拉伸 6 特征

[8] 单击【拉伸】/【放置】/【定义】，选择螺栓座上表面，即曲面 F9 为草绘平面，【曲面 F9】为参照，方向选择【底部】，弹出参照对话框，按住 Ctrl 键，选择【FRONT】面和【RIGHT】面，然后关闭参照对话框，进入草绘界面。绘制草图及生成拉伸 7 实体特征，如图 7-20 所示。

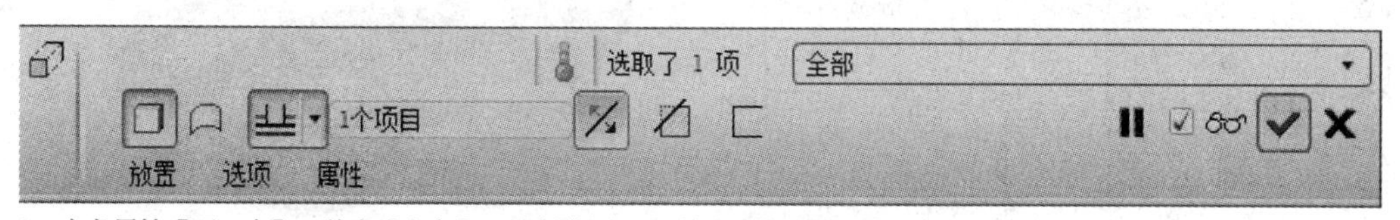

2. 定义属性【下一个】，单击【方向】，选择曲面 F9，单击【去除】，单击完成按钮

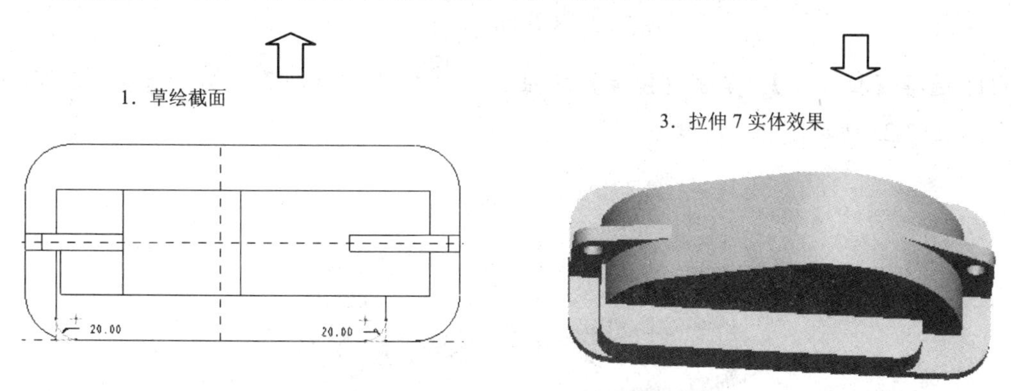

图 7-20　创建拉伸 7 特征

[9] 按住 Ctrl 键，选择【拉伸 5】、【拉伸 6】、【拉伸 7】特征，单击【右键】并选择【组】，生成【组 1】特征，选择【组 1】，单击【镜像】按钮，选择【FRONT】面为镜像面，效果如图 7-21 所示。

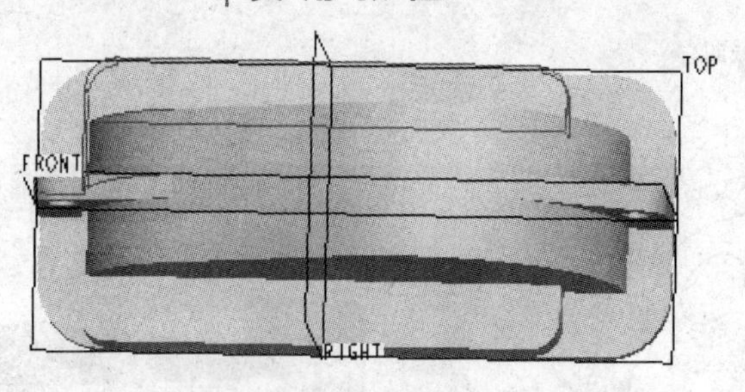

图 7-21　镜像效果图

[10] 单击【拉伸】/【放置】/【定义】，选择上顶部侧面，即曲面 F5 为草绘平面，【RIGHT】面为参照，方向选择【右】，单击【草绘】按钮，进入草绘界面。绘制草图及生成拉伸 8 特征，如图 7-22 所示。

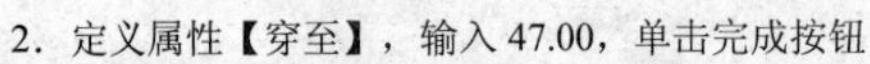

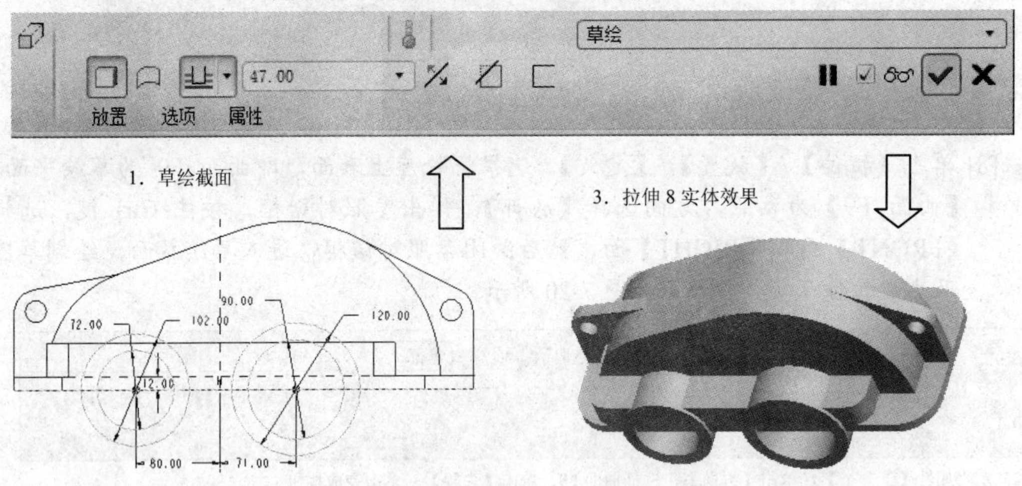

图 7-22　创建拉伸 8 特征

[11] 选择【拉伸 8】，单击【镜像】按钮，选择【FRONT】面为镜像面，效果如图 7-23 所示。

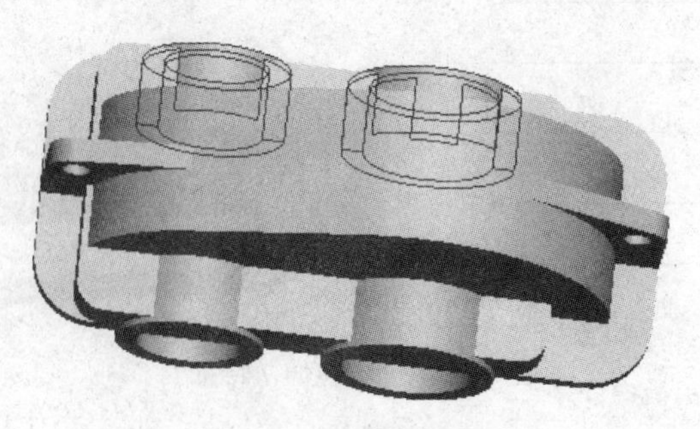

图 7-23　镜像效果图

[12] 单击【拉伸】/【放置】/【定义】，选择拉伸 8 外表面，即曲面 F18 为草绘平面，【RIGHT】面为参照，方向选择【右】，单击【草绘】按钮，进入草绘界面。绘

制草图及生成轴承孔特征，如图 7-24 所示。

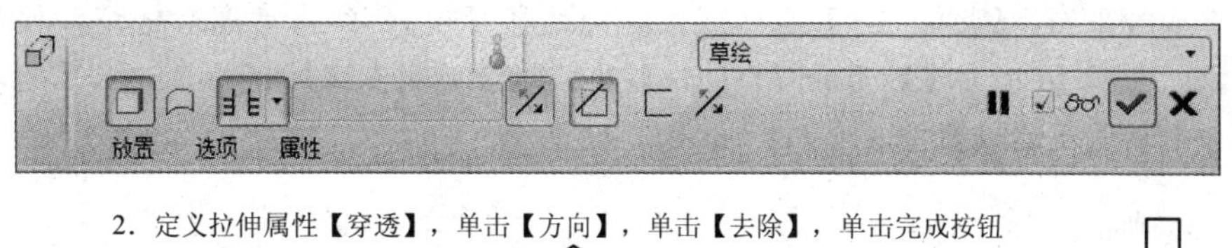

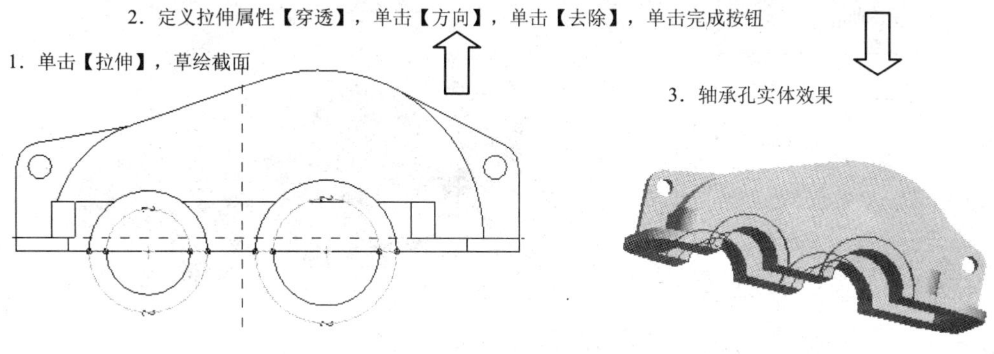

图 7-24　创建轴承孔特征

[13] 单击【基准轴】，按住 Ctrl 键，选择【RIGHT】和【TOP】，创建【轴 A_19】，单击【基准面】，按住 Ctrl 键，选择【RIGHT】和【轴 A_19】，输入偏距 18.85，创建【DTM1】，如图 7-25 所示。

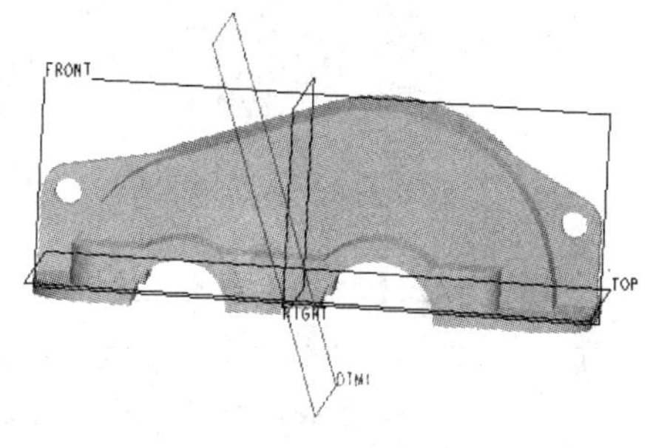

图 7-25　创建【DTM1】基准面

[14] 单击【拉伸】/【放置】/【定义】，选择上顶部上表面，即曲面 F5 为草绘平面，【曲面 F5】为参照，方向选择【顶】，弹出参照对话框，按住 Ctrl 键，选择【FRONT】面和【DTM1】面，然后关闭参照对话框，进入草绘界面。绘制草图及生成拉伸 10 特征，如图 7-26 所示。

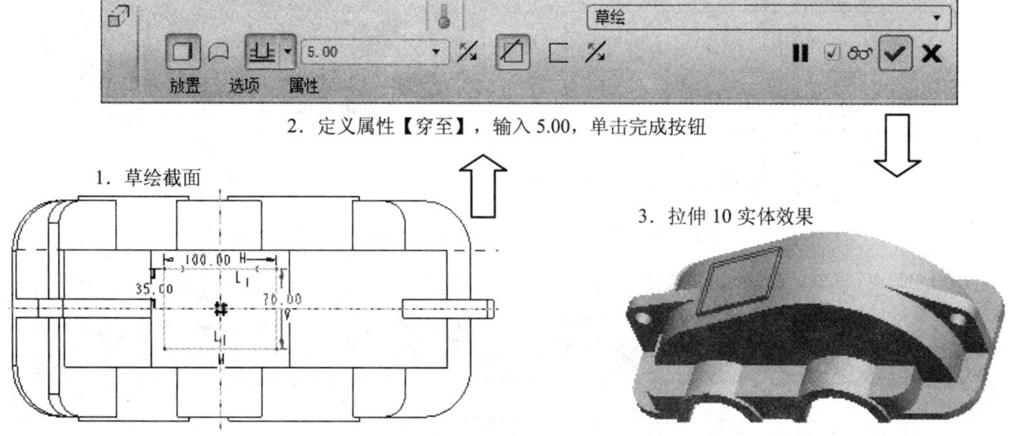

图 7-26　创建拉伸 10 特征

[15] 单击【拉伸】/【放置】/【定义】，选择【拉伸 10】特征的上表面，即曲面 F25 为草绘平面，【曲面 F5】为参照，方向选择【顶】，弹出参照对话框，按住 Ctrl 键，选择【FRONT】面和【DTM1】面，然后关闭参照对话框，进入草绘界面。绘制草图及生成检修孔特征，如图 7-27 所示。

1. 草绘截面　　3. 检修孔实体效果

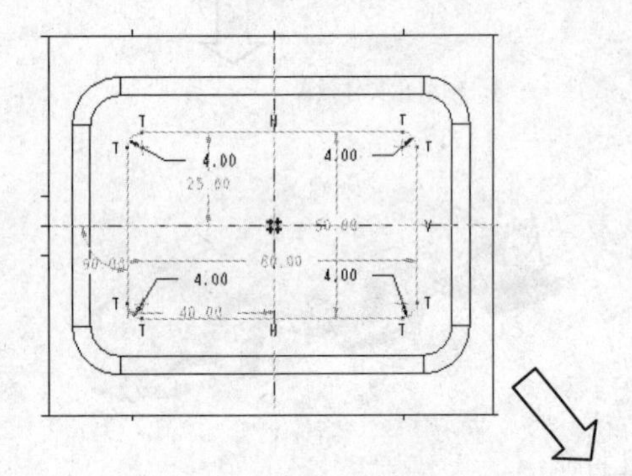

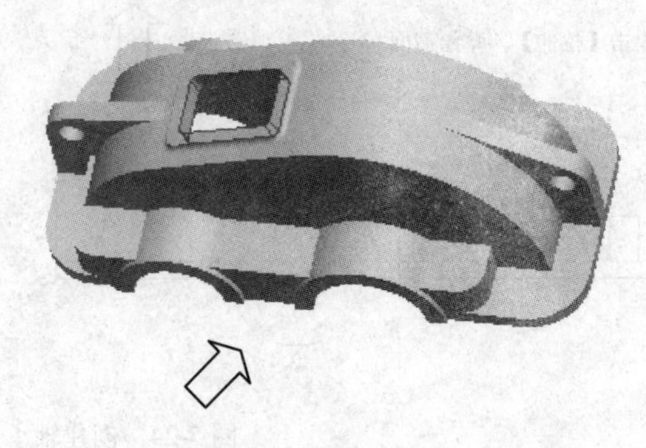

2. 定义拉伸属性【穿透】，单击【方向】，单击【去除】，单击完成按钮

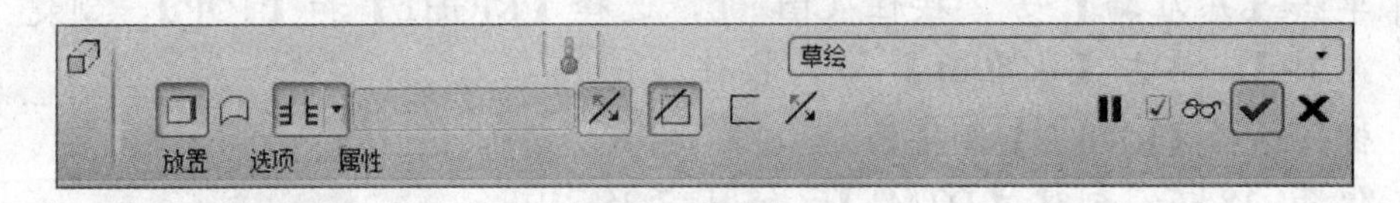

图 7-27　创建检修孔特征

[16] 单击【拉伸】按钮，【放置】/【定义】，选择【连接板，即曲面 F7 为草绘平面，【曲面 F5】为参照，方向选择【顶】，单击【草绘】按钮，进入草绘界面。绘制草图及生成拉伸 12 实体效果，如图 7-28 所示。

1. 草绘截面　　3. 拉伸 12 实体效果

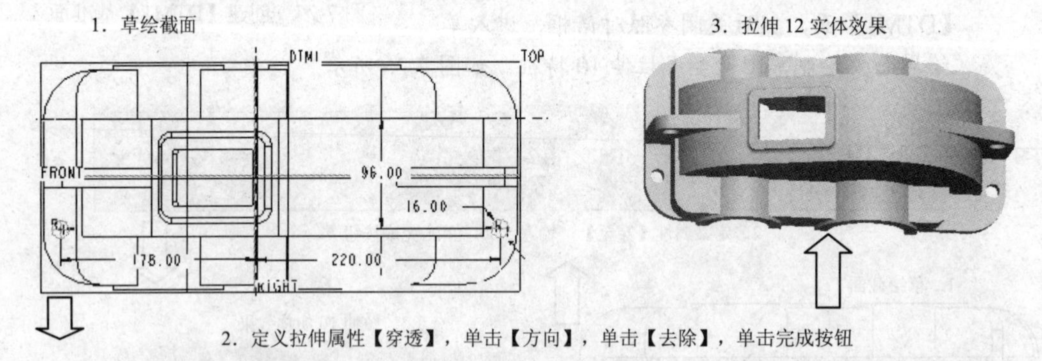

2. 定义拉伸属性【穿透】，单击【方向】，单击【去除】，单击完成按钮

图 7-28　创建拉伸 12 特征

[17] 参照上述步骤创建拉伸 13 特征，如图 7-29 所示。

1. 草绘截面

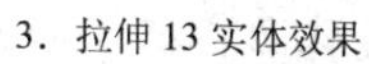

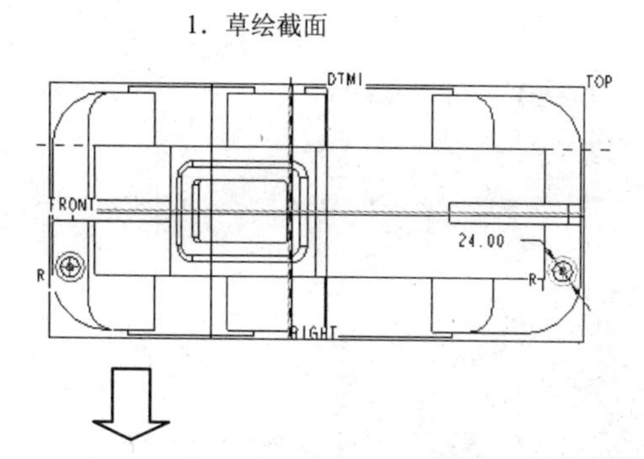

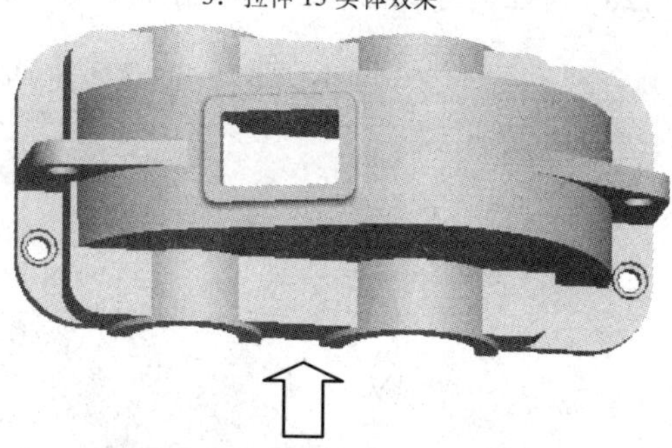

2. 定义拉伸属性【穿至】，输入 3.00，单击【方向】，单击【去除】，单击完成按钮

图 7-29　创建拉伸 13 特征

[18] 选择【拉伸 12】、【拉伸 13】，单击【镜像】，选择【FRONT】面为【镜像平面】，得到如图 7-30 所示镜像效果。

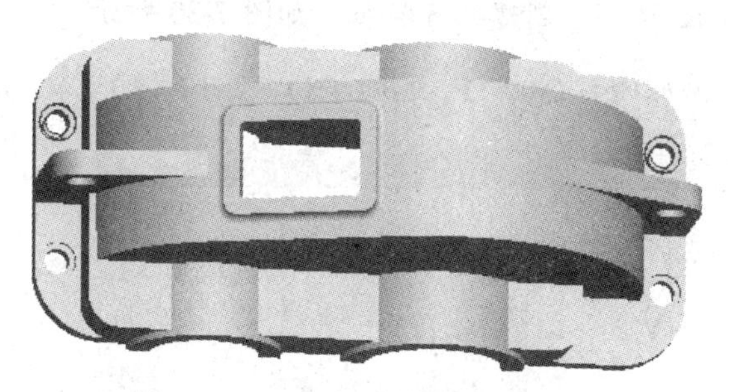

图 7-30　镜像效果

[19] 单击【孔】，选择【放置】，单击连接板，即曲面 F7 上表面，即选择【曲面 F7】为主参照，单击次参照，按住 Ctrl 键，选择【FRONT】面和【RIGHT】面，输入 10.00，创建孔 1 特征，如图 7-31 所示。

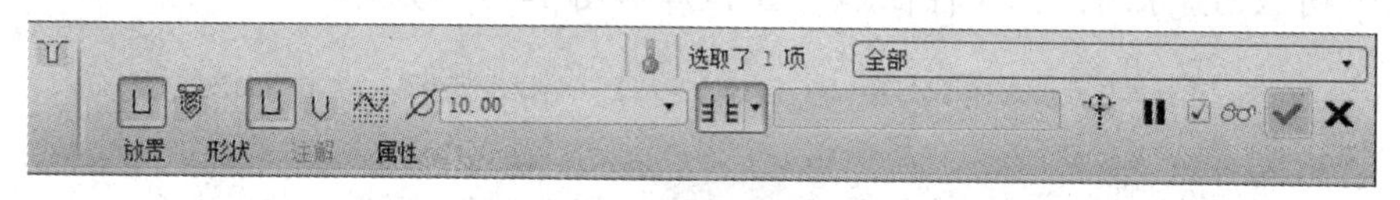

1. 选择简单孔，输入 10.00，选择【穿透】，单击完成按钮

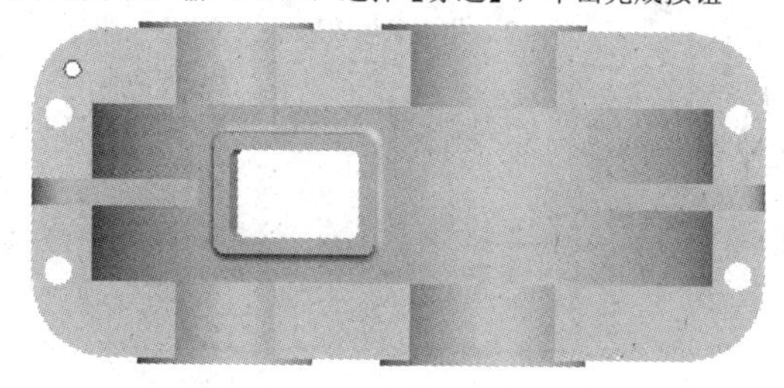

2. 孔 1 实体效果

图 7-31　创建孔 1 特征

[20] 同理创建孔 2 特征，如图 7-32 所示。

1. 选择简单孔，输入 10.00，选择【穿透】，单击完成按钮
选取了 1 项
全部
10.00
放置
形状
注解
属性
2. 孔 2 实体效果

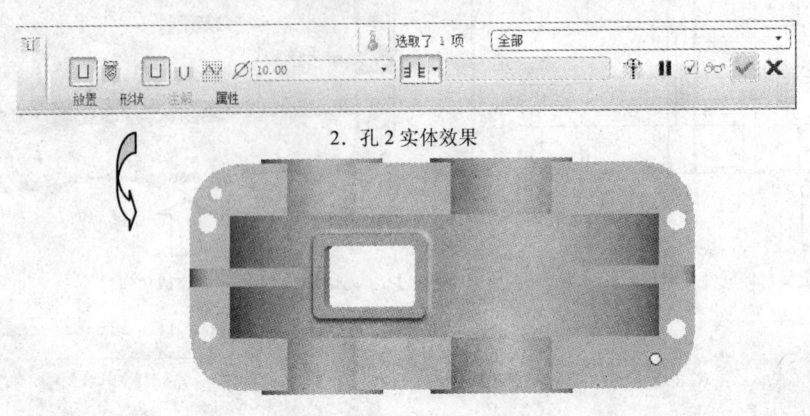

图 7-32 创建孔 2 特征

[21] 单击【孔】/【放置】，单击螺栓座上表面，即 F10 面，单击【放置属性】/【次参照】，按住 Ctrl 键，选择【FRONT】和【RIGHT】面，在偏移文本框中分别输入 72.50。和 12.7675，创建孔 3 特征，如图 7-33 所示。

1. 选择螺栓孔，选择【M12×1】，选择【穿透】，选择【沉头】，单击完成按钮
2. 孔 3 实体效果

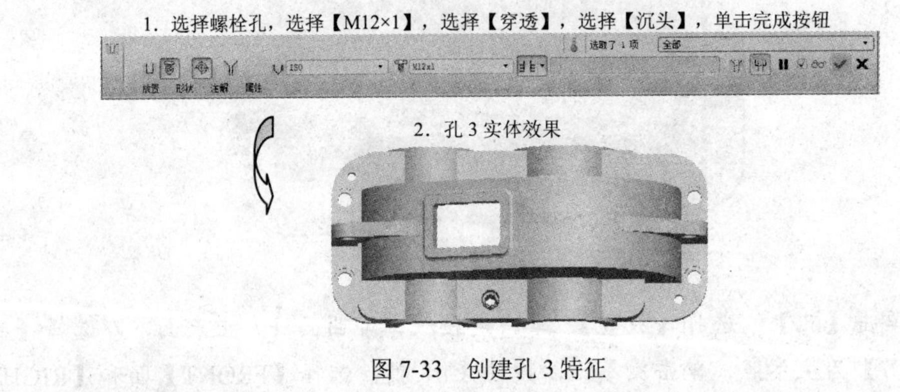

图 7-33 创建孔 3 特征

[22] 同理创建孔 4、孔 5 特征，如图 7-34 和图 7-35 所示。

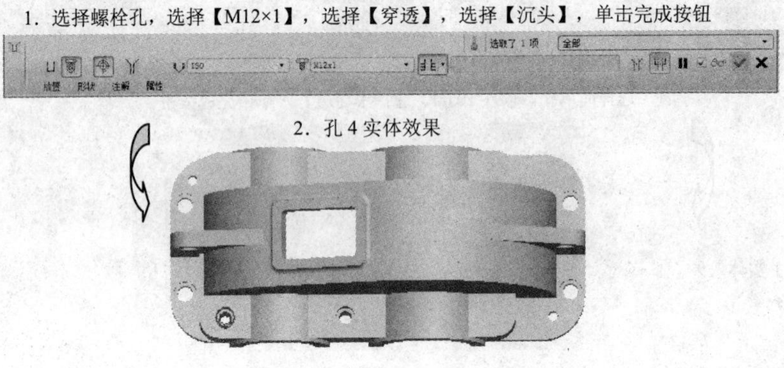

1. 选择螺栓孔，选择【M12×1】，选择【穿透】，选择【沉头】，单击完成按钮
2. 孔 4 实体效果

图 7-34 创建孔 4 特征

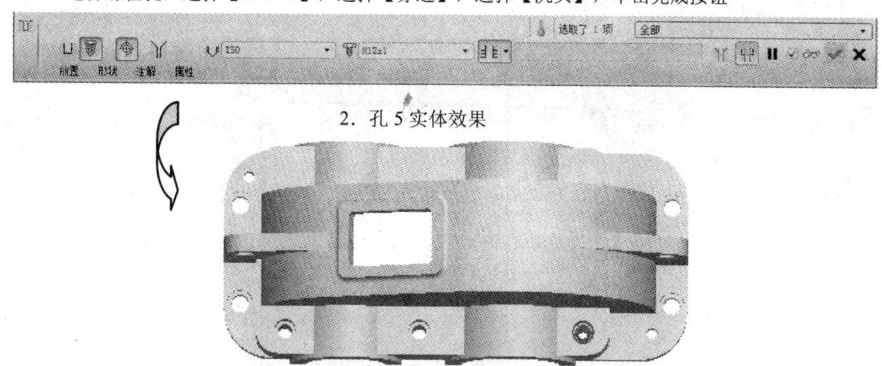

图7-35　创建孔5特征

[23] 选择【孔 3】、【孔 4】和【孔 5】，单击【镜像】，选择【FRONT】面为镜像平面，得到如图7-36所示镜像效果。

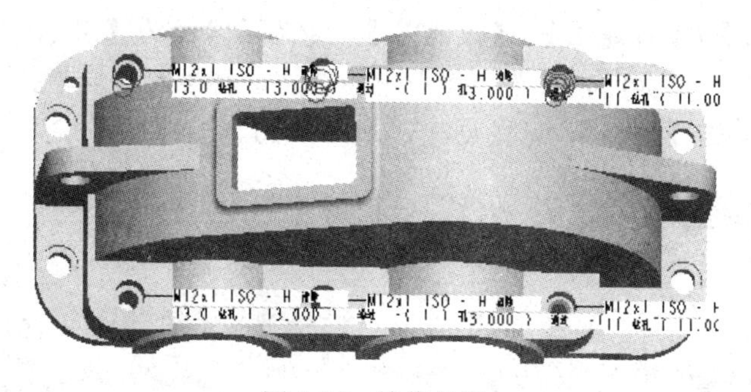

图7-36　镜像效果

[24] 单击【孔】/【放置】，单击螺栓座上表面，即F10面，单击【放置属性】/【次参照】，按住Ctrl键，选择【FRONT】和【DTM1】面，在偏移文本框中分别输入28.00和43.00。创建孔6特征，如图7-37所示。

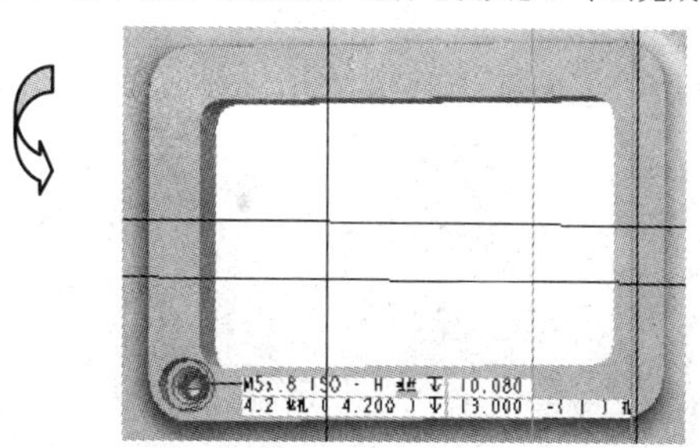

图7-37　创建孔6特征

[25] 同理创建孔 7 特征，如图 7-38 所示。

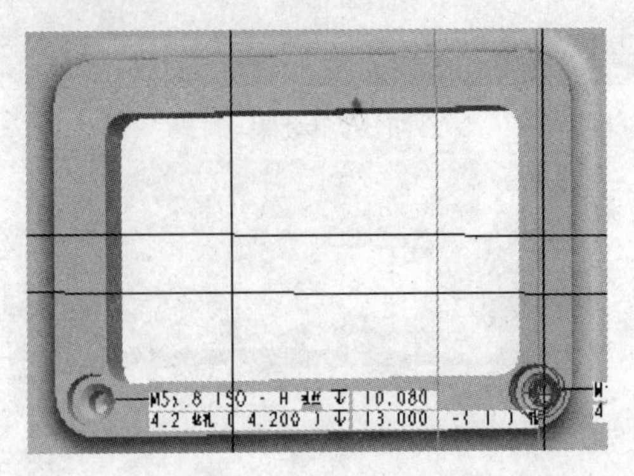

图 7-38　创建孔 7 特征

[26] 选择【孔 6】、【孔 7】，单击【镜像】，选择【FRONT】面为镜像平面，得到如图 7-39 所示镜像效果。

[27] 单击【层】/【新建层】/【设置层】，定义层名称为【SHANGXIANGTI】，单击【内容】项，添加时依次单击模型中各个螺栓特性，然后单击【确定】，关掉【设置层】，单击【调整】，完成创建，如图 7-40 所示。

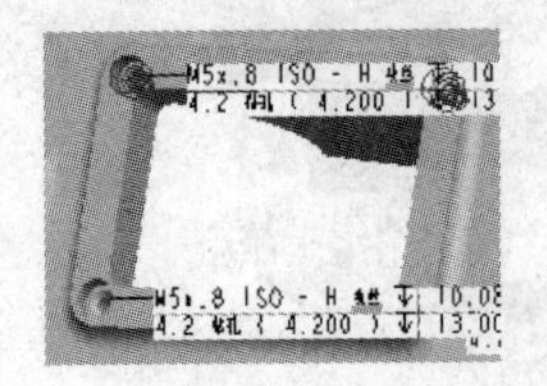

图 7-39　镜像孔 6、孔 7 实体效果

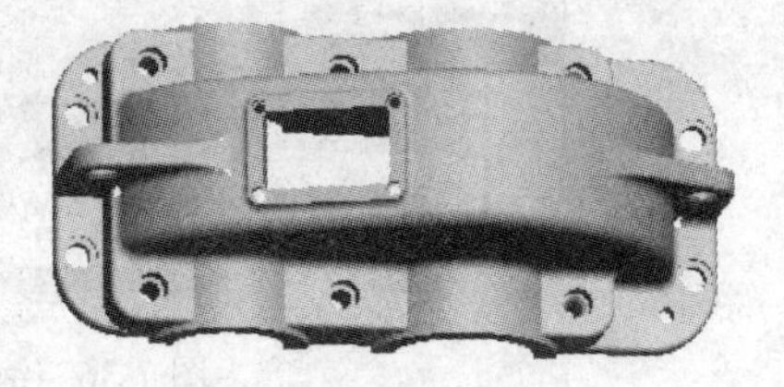

图 7-40　上箱体效果图

[28] 对整个模型进行必要的倒角和倒圆角操作。

至此，完成了一级圆柱齿轮减速器上箱体的三维模型。

7.3 减速器下箱体造型设计

设计要求

下面来创建一个一级圆柱齿轮减速器下箱体，其基本外形和结构如图 7-41 所示。

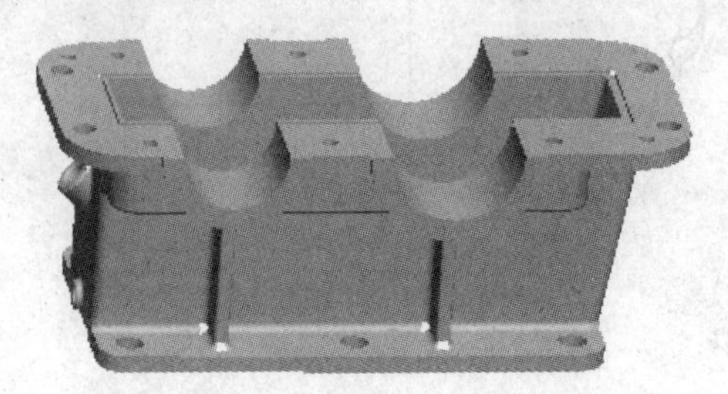

图 7-41　减速器下箱体实体造型

设计思路

（1）设计下箱体零件的主体部分；
（2）设计螺栓座；
（3）设计轴承孔；
（4）设计底板和筋板；
（5）定义基准面，设计油位计安装孔座；
（6）设计定位销孔、安装孔；
（7）设计润滑油槽；
（8）进行必要的倒角、倒圆角。

设计过程

[1] 单击【新建】按钮，或选择【文件】/【新建】命令，在弹出的对话框中选中【零件】单选按钮，输入文件名“jdxti”，取消选中【使用缺省模板】复选框，单击确定按钮。将模板设置为【mmns_part_solid】，其单位为【米制】，单击确定按钮，进入零件创建界面。

[2] 单击【拉伸】按钮，或选择【插入】/【拉伸】命令，单击【放置】选项卡中的定义...按钮，选择草绘平面【FRONT】、参照面【RIGHT】、方向【右】，单击草绘按钮，进入草绘环境；使用工具栏中的各项功能，绘制如图 7-42 所示草图及生成中部实体效果。

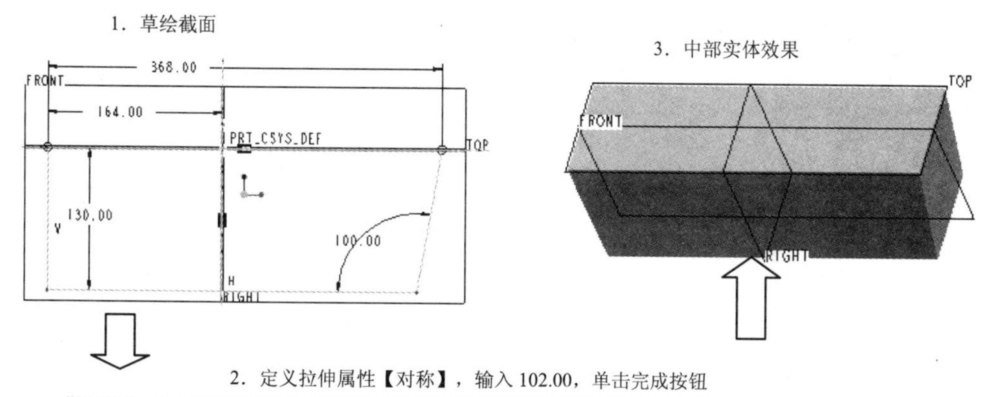

图 7-42　创建中部实体特征

[3] 单击【拉伸】按钮，选择【放置】/【定义】，选择中部的上面，即曲面 F5 为草绘平面，【曲面 F5】为参照，方向选择【顶】，单击【草绘】按钮，进入草绘界面。绘制草图，创建连接板实体，如图 7-43 所示。

1．草绘截面

3．连接板实体效果

2．定义拉伸属性【穿至】，输入 12.00，单击完成按钮

图 7-43　创建连接板实体特征

[4] 单击【拉伸】/【放置】/【定义】，选择【FRONT】面为草绘平面，【RIGHT】面为参照，方向选择【右】，单击【草绘】按钮，进入草绘界面。绘制草图及生成拉伸 3 特征，如图 7-44 所示。

1．草绘截面

3．拉伸 3 实体效果

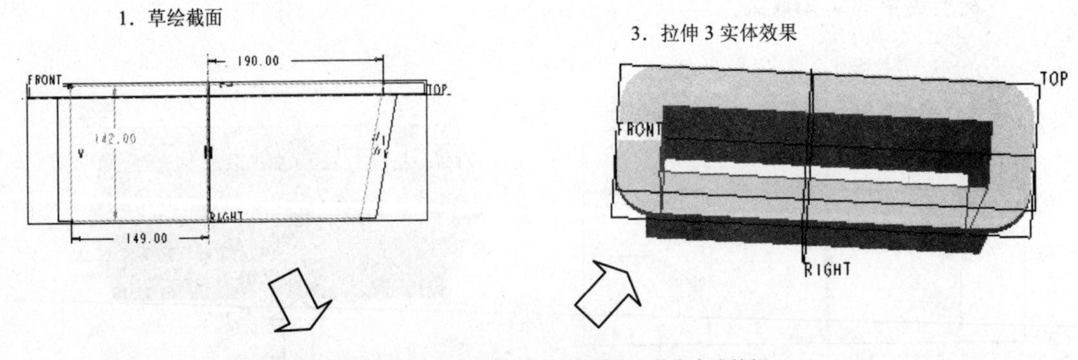

2．定义拉伸属性【对称】，输入 72.00，单击【去除】，单击完成按钮

图 7-44　创建拉伸 3 特征

[5] 单击【拉伸】/【放置】/【定义】，选择连接板侧面，即曲面 F6 为草绘平面，【曲面 F6】为参照，方向选择【底部】，弹出参照对话框，按住 Ctrl 键，选择【RIGHT】面和【TOP】面，然后关闭参照对话框，进入草绘界面。绘制草图及生成拉伸 4 特征，如图 7-45 所示。

1．草绘截面

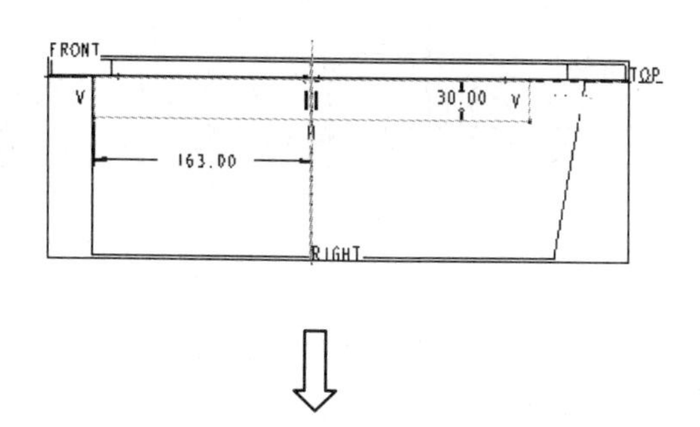

3．拉伸 4 实体效果

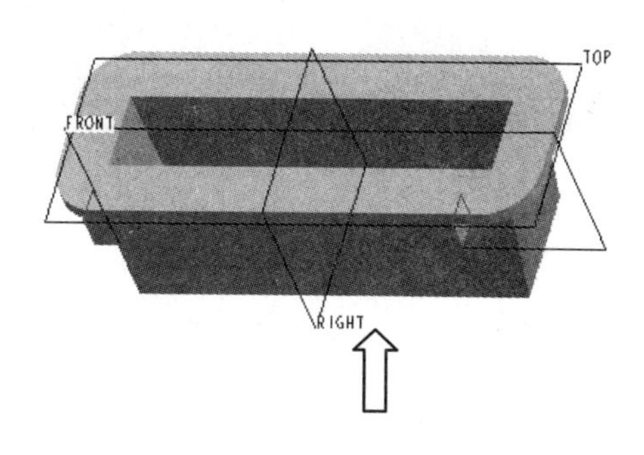

2．定义拉伸属性【下一个】，单击【方向】，选择曲面 F5，单击完成按钮

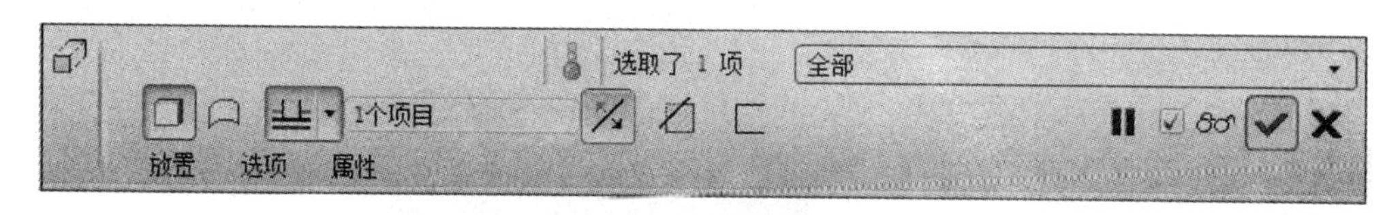

图 7-45　创建拉伸 4 特征

[6] 单击【拉伸】/【放置】/【定义】，选择拉伸 4 下表面，即曲面 F8 为草绘平面，【曲面 F8】为参照，方向选择【顶】，弹出参照对话框，按住 Ctrl 键，选择【FRONT】面和【RIGHT】面，然后关闭参照对话框，进入草绘界面。绘制草图及生成拉伸 5 特征，如图 7-46 所示。

2．定义属性【下一个】，单击【方向】，选择曲面 F6，单击【去除】，单击完成按钮

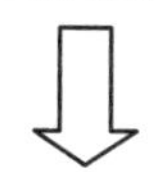

1．草绘截面

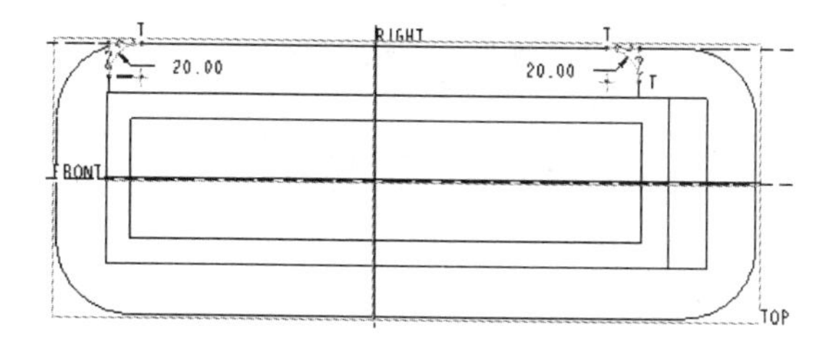

3．拉伸 5 实体效果

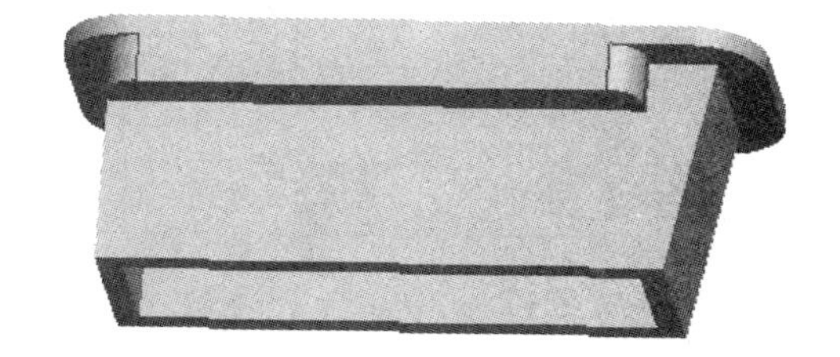

图 7-46　创建拉伸 5 特征

[7] 单击【拉伸】按钮，选择【放置】/【定义】，选择中部侧面，即曲面 F5 为草绘平面，【RIGHT】面为参照，方向选择【右】，单击【草绘】按钮，进入草绘界面。绘制草图及创建拉伸 6 特征，如图 7-47 所示。

1．草绘截面

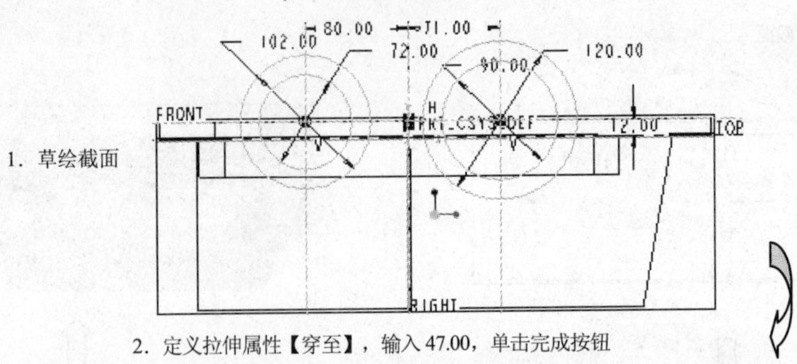

2．定义拉伸属性【穿至】，输入47.00，单击完成按钮

3．拉伸6实体效果

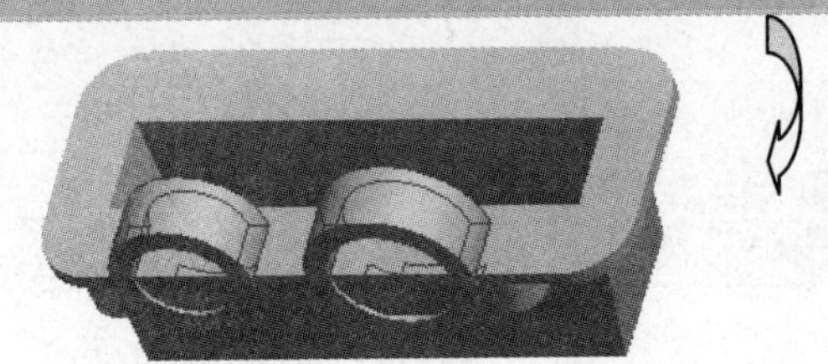

图7-47　创建拉伸6特征

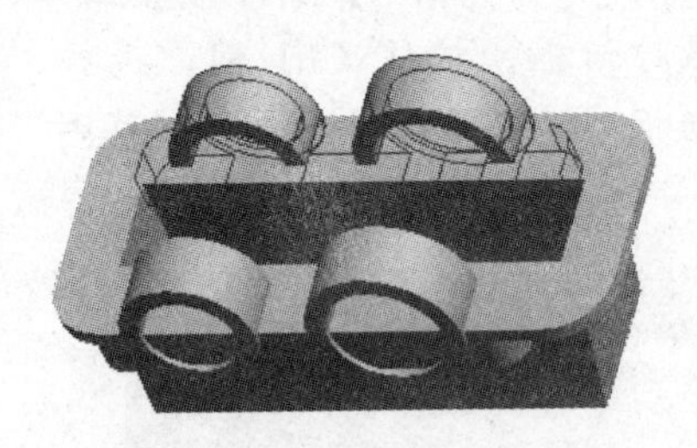

图7-48　镜像效果

[8] 选择【拉伸4】、【拉伸5】和【拉伸6】，单击【镜像】按钮，选择【FRONT】面为镜像平面，得到如图7-48所示镜像效果。

[9] 单击【拉伸】按钮，选择【放置】/【定义】，选择拉伸6外表面，即曲面F10为草绘平面，【RIGHT】面为参照，方向选择【右】，单击【草绘】按钮，进入草绘界面。绘制草图及生成如图7-49所示的特征。

1．草绘截面　　　3．实体效果

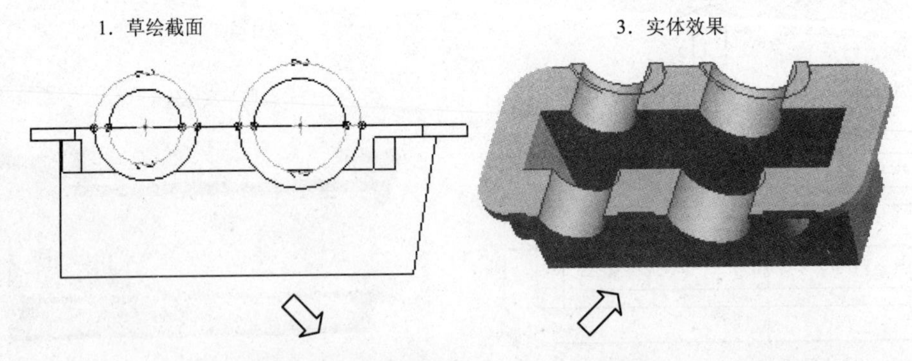

2．定义拉伸属性【穿透】，单击【方向】，单击【去除】，单击完成按钮

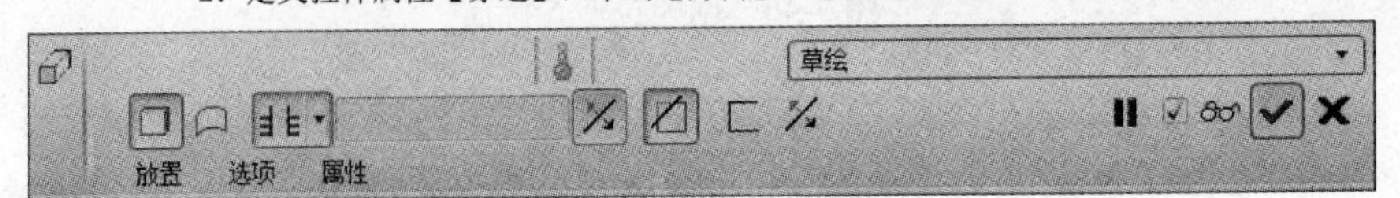

图7-49　螺栓座和轴承孔

[10] 单击【拉伸】按钮，选择【放置】/【定义】，选择中部底面，即曲面 F5 为草绘平面，【曲面 F5】为参照，方向选择【底部】，单击【草绘】按钮，进入草绘界面。绘制草图及生成拉伸 8 实体效果，如图 7-50 所示。

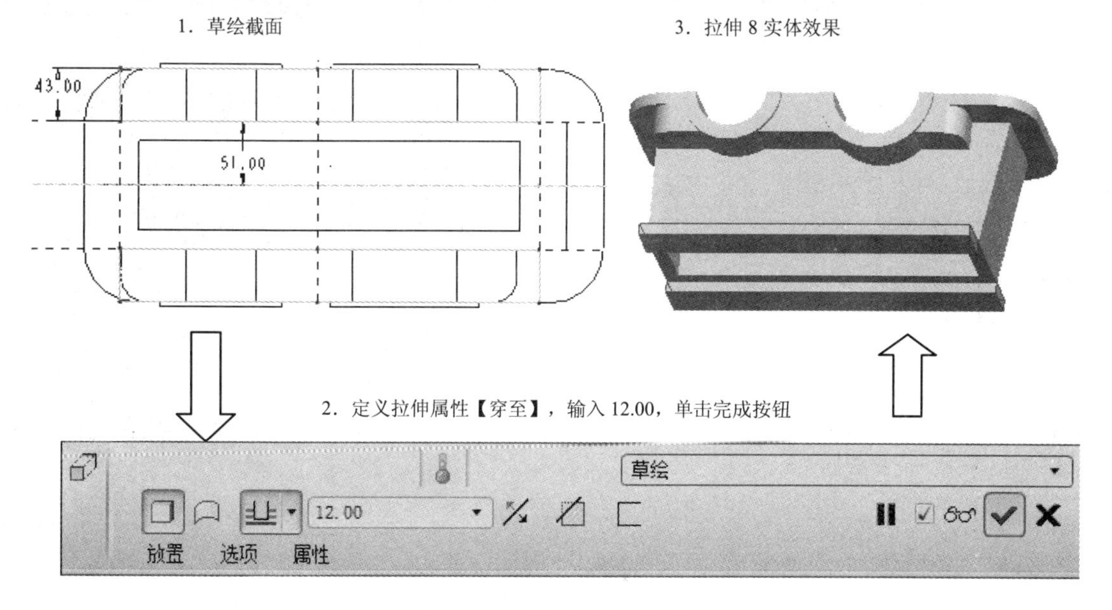

图 7-50　创建拉伸 8 特征

[11] 单击【拉伸】按钮，选择【放置】/【定义】，选择拉伸 8 内侧面，即曲面 F16 为草绘平面，【曲面 F16】为参照，方向选择【顶】，弹出参照对话框，按住 Ctrl 键，选择【RIGHT】面和【TOP】面，然后关闭参照对话框，进入草绘界面。绘制草图及生成拉伸 9 特征，如图 7-51 所示。

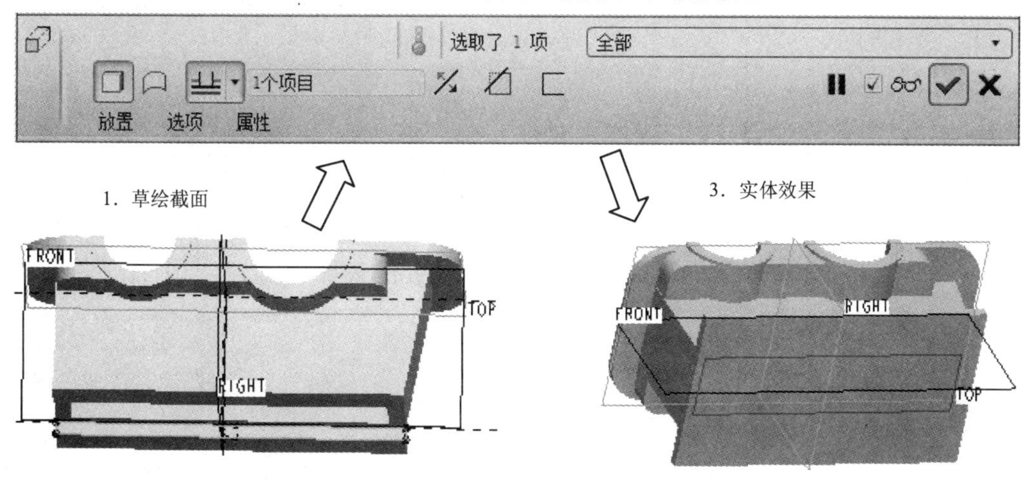

图 7-51　创建拉伸 9 特征

[12] 单击【拉伸】按钮，选择【放置】/【定义】，选择中部侧面，即曲面 F5 为草

绘平面，【曲面 F5】为参照，方向选择【左】，单击【草绘】按钮，进入草绘界面。绘制草图及生成底板底面实体效果，如图 7-52 所示。

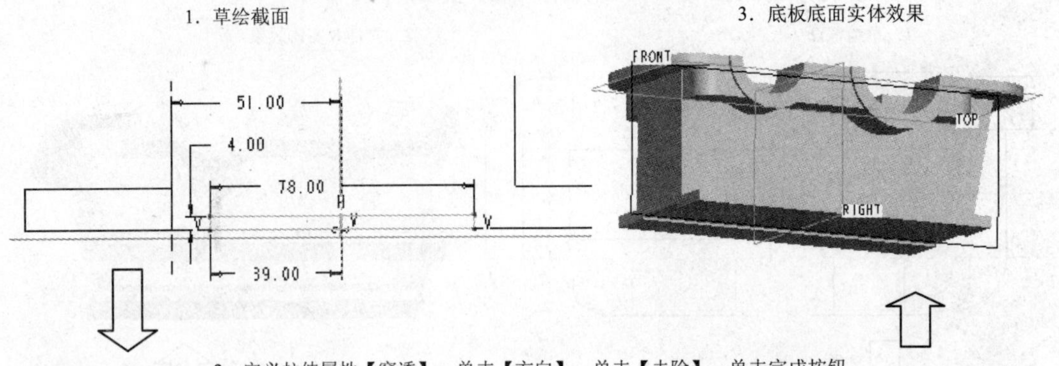

图 7-52　创建底板底面特征

[13] 单击【拉伸】按钮，选择【放置】/【定义】，选择中部侧面，即曲面 F5 为草绘平面，【RIGHT】面为参照，方向选择【右】，单击【草绘】按钮，进入草绘界面。绘制草图及生成筋板拉伸实体效果，如图 7-53 所示。

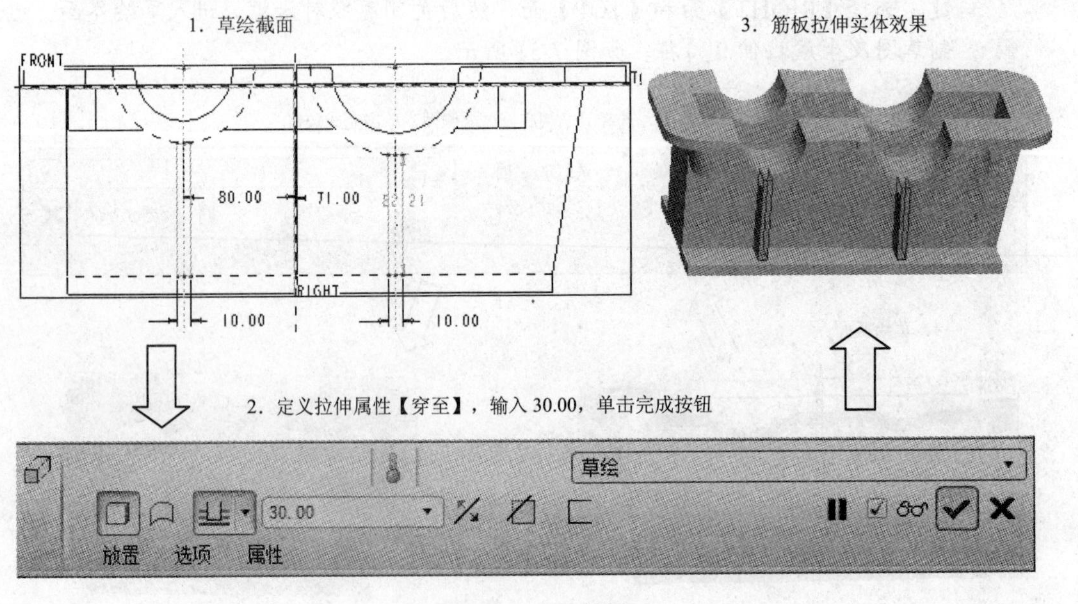

图 7-53　创建筋板

[14] 选择【拉伸 11】，单击【镜像】按钮，选择【FRONT】面为镜像平面，得到如图 7-54 所示镜像筋板效果。

[15] 单击【基准面】，在弹出的基准面对话框中单击【TOP】，在偏移中输入 –50.00，单击【确定】，创建基准面【DTM1】，如图 7-55 所示。

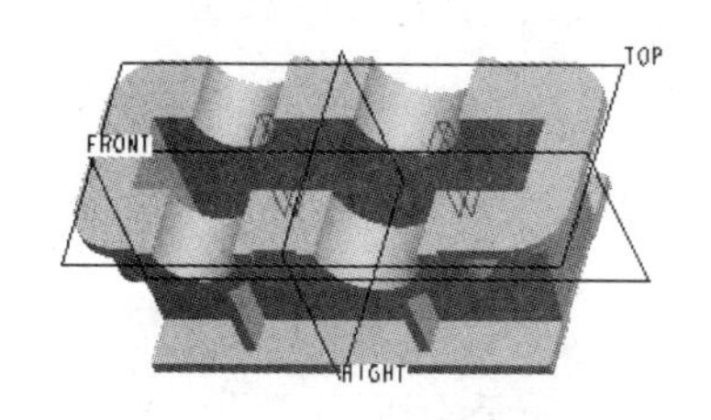

图 7-54 镜像筋板效果

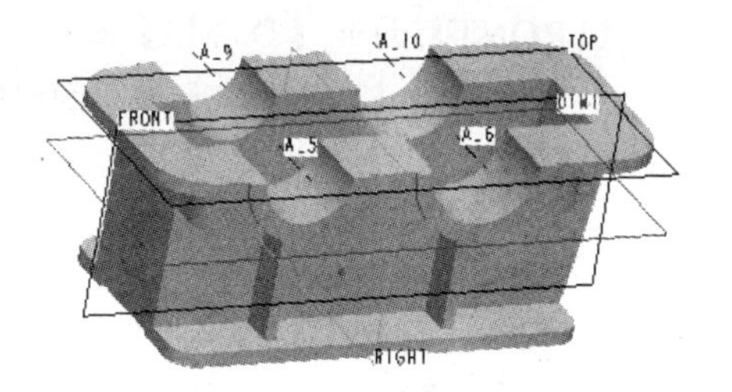

图 7-55 创建基准面【DTM1】

[16] 单击【基准轴】，在弹出的基准轴对话框中参照选择【DTM1】和【中部侧面】，单击【确定】，创建如图 7-56 所示的轴【A_13】。

[17] 单击【基准面】，在弹出的基准面对话框中选择参照选择【DTM1】和【A_9】轴，偏移输入 45.00，单击【确定】，创建如图 7-57 所示基准面【DTM2】。

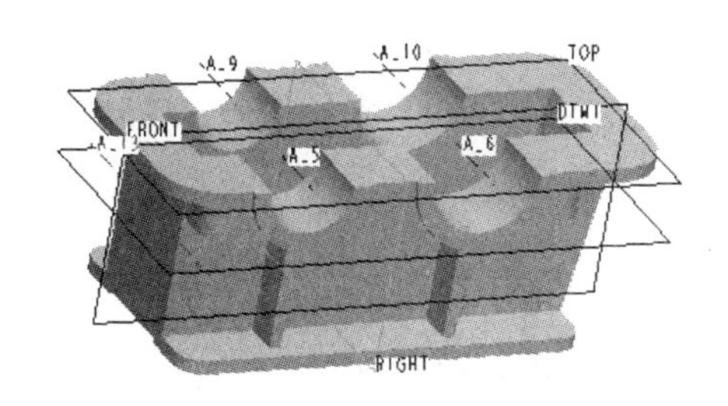

图 7-56 创建基准轴【A_13】

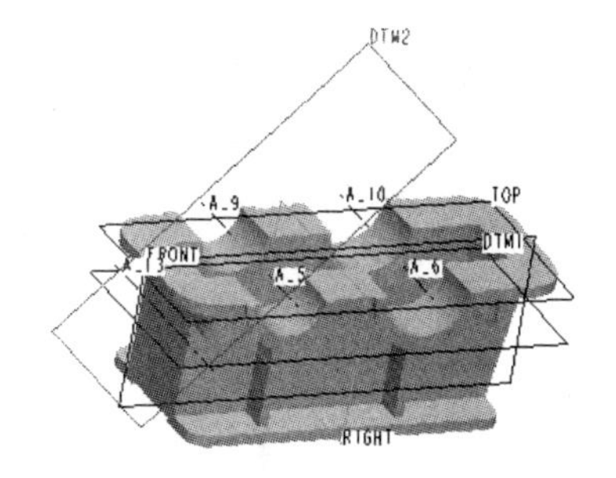

图 7-57 创建基准面【DTM2】

[18] 同理创建基准面【DTM3】，参照选择【DTM1】和【A_9】轴，偏移输入 45.00，如图 7-58 所示。

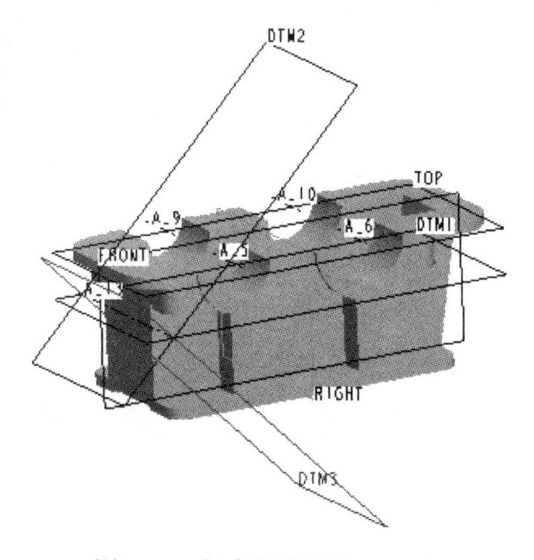

图 7-58 创建基准面【DTM3】

[19] 单击【拉伸】按钮，选择【放置】/【定义】，选择【DTM2】面为草绘平面，【FRONT】面为参照，方向选择【底部】，弹出参照对话框，按住 Ctrl 键，选择【FRONT】面和【DTM3】面，然后关闭参照对话框，进入草绘界面。绘制草图及生成拉伸 12 实体，如图 7-59 所示。

1．草绘截面　　3．拉伸 12 实体效果

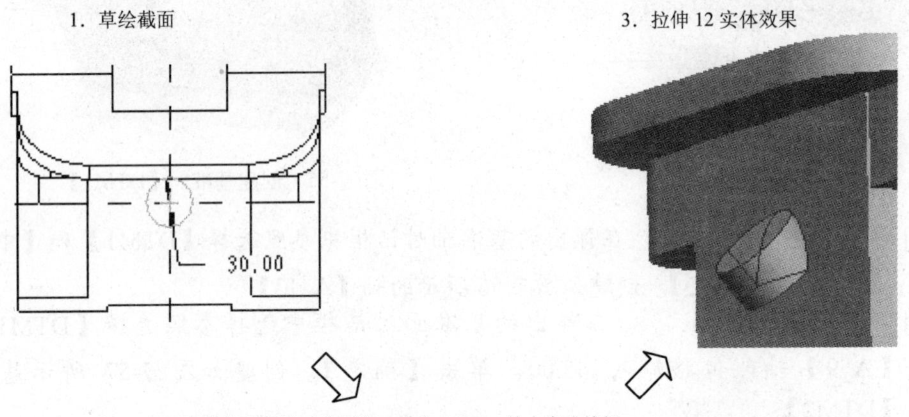

2．定义拉伸属性【穿至】，输入 15.00，单击完成按钮

图 7-59　创建拉伸 12 特征

[20] 单击【拉伸】按钮，选择【放置】/【定义】，选择拉伸 12 的下面，即 F26 为草绘平面，【FRONT】面为参照，方向选择【右】，弹出参照对话框，按住 Ctrl 键，选择【FRONT】面和【DTM3】面，然后关闭参照对话框，进入草绘界面。绘制草图及生成拉伸 13 实体，如图 7-60 所示。

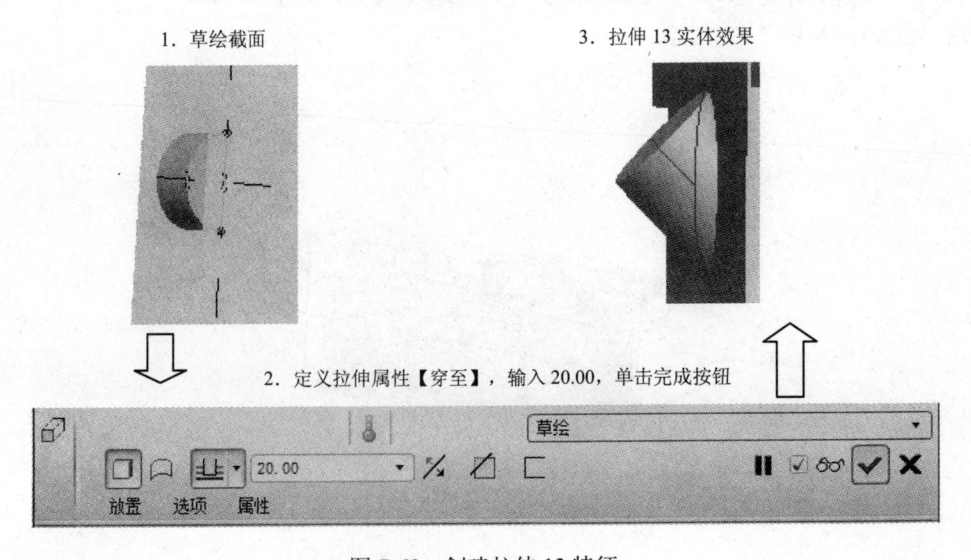

图 7-60　创建拉伸 13 特征

[21] 单击【孔】，在【放置】中单击拉伸 12 上表面，选择次参照【FRONT】和【DTM3】，选择【螺纹孔】，选择【M8×1】，选择【穿至】，输入 40.00，选择【沉头孔】，单击完成按钮，得到如图 7-61 所示的油位孔实体效果。

1. 选择【螺纹孔】，选择【M8×1】，选择【穿至】，输入 40.00，选择【沉头孔】，单击完成按钮

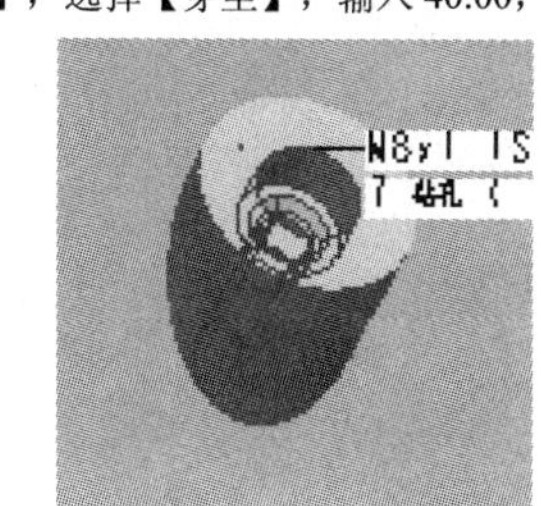

2. 油位孔实体效果

图 7-61　创建油位孔特征

[22] 单击【拉伸】按钮，选择【放置】/【定义】，选择中部侧面，即曲面 F5 为草绘平面，【曲面 F5】为参照，方向选择【左】，单击【草绘】按钮，进入草绘界面。绘制草图及生成拉伸 14 实体效果，如图 7-62 所示。

2. 定义拉伸属性【穿至】，输入 5.00，单击完成按钮

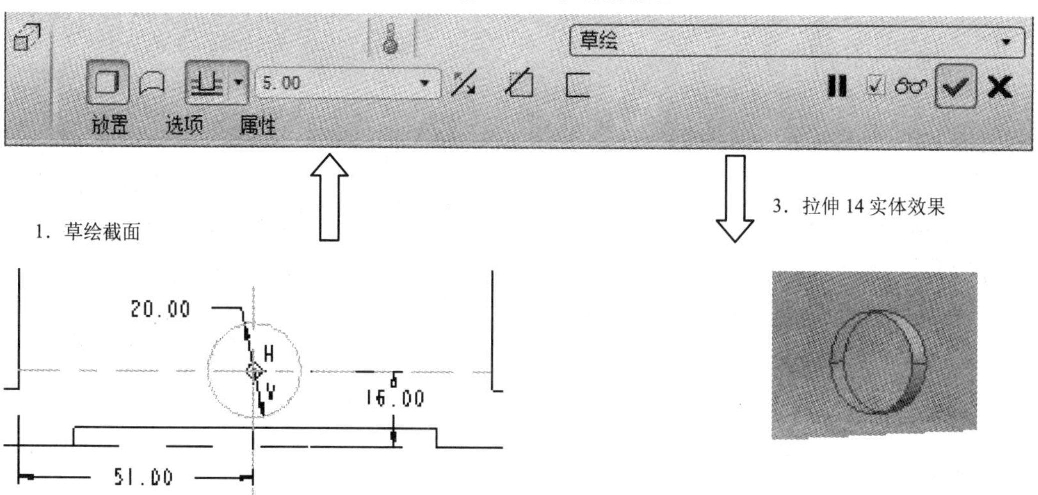

图 7-62　创建拉伸 14 特征

[23] 单击【孔】，在【放置】中单击拉伸 14 上表面，选择次参照【FRONT】和【TOP】，然后在孔操控面板中选择【螺纹孔】，选择【M6×1】，选择【穿至】，输入 20.00，选择【沉头孔】，单击完成按钮。创建如图 7-63 所示的出油孔实体。

1．选择【螺纹孔】，选择【M6×1】，选择【穿至】，输入20.00，选择【沉头孔】，单击完成按钮

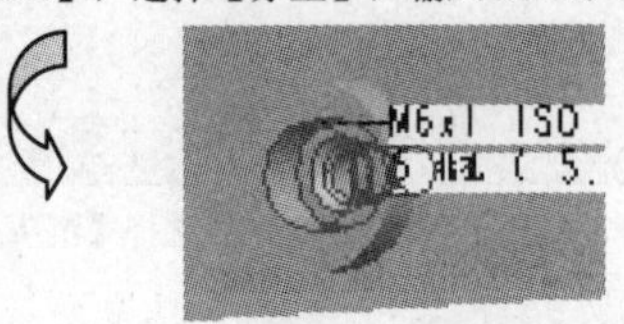

2．出油孔实体效果

图7-63　创建出油孔

[24] 创建安装螺纹孔、倒圆角、倒角，隐藏图层，读者可参考上箱体的操作执行。创建后图形效果如图7-64所示。

图7-64　建立各种安装孔特征

[25] 单击【拉伸】按钮，选择【放置】/【定义】，选择连接板上表面，即曲面F6为草绘平面，【曲面F5】为参照，方向选择【顶】，单击【草绘】按钮，进入草绘界面。绘制草图及生成拉伸17实体效果，如图7-65所示。

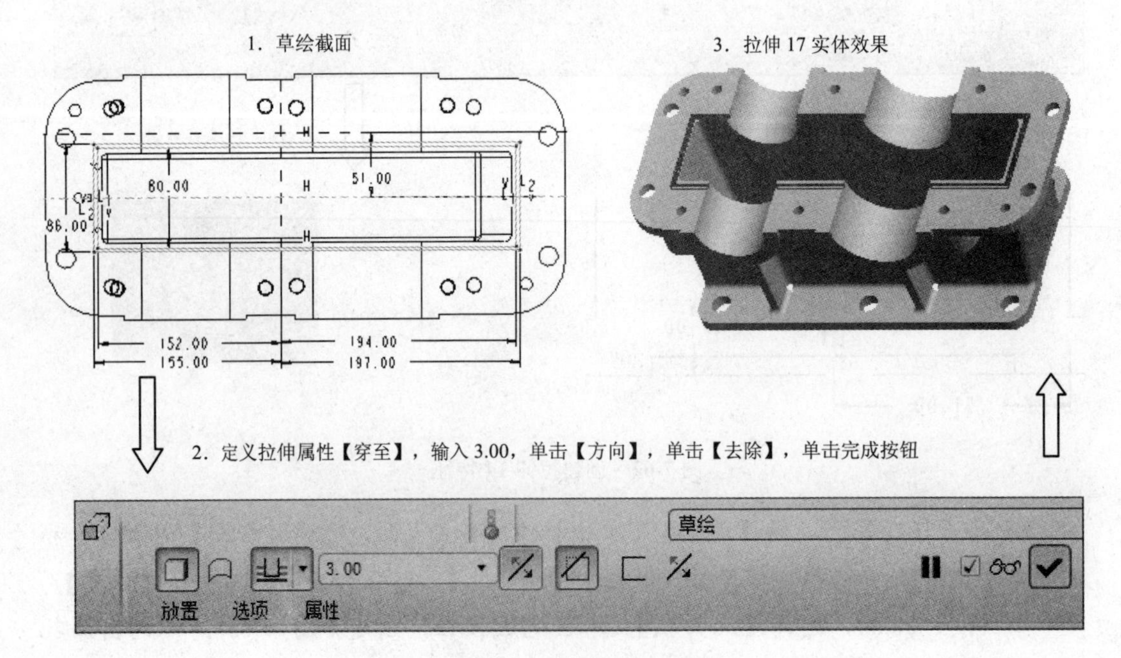

图7-65　创建拉伸17特征

[26] 对润滑油槽进行必要的倒圆角处理，整体图形效果如图 7-66 所示。

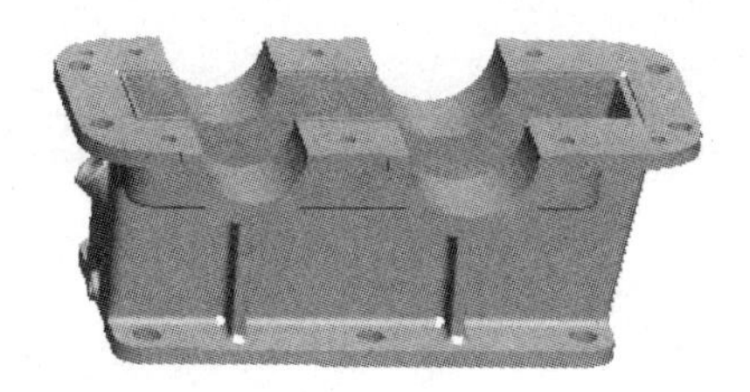

图 7-66　下箱体造型设计

至此完成了一级圆柱齿轮减速器下箱体的三维模型设计。

7.4 思考与练习

1. 思考题

（1）简述简单箱体与复杂箱体在造型设计时的异同点。

（2）在箱体设计中，基准面的选择对造型设计的作用是什么？

2. 操作题

设计一个二级圆柱齿轮减速器上箱体，其三维模型如图 7-67 所示。

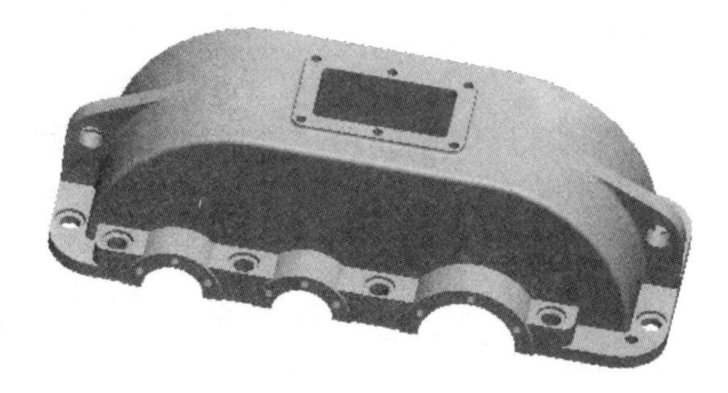

图 7-67　二级圆柱齿轮减速器上箱体三维模型

【操作提示】

- 新建文件，并进入零件绘制环境。
- 创建二级齿轮减速器上箱体上顶部。
- 创建螺栓座。
- 创建轴承孔。
- 创建检修孔。
- 创建安装孔和定位销孔。
- 创建图层并隐藏图层。
- 进行必要的倒圆角和倒角。

第 8 章

装配特征建模

零件设计只是产品开发过程中一个简单、基本的操作过程，为了满足机器的使用要求和实现设计功能，往往需要进行装配设计。装配设计是在零件设计的基础上，进一步对零件组合或配合，Pro/E 的装配建模模块，即组件模块为设计提供了基于三维模型的装配工具和手段。

本章主要介绍 Pro/E 装配建模模块的装配功能，并通过实例讲解 Pro/E 的装配设计。

8.1 装配建模概述

组件是指由多个零件或零部件按一定的约束关系而构成的装配件，组件中的零件称为元件，零件装配是通过定义零件模型之间的装配约束来实现的，可见，装配设计的重点不在几何造型的设计上，而在于确立各个被装配的元件之间的空间位置关系。

零件装配设计的操作步骤如下。

1．进入装配建模界面创建组件

单击【新建】按钮，选择组件类型，输入文件名，不使用默认模板，单击【确定】将模板设置为【mmns_asm_design】，其单位为【米制】，单击【确定】按钮。

2．元件操作

选择【插入】/【元件】命令或在面板上选择【工程特征工具栏】按钮，各选项意义如下。

- 【装配】——将元件添加到组件上。
- 【创建】——在组件模式下创建元件。
- 【封装】——在没有严格放置规范的情况下向组件添加元件。
- 【包括】——在活动组件中包括未放置的元件。
- 【挠性】——向所选的组件添加挠性元件。

3．元件放置

（1）选择【插入】/【元件】/【装配】命令或单击【工程特征工具栏】中【装配】按

钮，选择文件 luoshuan.prt，单击 打开 按钮，在装配操控面板中直接单击确定按钮。

（2）选择【插入】/【元件】/【装配】命令或单击【装配】按钮，选择文件 luomu.prt，单击 打开 按钮，定义【放置】，单击完成按钮。

> 提醒：在元件装配过程中，非常关键的步骤就是定义放置。装配设计就是一个一个添加元件的过程。

4. 定义放置

定义放置包括选择约束类型和偏移设置等。第一步，对齐约束，分别单击【螺母端面】和【螺栓头端面】，对齐定义面。第二步，对齐约束，分别单击【螺母轴线】和【螺栓轴线】，对齐定义轴。

具体步骤如图 8-1 所示，完成了螺栓、螺母的装配。

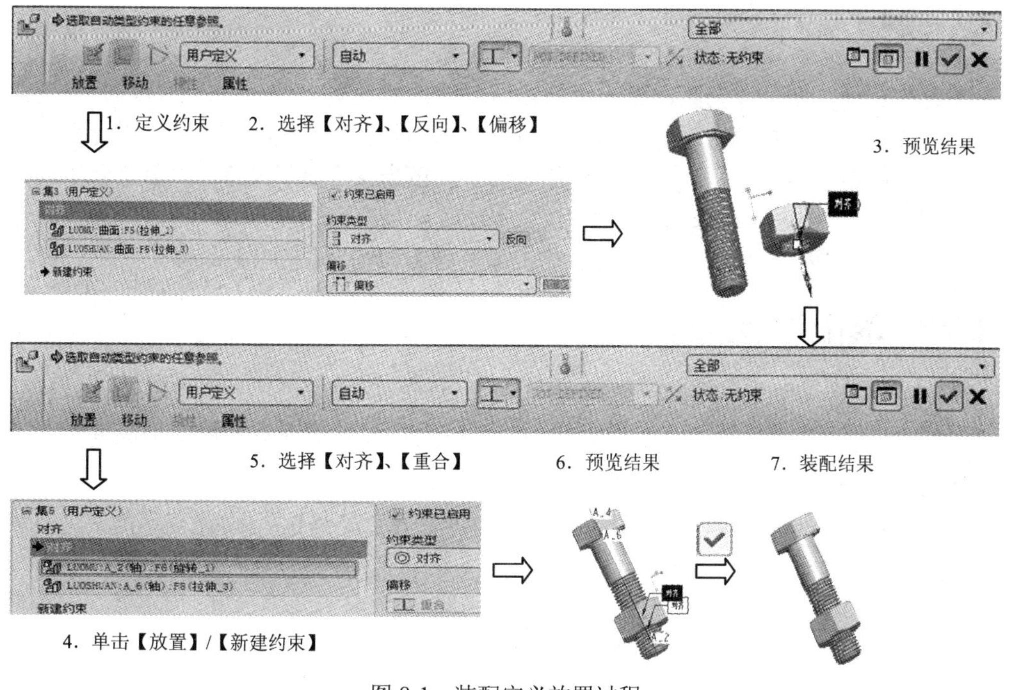

图 8-1　装配定义放置过程

> 提醒：一个一个添加元件时，需要按照一定的约束关系进行添加。一种装配往往需要多个约束组合才能实现，所以应熟悉新建约束操作。

8.1.1 装配约束类型

装配设计在执行元件放置时，需要定义约束类型、偏移类型以及增减约束等，具体含义如下所述。

各项约束类型的意义如下。

- 【自动】——基于所参照的自动约束。
- 【匹配】——将一个元件残渣与组件参照配对。
- 【对齐】——将元件参照与组件参照对齐。
- 【插入】——将元件参照插入组件参照中。
- 【坐标系】——将一个元件坐标系与组件坐标系对齐。
- 【相切】——将一个曲面定位于组件参照相切。
- 【线上点】——将点与线对齐。
- 【曲面上的点】——将点与曲面对齐。
- 【曲面上的边】——将边与曲面对齐。
- 【固定】——将元件固定到当前位置。
- 【缺省】——在缺省位置装配元件。

约束类型中比较常用的是匹配、对齐、插入约束类型。

偏移选项的意义如下。

- 【偏距】——将元件偏移放置到组件参照。
- 【定向】——将元件参照定向到组件参照。
- 【重合】——将元件放置于和组件参照重合的位置。

在进行零件装配设计时，通常需要多个约束，才能达到完全约束状态的设计要求，这时需要增加新的约束，在【元件放置】对话框中，单击【新建约束】，就会重新出现默认的【自动】状态，再进行约束的定义即可。

对于多余的约束，可选择【约束】，单击【右键】，选择【删除】即可。

8.1.2 装配连接类型

当设计的装配为机构设备时，构件间具有相对运动的特点，如平移运动、旋转运动时，可以选择连接类型。单击【装配】/【用户定义】，可以建立装配模型中的连接关系。按照自由度的不同将连接分成8种类型。

- 【刚性】——两个元件的连接属于刚体连接，自由度为0，元件之间不能相对运动。
- 【销钉】——销钉连接的自由度为1，两个元件的运动方式为绕着同一条轴线旋转。
- 【滑动杆】——滑动杆连接的自由度为1，两个元件的运动方式为沿着同一条直线作平移。
- 【圆柱】——圆柱连接的自由度为1，两个元件的运动方式为沿着同一条轴线作旋转或平移。
- 【平面】——平面连接的自由度为2，两个元件的运动方式为在同一平面上作任意的二维平面运动，还可以绕该平面法线作旋转。
- 【球】——球连接的自由度为3，两个元件的运动方式为可绕着一点自由旋转。
- 【焊接】——连接的自由度为0，两个元件刚性地连接在一起。
- 【轴承】——轴承连接的自由度为4，这是滑动杆和球连接方式的组合。元件可以自由旋转，并可沿某轴作平移运动。

8.2 装配零件分解图

装配体的分解视图也称爆炸视图，就是将装配体中的各个元件沿着直线或坐标轴移动或旋转，使各个单体零件从部件的装配体中分解出来，从而较直观地看出装配组件的组成和结构。装配零件的分解视图可分为默认分解和定义分解。

1. 默认分解

完成模型装配体组件后，创建分解视图时，系统将按照默认方式分解操作，称为默认分解。默认分解的不足就是有时并不能准确表现各个单体元件间的装配关系。

其操作过程如图 8-2 所示。

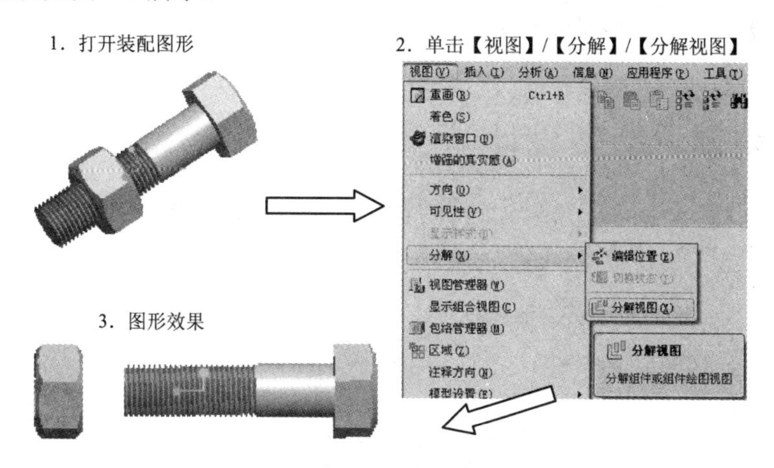

图 8-2　默认分解

2. 定义分解

执行分解操作时，通常修改分解位置，不仅可定义多个分解视图，也可为装配体的视图设置理想的分解状态，称为定义分解。

其操作过程如图 8-3 所示。

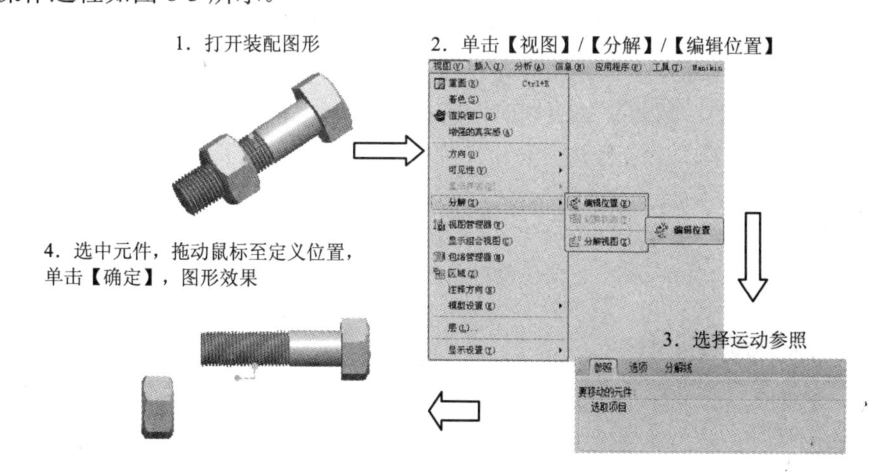

图 8-3　分解装配视图

其中，运动类型中各选项含义如下。

- 【平移】——拖动元件在移动参照方向上移动。
- 【复制位置】——复制一个元件的移动方式来定义另一个元件的移动方式。
- 【缺省分解】——选取元件到默认的位置。
- 【重置】——把移动的元件恢复到初始位置。

运动参照的各选项含义如下。

- 【视图平面】——选择当前视图平面为参照。
- 【选取平面】——选择某平面为移动的参照。
- 【图元/边】——选择一个边或选择某图元作为移动的参照。
- 【平面法向】——选择某平面的法线方向为移动的参照。
- 【两点】——选择装配体两点连线作为移动的方向。
- 【坐标系】——选择某坐标系的某个轴作为移动的参照。

8.3 滚动轴承造型设计

滚动轴承的基本结构如图 8-4 所示，它由带有滚道的内圈、外圈、滚动体（球或滚子）和隔开并导引滚动体的保持架等零件组成。

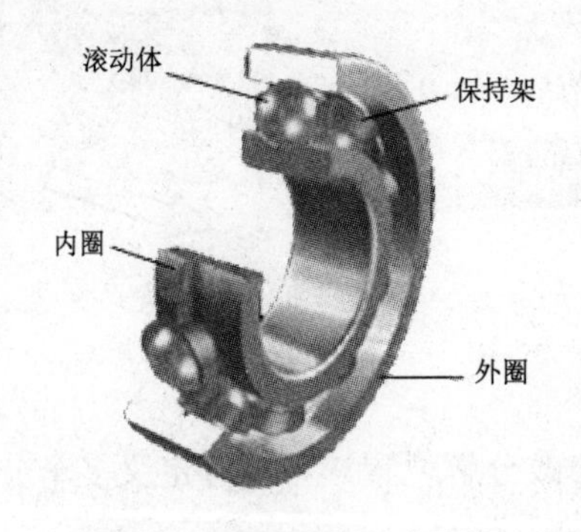

图 8-4　滚动轴承基本结构

有些轴承可以少用一个套圈（内圈和外圈），或者内、外圈两个都不用，滚动体直接沿滚道滚动。内圈装在轴颈上，外圈装在轴承座中。通常内圈随轴回转，外圈固定，但也有外圈回转而内圈不动，或内、外圈同时回转的情况。

常用的滚动体有球、圆柱滚子、滚针、圆锥滚子、球面滚子、非对称球面滚子等几种类型。轴承内、外圈的滚道有限制滚动体侧向位移的作用。

轴承各个组件的结构多为中心对称，所以可考虑采用旋转特征创建各个单体模型，然后再组装成滚动轴承的装配体，来完成整个轴承的造型设计。

8.3.1 深沟球轴承

设计要求

拟设计一个滚动轴承 6206（GB/T276—94），其结构与尺寸如图 8-5 和表 8-1 所示。

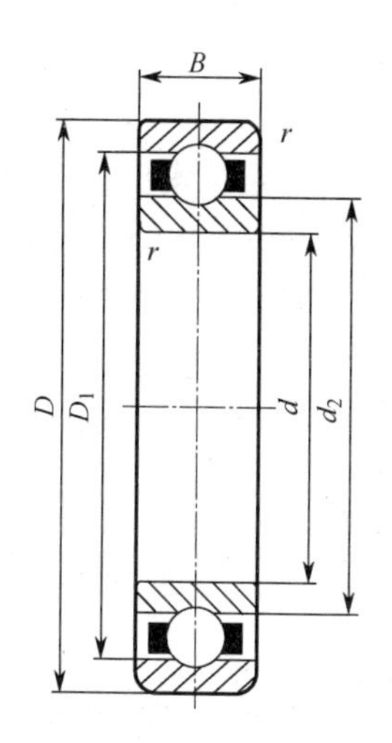

图 8-5 滚动轴承结构图

表 8-1 滚动轴承（GB/T276—94）

轴承代号	基本尺寸 d（mm）	基本尺寸 D（mm）	基本尺寸 B（mm）	安装尺寸 d_{amin}（mm）	安装尺寸 d_{amax}（mm）	安装尺寸 r_{asmax}（mm）
6405	25	80	21	34	71	1.5
61806	30	42	7	32.4	39.6	0.3
16006		55	9	32.4	52.6	0.3
6206		62	16	36	56	1
6406		90	23	39	81	1.5

设计思路

（1）设计各个单体零件，如内圈零件，如滚动球体零件、保持架零件和外圈零件；
（2）装配各个单体零件；
（3）阵列滚动球体零件。

设计过程

滚动轴承的设计分成如下步骤来完成。

步骤 1. 创建球轴承 6206 内圈零件造型设计并保存文件 gdqneiquan.prt。

[1] 单击【新建】按钮，或选择菜单【文件】/【新建】命令，选择【零件】，输入文件名【gdqneiquan.prt】，不选择□使用缺省模板，单击确定按钮，将模板设置为【mmns_part_solid】，其单位为【米制】，单击确定按钮，进入零件创建界面。

[2] 单击【旋转】按钮，或选择菜单【插入】/【旋转】命令，单击位置中的定义...按钮；选择草绘平面【RIGHT】、参照面【TOP】、方向【左】，单击草绘按钮，进入草绘环境，绘制如图 8-6 所示的旋转截面和旋转轴线。

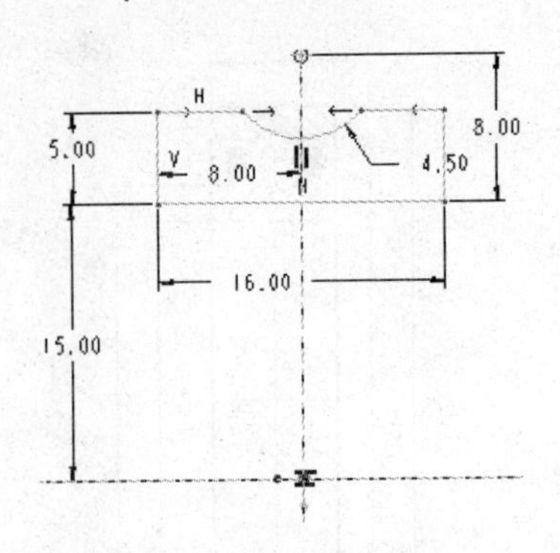

图 8-6　绘制旋转截面和旋转轴线

[3] 单击完成按钮✓，进入旋转设置操控面板。然后按照如图 8-7 所示进行操作。

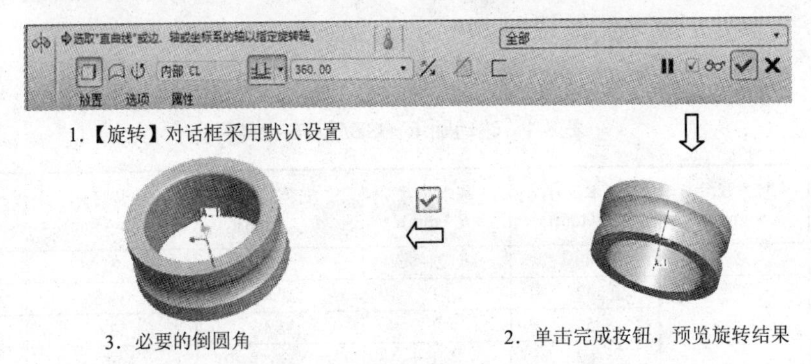

图 8-7　建立旋转特征并倒角

步骤 2. 创建滚动球轴承保持架零件造型设计，并保存文件 gdqbaochijia.prt。

[1] 单击【新建】按钮，或选择菜单【文件】/【新建】命令，选择【零件】，输入文件名【gdqbaochijia.prt】，不选择□使用缺省模板，单击确定按钮，将模板设置为【mmns_part_solid】，其单位为【米制】，单击确定按钮，进入零件创建界面。

[2] 单击【旋转】按钮，或选择菜单【插入】/【旋转】命令，单击位置中的定义...按钮；选择草绘平面【RIGHT】、参照面【TOP】、方向【左】，单击草绘按钮，进入草绘环境，绘制如图 8-8 所示的旋转截面和旋转轴线。

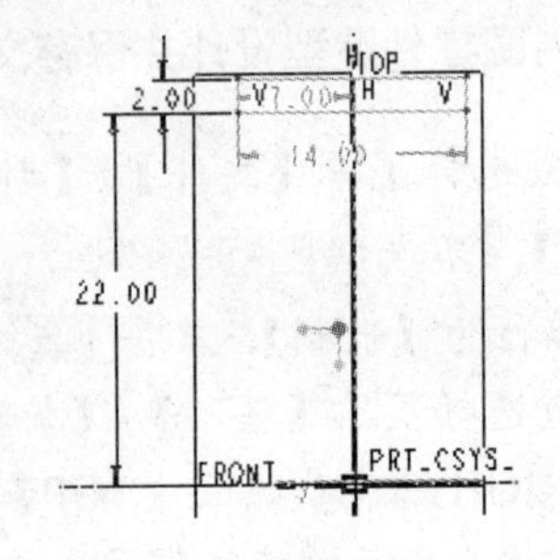

图 8-8　绘制旋转截面和旋转轴线

[3] 单击完成按钮✓，进入旋转设置操控面板。然后按照如图 8-9 所示进行操作。

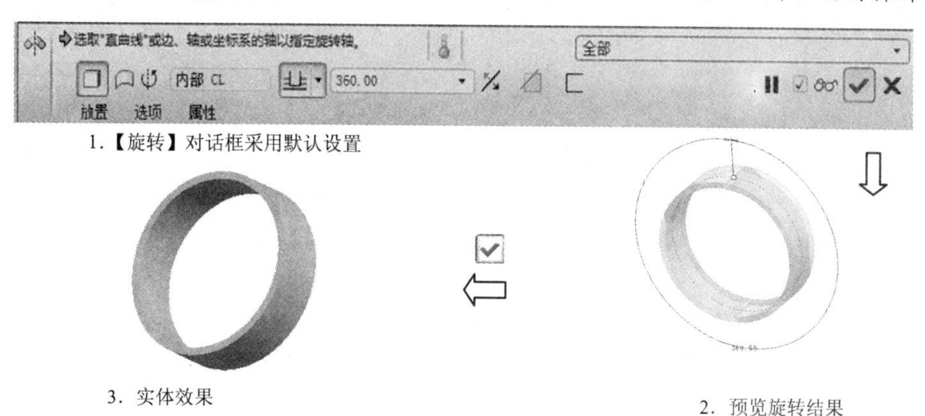

图 8-9　建立旋转特征

[4] 单击【旋转】按钮，或选择菜单【插入】/【旋转】命令，单击 位置 中的 定义... 按钮；选择草绘平面【RIGHT】、参照面【TOP】、方向【左】，单击 草绘 按钮，进入草绘环境，绘制如图 8-10 所示的旋转截面和旋转轴线。

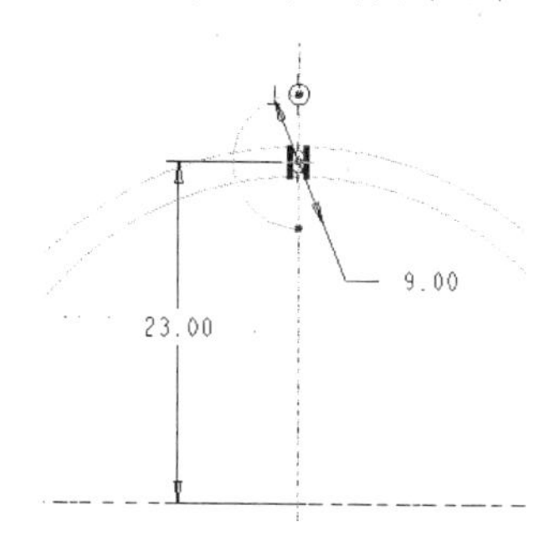

图 8-10　绘制旋转截面和旋转轴线

[5] 单击完成按钮✓，进入旋转设置操控面板。然后按照图 8-11 所示进行操作。

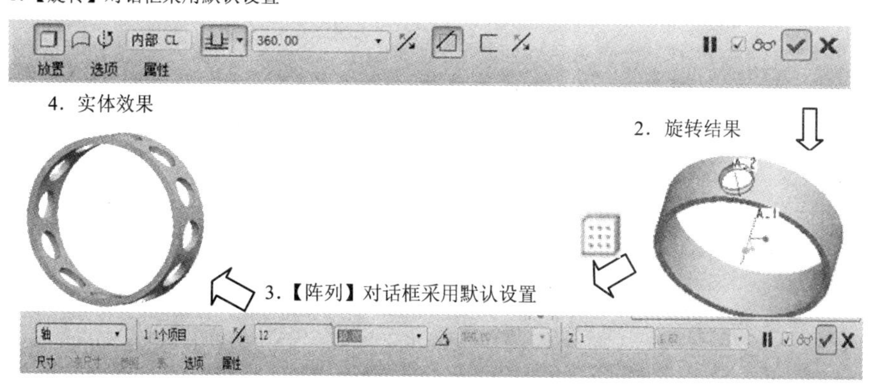

图 8-11　创建旋转及阵列特征

步骤 3．创建滚动球轴承滚动球体三维造型设计，并保存文件 gdqqiu. prt。

[1] 单击【新建】按钮，或选择菜单【文件】/【新建】命令，选择【零件】，输入文件名【gdqqiu.prt】，不选择□使用缺省模板，单击确定按钮，将模板设置为【mmns_part_solid】，其单位为【米制】，单击确定按钮，进入零件创建界面。

[2] 单击【旋转】按钮，或选择菜单【插入】/【旋转】命令，单击位置中的定义...按钮；选择草绘平面【RIGHT】、参照面【TOP】、方向【左】，单击草绘按钮，进入草绘环境，绘制如图 8-12 所示的旋转截面和旋转轴线。

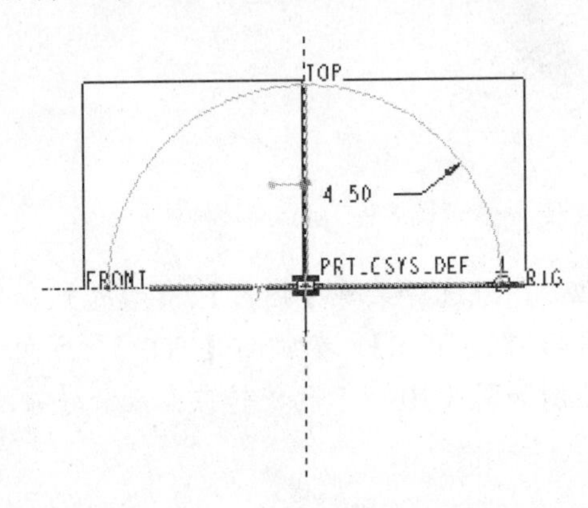

图 8-12　绘制旋转截面和旋转轴线

[3] 单击完成按钮，进入旋转设置操控面板。然后按照如图 8-13 所示进行操作。

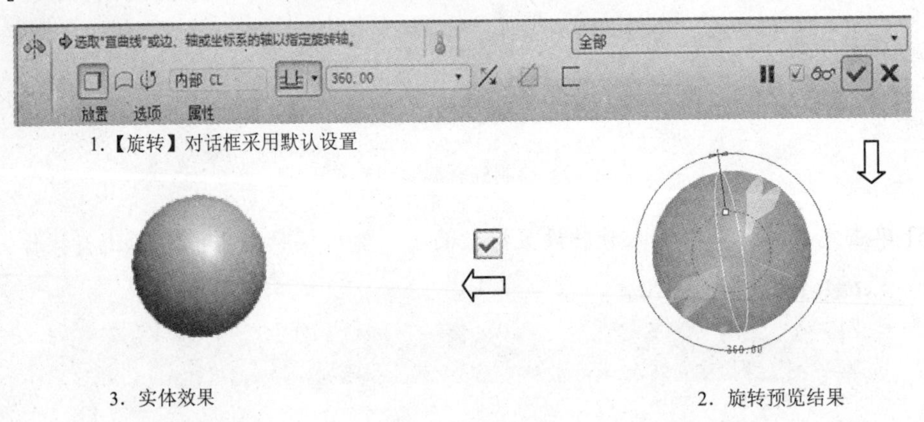

图 8-13　建立旋转特征

步骤 4．创建滚动球轴承外圈三维造型设计，并保存文件 gdqwaiquan. prt。

[1] 单击【新建】按钮，或选择菜单【文件】/【新建】命令，选择【零件】，输入文件名【gdqwaiquan.prt】，不选择□使用缺省模板，单击确定按钮，将模板设置为【mmns_part_solid】，其单位为【米制】，单击确定按钮，进入零件创建界面。

[2] 单击【旋转】按钮，或选择菜单【插入】/【旋转】命令，单击位置中的定义...

按钮；选择草绘平面【RIGHT】、参照面【TOP】、方向【左】，单击草绘按钮，进入草绘环境，绘制如图 8-14 所示的旋转截面和旋转轴线。

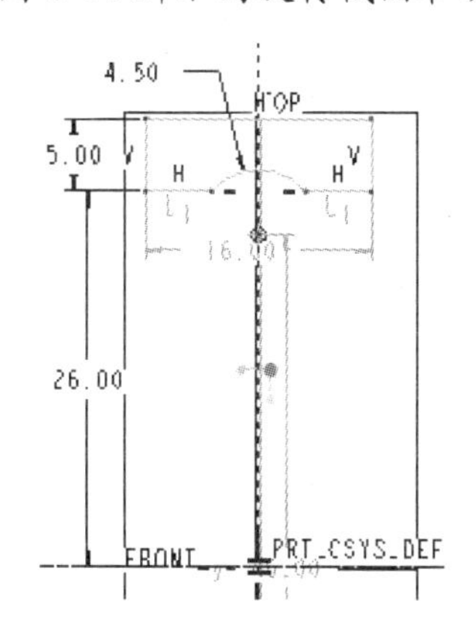

图 8-14 绘制旋转截面和旋转轴线

[3] 单击完成按钮✓，进入旋转设置操控面板。然后按照如图 8-15 所示进行操作。

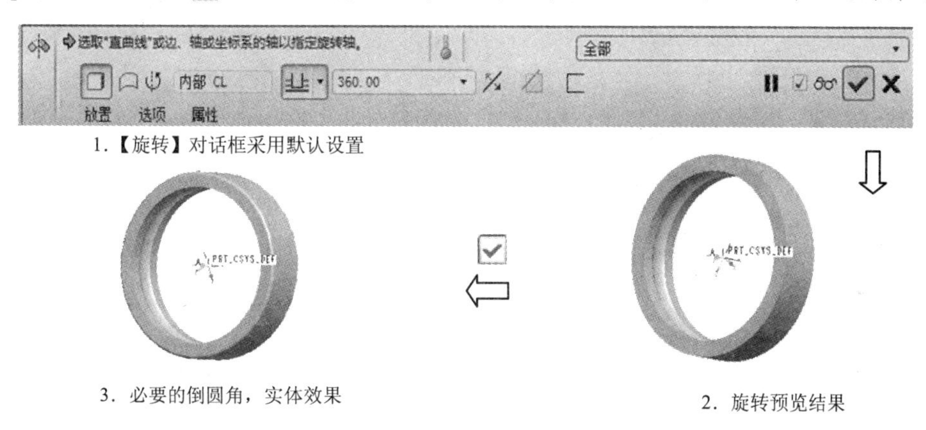

图 8-15 建立旋转特征并倒角

步骤 5．装配滚动球轴承。

[1] 单击【新建】按钮，或选择菜单【文件】/【新建】命令，选择【组件】，输入文件名【gdqzhuangpei】，不选择□使用缺省模板，单击确定按钮，将模板设置为【mmns_asm_design】，其单位为【米制】，单击确定按钮，进入组件创建界面。

[2] 选择【插入】/【元件】/【装配】命令或单击工程特征工具栏中【装配】按钮，选择文件 gdqbaochijia.prt，单击【打开】按钮，在装配操控面板中直接单击✓按钮。

[3] 选择【插入】/【元件】/【装配】命令或单击工程特征工具栏中【装配】按钮，选择文件 gdqqiu.prt，单击打开按钮，在装配操控面板中，选择【两个曲面】，按照如图 8-16 所示进行操作，完成第一步配对约束。

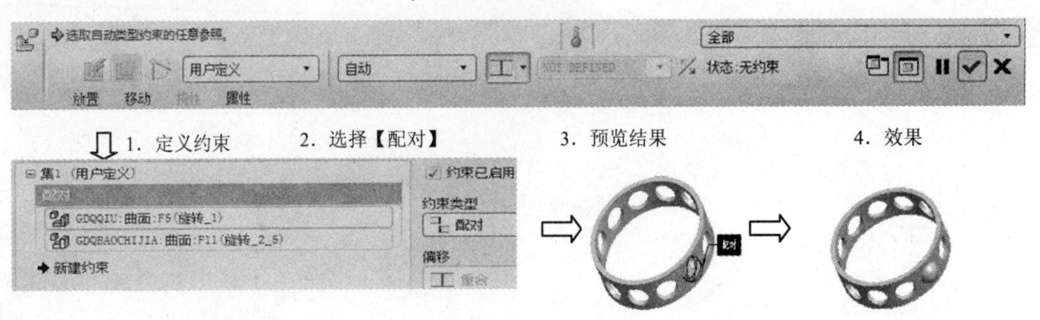

图 8-16　元件装配配对约束

[4] 选中滚动体，单击【阵列】按钮，阵列操作如图 8-17 所示。

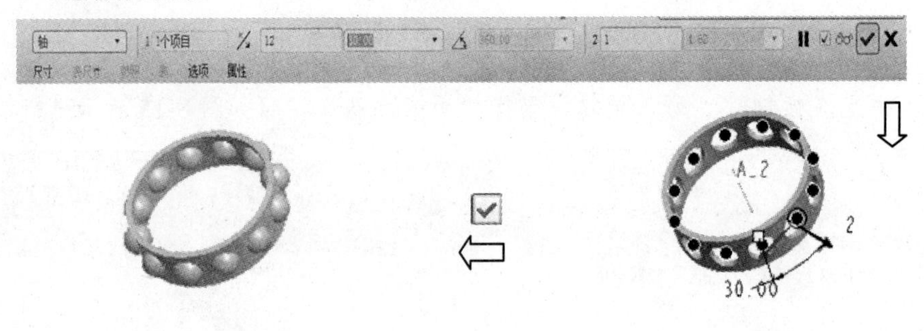

图 8-17　滚动体的阵列

提醒：选择【轴】阵列，选择【A_1】轴后，在轴阵列操控面板中输入【数量】为 12 和【角度】为 30.00，单击按钮，生成阵列。

[5] 选择【插入】/【元件】/【装配】命令或单击工程特征工具栏中【装配】按钮，选择文件 gdqneiquan.prt，单击【打开】按钮，在装配操控面板中，选择【两个面】，按照图 8-18 所示进行操作，完成对齐约束。

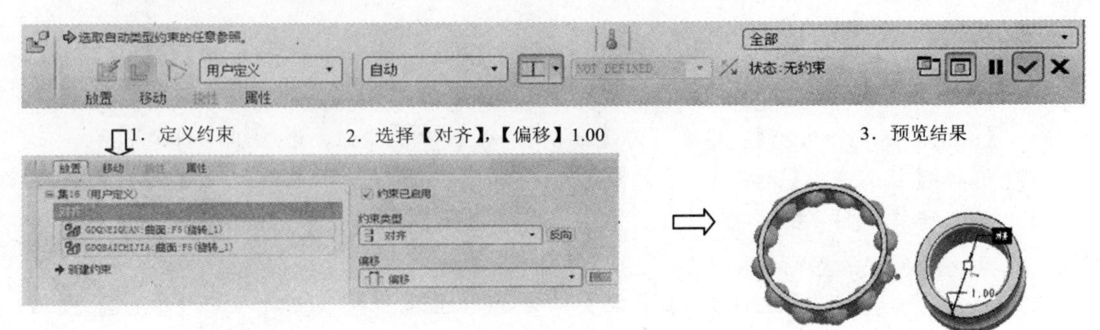

图 8-18　保持架和内圈的对齐约束

[6] 单击【放置】/【新建约束】/【对齐】，创建内圈和保持架的轴线的对齐约束。操

作步骤如图 8-19 所示。

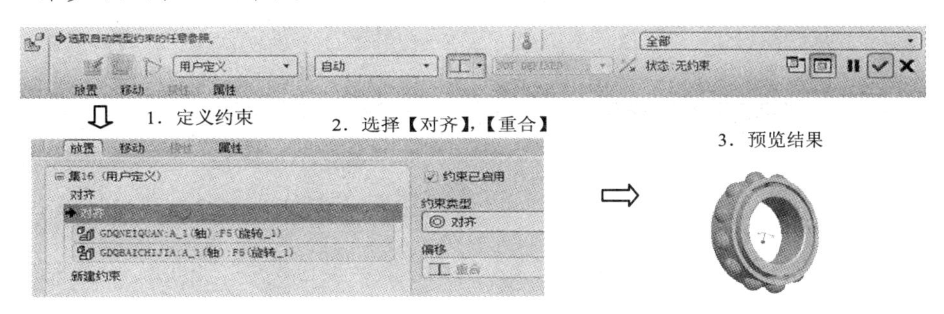

图 8-19 内圈和保持架的轴线对齐约束

[7] 选择【插入】/【元件】/【装配】命令或单击工程特征工具栏中【装配】按钮，选择文件 gdqwaiquan.prt，单击 打开 按钮，在装配操控面板中，选择【两个面】，按照图 8-20 所示进行操作，完成对齐约束。

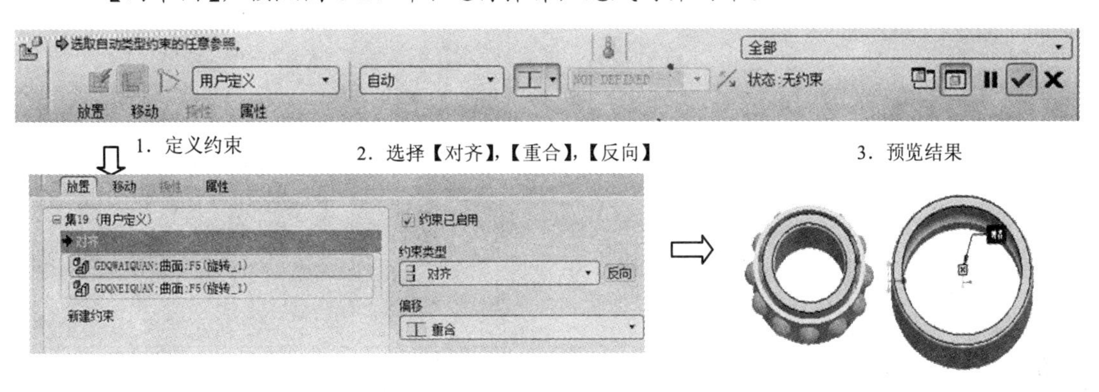

图 8-20 内外圈的对齐约束

[8] 单击【放置】/【新建约束】/【对齐】，创建内圈和外圈的轴线的对齐约束。操作步骤如图 8-21 所示。

图 8-21 新建对齐约束

📖 提醒：滚动球轴承的装配设计顺序建议为，先装配保持架和滚动球体，阵列滚动球体，再分别装配内圈和外圈。

8.3.2 圆柱滚子轴承

设计要求

拟设计一个圆柱滚子轴承 N208E（GB/T283—84），其结构与尺寸如图 8-22 和表 8-2 所示。

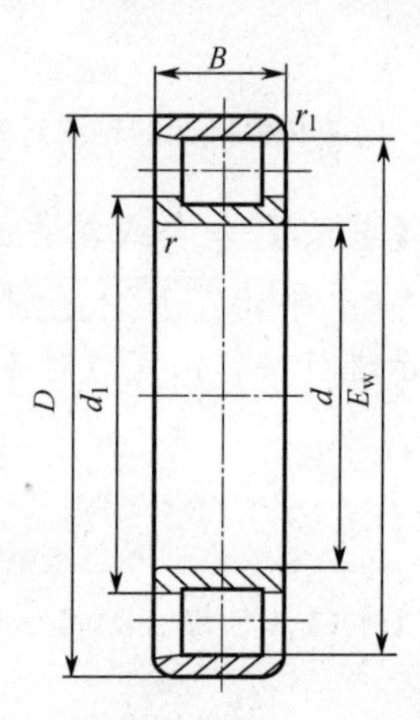

图 8-22　圆柱滚子轴承结构图

表 8-2　圆柱滚子轴承（GB/T276—94）

轴承代号	基本尺寸 d（mm）	基本尺寸 D（mm）	基本尺寸 B（mm）	基本尺寸 r_{min}（mm）	基本尺寸 R_{1min}（mm）	基本尺寸 E_w（mm）
N1008	40	68	15	1	0.6	61
N208E		80	7	1.1	1.1	71.5
N2208		80	23	1.1	1.1	70
N308		90	23	1.5	1.5	77.5

设计思路

（1）设计各个单体零件，如内圈零件、滚动圆柱零件、保持架零件和外圈零件；
（2）装配各个单体零件；
（3）阵列滚动圆柱零件。

设计过程

圆柱滚子轴承的设计分成如下步骤来完成。

步骤 1. 创建圆柱滚子轴承 N208E 内圈零件造型设计并保存文件 yzhgneiquan.prt。

[1] 单击【新建】按钮，或选择菜单【文件】/【新建】命令，选择【零件】，输入

文件名【yzhgneiquan.prt】，不选择☐使用缺省模板，单击确定按钮，将模板设置为【mmns_part_solid】，其单位为【米制】，单击确定按钮，进入零件创建界面。

[2] 单击【旋转】按钮，或选择菜单【插入】/【旋转】命令，单击位置中的定义...按钮；选择草绘平面【RIGHT】、参照面【TOP】、方向【左】，单击草绘按钮，进入草绘环境，绘制如图 8-23 所示的旋转截面和旋转轴线。

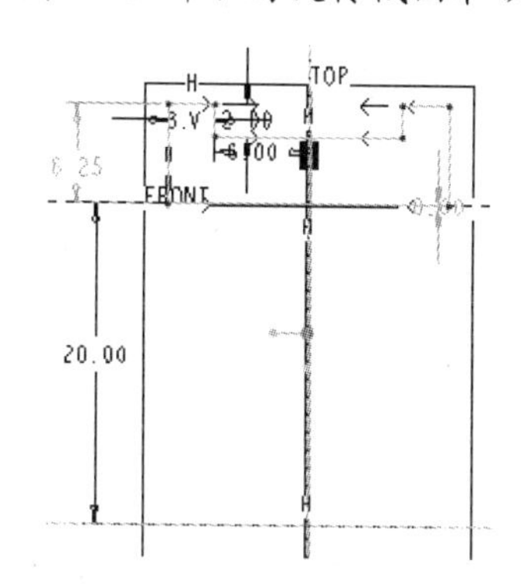

图 8-23　绘制旋转截面和旋转轴线

[3] 单击完成按钮，进入旋转设置操控面板。然后按照图 8-24 所示进行操作。

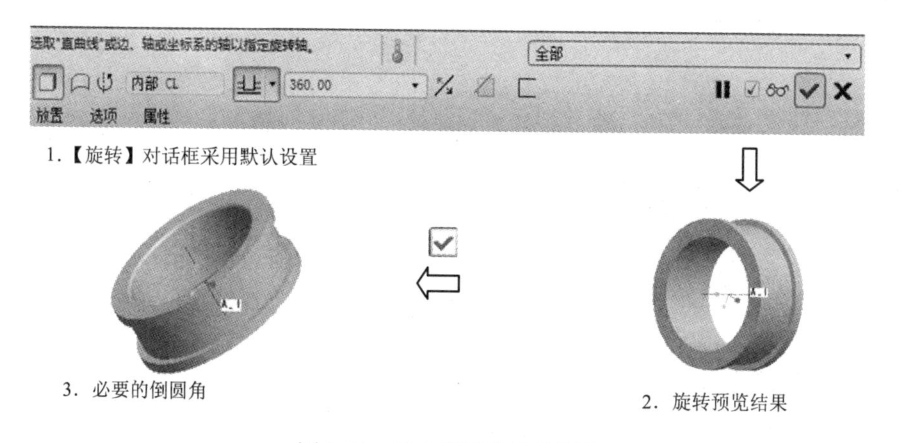

图 8-24　建立旋转特征并倒角

步骤 2. 创建圆柱滚子轴承保持架零件造型设计，并保存文件 yzhgbaochijia.prt。

[1] 单击【新建】按钮，或选择菜单【文件】/【新建】命令，选择【零件】，输入文件名【yzhgbaochijia.prt】，不选择☐使用缺省模板，单击确定按钮，将模板设置为【mmns_part_solid】，其单位为【米制】，单击确定按钮，进入零件创建界面。

[2] 单击【旋转】按钮，或选择菜单【插入】/【旋转】命令，单击位置中的定义...按钮；选择草绘平面【RIGHT】、参照面【TOP】、方向【左】，单击草绘按钮，进入草绘环境，绘制如图 8-25 所示的旋转截面和旋转轴线。

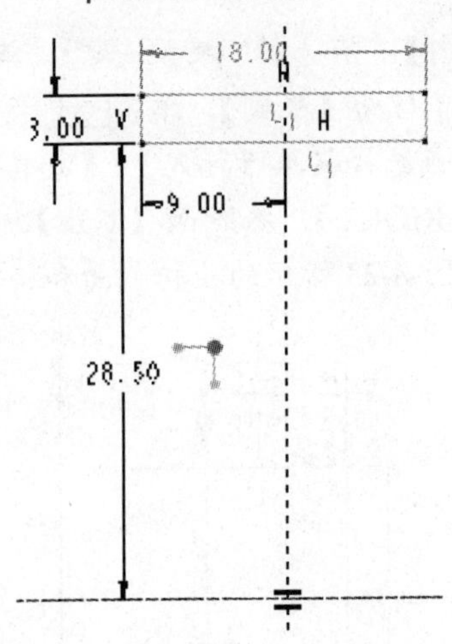

图 8-25 绘制旋转截面和旋转轴线

[3] 单击完成按钮✓，进入旋转设置操控面板。然后按照图 8-26 所示进行操作。

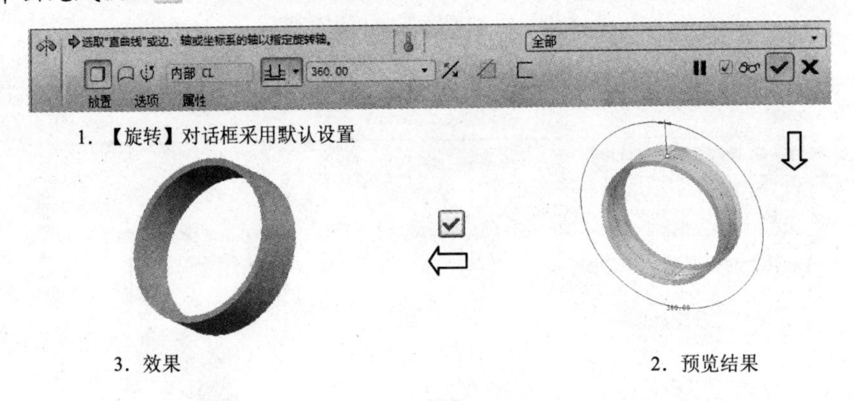

图 8-26 建立旋转特征

[4] 单击【旋转】按钮，或选择菜单【插入】/【拉伸】命令，单击 位置 中的 定义... 按钮；选择草绘平面【RIGHT】、参照面【TOP】、方向【左】，单击 草绘 按钮，进入草绘环境，绘制如图 8-27 所示的拉伸截面。

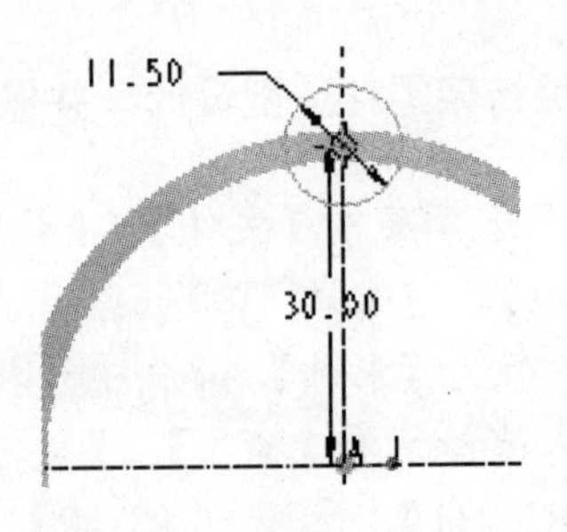

图 8-27 绘制拉伸截面

[5] 单击完成按钮✓，进入拉伸设置操控面板。然后按照如图 8-28 所示进行操作。

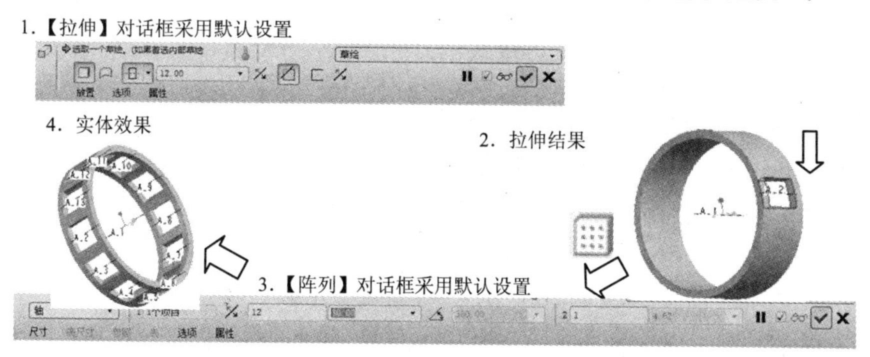

图 8-28　创建拉伸及阵列特征

步骤 3. 创建圆柱滚子轴承滚动圆柱体三维造型设计，并保存文件 yzhti.prt。

[1] 单击【新建】按钮，或选择菜单【文件】/【新建】命令，选择【零件】，输入文件名【yzhti.prt】，不选择☐使用缺省模板，单击确定按钮，将模板设置为【mmns_part_solid】，其单位为【米制】，单击确定按钮，进入零件创建　界面。

[2] 单击【旋转】按钮，或选择菜单【插入】/【旋转】命令，单击位置中的定义...按钮；选择草绘平面【RIGHT】、参照面【TOP】、方向【左】，单击草绘按钮，进入草绘环境，绘制如图 8-29 所示的旋转截面和旋转轴线。

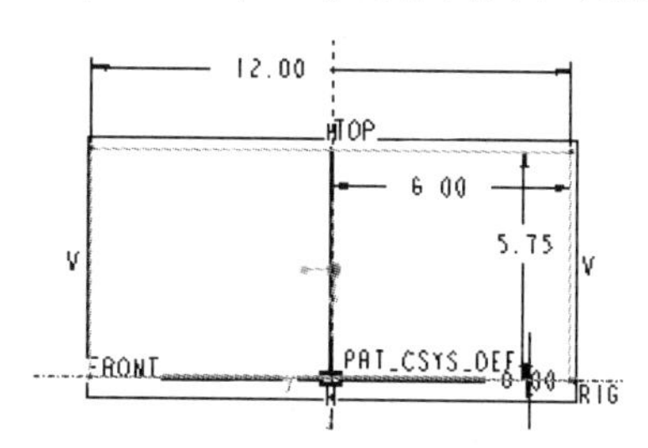

图 8-29　绘制旋转截面和旋转轴线

[3] 单击完成按钮✓，进入旋转设置操控面板。然后按照如图 8-30 所示进行操作。

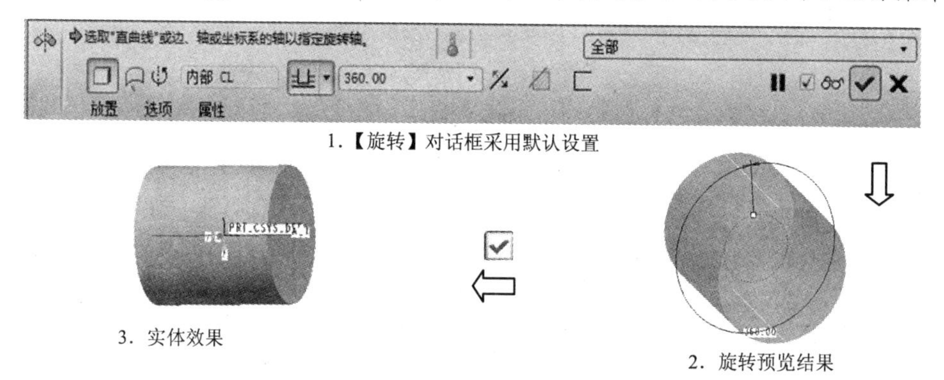

图 8-30　建立旋转特征

步骤 4. 创建圆柱滚子轴承外圈三维造型设计，并保存文件 yzhgwaiquan.prt。

[1] 单击【新建】按钮，或选择菜单【文件】/【新建】命令，选择【零件】，输入文件名【yzhgwaiquan.prt】，不选择□使用缺省模板，单击确定按钮，将模板设置为【mmns_part_solid】，其单位为【米制】，单击确定按钮，进入零件创建界面。

[2] 单击【旋转】按钮，或选择菜单【插入】/【旋转】命令，单击位置中的定义...按钮；选择草绘平面【RIGHT】、参照面【TOP】、方向【左】，单击草绘按钮，进入草绘环境，绘制如图 8-31 所示的旋转截面和旋转轴线。

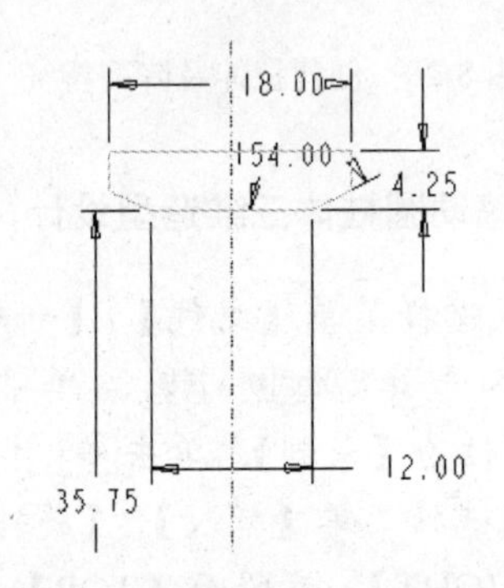

图 8-31 绘制旋转截面和旋转轴线

[3] 单击完成按钮✓，进入旋转设置操控面板。然后按照如图 8-32 所示进行操作。

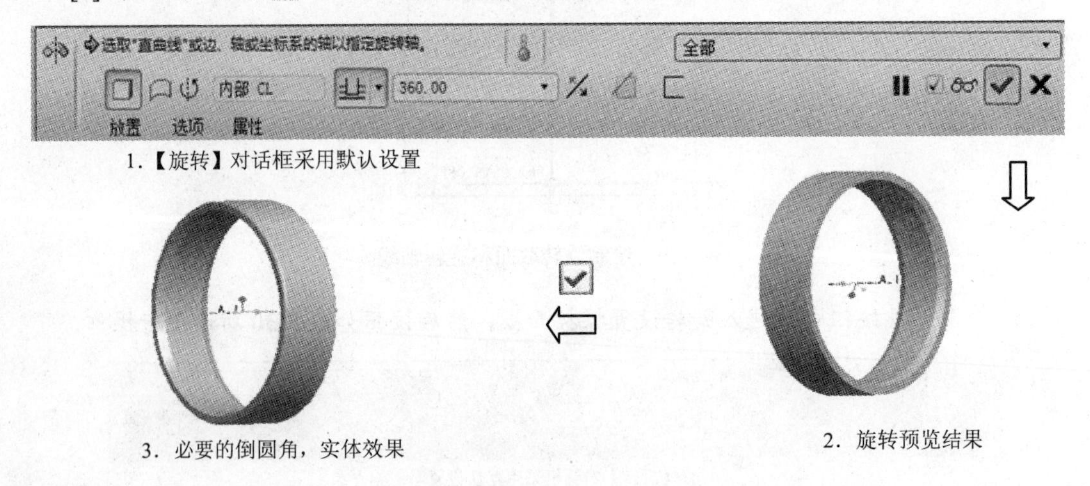

图 8-32 建立旋转特征并倒角

步骤 5. 装配圆柱滚子轴承。

[1] 单击【新建】按钮，或选择菜单【文件】/【新建】命令，选择【组件】，输入文件名【yzhgzhuangpei】，不选择□使用缺省模板，单击确定按钮，将模板设置为【mmns_asm_design】，其单位为【米制】，单击确定按钮，进入组件创建界面。

[2] 选择【插入】/【元件】/【装配】命令或单击工程特征工具栏中【装配】按钮

，选择文件 yzhgbaochijia.prt，单击 打开 按钮，在装配操控面板中直接单击 按钮。

[3] 选择【插入】/【元件】/【装配】命令或单击工程特征工具栏中【装配】按钮 ，选择文件 yzhti.prt，单击 打开 按钮，在装配操控面板中，选择【两个曲面】，按照图 8-33 所示进行操作，完成第一步配对约束。

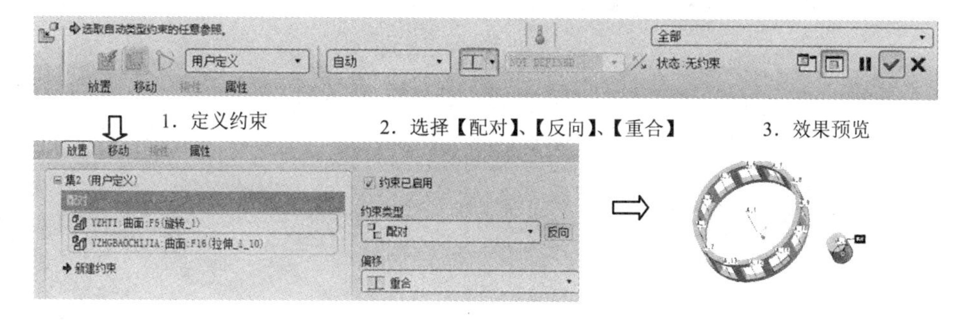

图 8-33　元件装配配对约束

[4] 单击【放置】/【新建约束】/【配对】，创建圆柱体表面和保持架孔圆平面的对齐约束，操作步骤如图 8-34 所示。

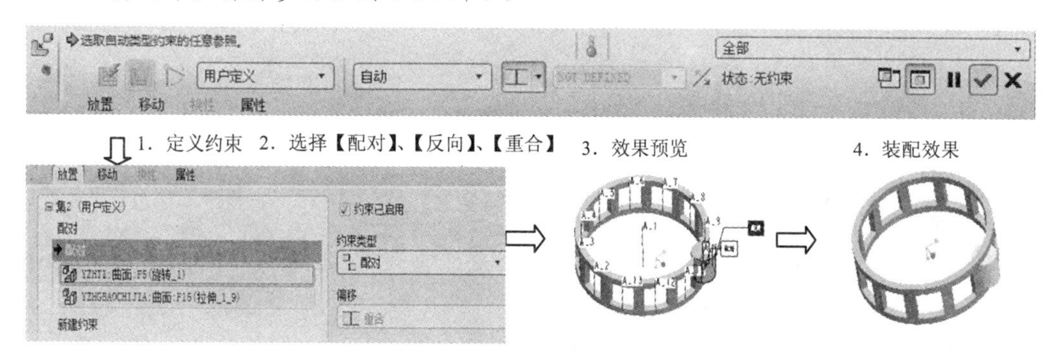

图 8-34　创建圆柱体表面和保持架孔圆平面的对齐约束

[5] 选中滚动体，单击【阵列】按钮 ，阵列操作如图 8-35 所示。

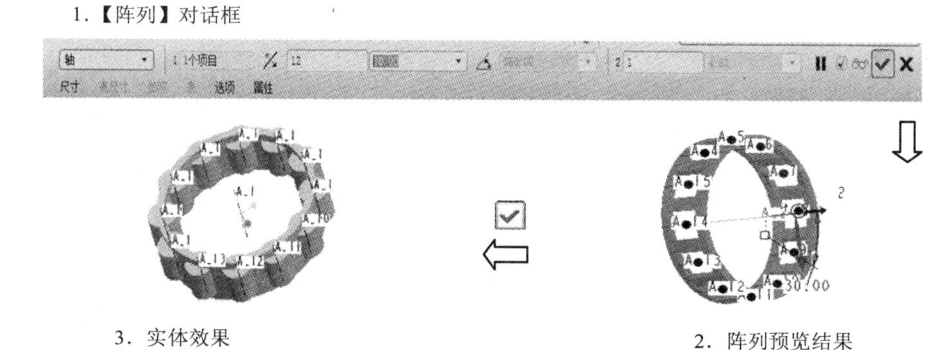

图 8-35　滚动体的阵列

提醒：选择【轴】阵列，选择【A_1】轴后，在轴阵列操控面板中输入【数量】为 12 和【角度】为 30.00，单击✓按钮，生成阵列。

[6] 选择【插入】/【元件】/【装配】命令或单击工程特征工具栏中【装配】按钮，选择文件 yzhgneiquan.prt，单击【打开】按钮，在装配操控面板中，选择【两个面】，按照图 8-36 所示进行操作，完成对齐约束。

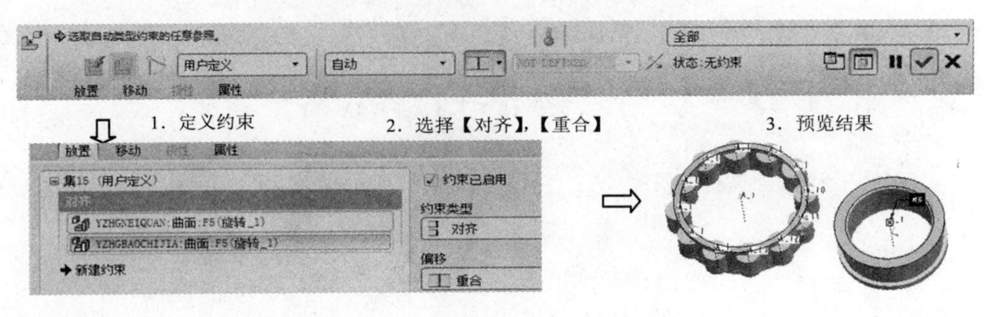

图 8-36　保持架和内圈的对齐约束

[7] 单击【放置】/【新建约束】/【对齐】，创建内圈和保持架的轴线的对齐约束。操作步骤如图 8-37 所示。

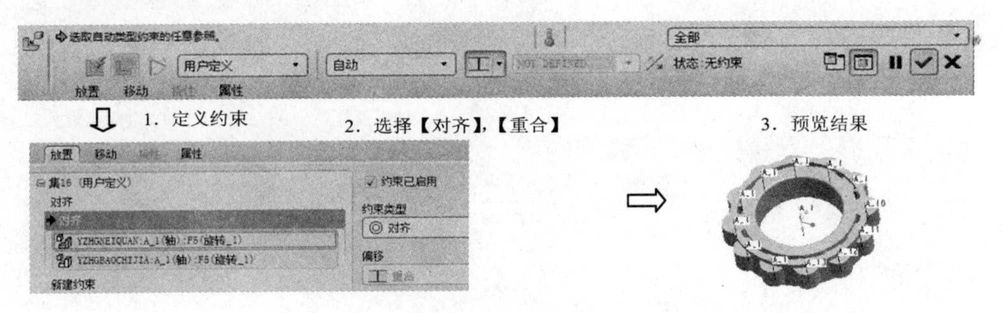

图 8-37　内圈和保持架的轴线的对齐约束

[8] 选择【插入】/【元件】/【装配】命令或单击工程特征工具栏中【装配】按钮，选择文件 yzhgwaiquan.prt，单击【打开】按钮，在装配操控面板中，选择【两个面】，按照如图 8-38 所示进行操作，完成对齐约束。

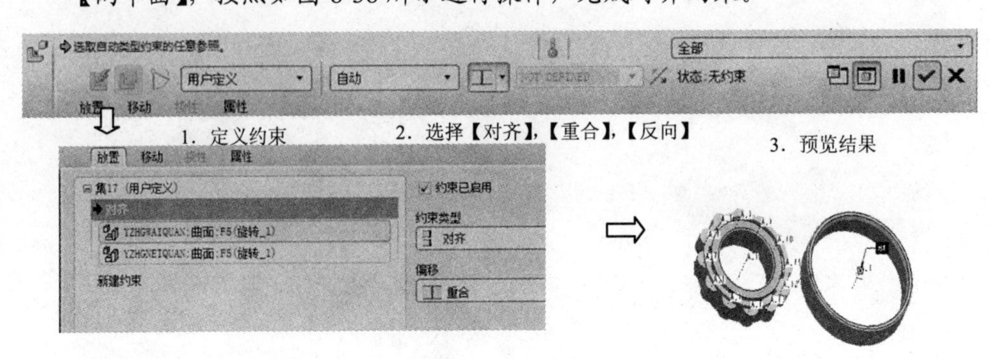

图 8-38　内外圈的对齐约束

[9] 单击【放置】/【新建约束】/【对齐】，创建内圈和外圈的轴线的对齐约束。操作步骤如图 8-39 所示。

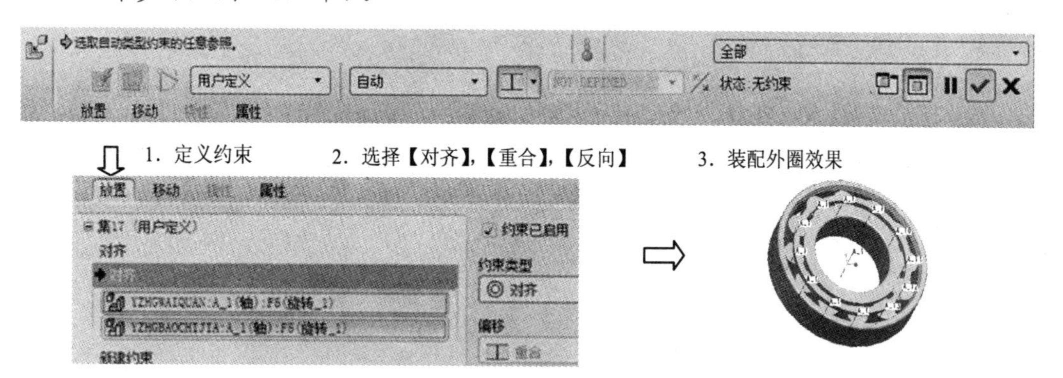

图 8-39　新建内外圈的对齐约束

提醒：滚动球轴承的装配设计顺序建议为，先装配保持架和滚动球体，阵列滚动球体，再分别装配内圈和外圈。

8.4 气缸造型设计

设计要求

拟设计一个气缸，其结构与尺寸如图 8-40 所示。

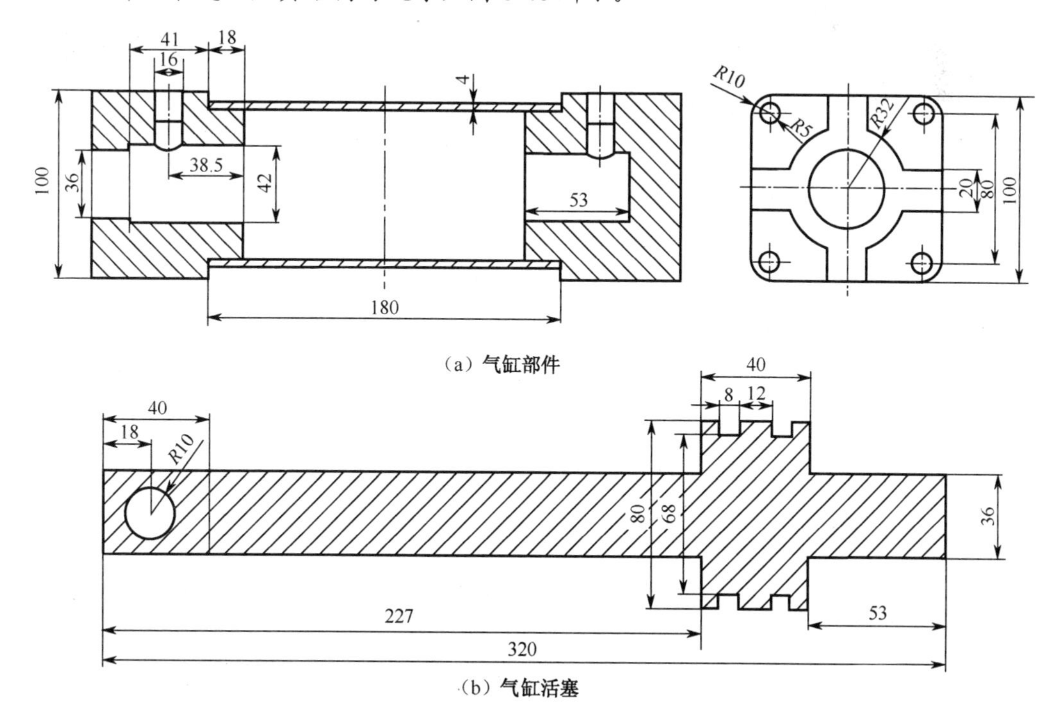

（a）气缸部件

（b）气缸活塞

图 8-40　气缸结构尺寸图

设计思路

（1）创建所有单体零件模型，并保存各零件文件；

（2）创建所有组件模型，包括前缸盖组件、活塞组件、缸体组件和后缸盖组件，并保存各组件文件；

（3）装配各个组件和添加零件，创建整个气缸的三维模型，保存组件文件，完成造型设计。

设计过程

气缸的三维造型设计分成如下步骤来完成。

步骤1．准备前端盖、端盖密封环零件，创建前端盖组件设计并保存文件。

[1] 单击【新建】按钮，或选择菜单【文件】/【新建】命令，选择【零件】，输入文件名，不选择□使用缺省模板，单击确定按钮，将模板设置为【mmns_part_solid】，其单位为【米制】，单击确定按钮，进入零件创建界面，准备零件前端盖、两端的密封环，并命名为qgai.prt、mifeng.prt和mifeng.prt，如图8-41所示。

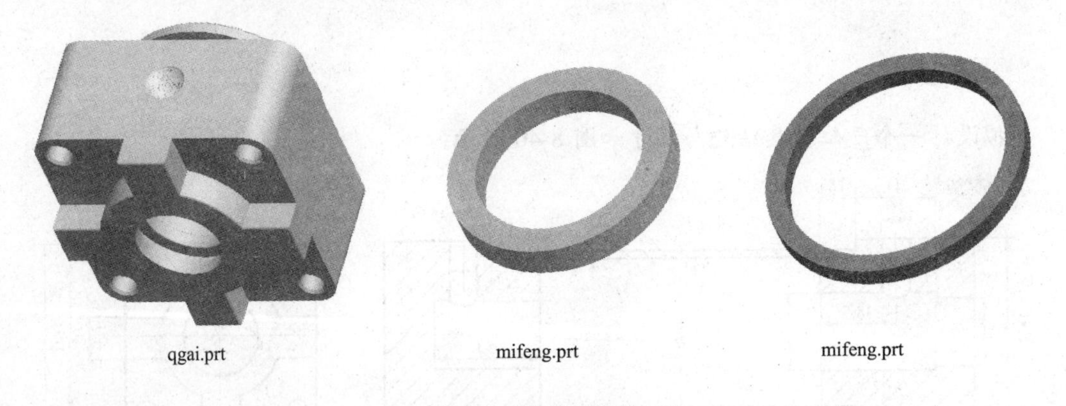

图8-41　前端盖组件

[2] 单击【新建】按钮，或选择菜单【文件】/【新建】命令，选择【组件】，输入文件名，不选择□使用缺省模板，单击确定按钮，将模板设置为【mmns_asm_design】，其单位为【米制】，单击确定按钮，进入组件创建界面。

[3] 选择【插入】/【元件】/【装配】命令或单击工程特征工具栏中【装配】按钮，选择文件qgai.prt，单击打开按钮，在装配操控面板中直接单击✓按钮。

[4] 选择【插入】/【元件】/【装配】命令或单击工程特征工具栏中【装配】按钮，选择文件mifeng.prt，单击打开按钮，在装配操控面板中，选择【两个面】，按照图8-42所示进行操作，完成第一步对齐约束。

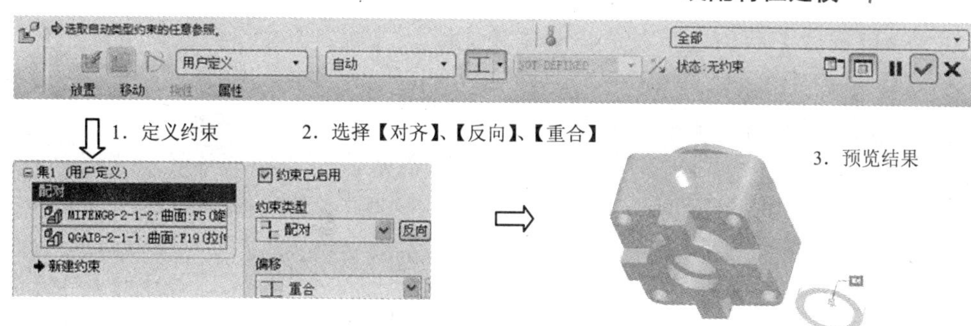

图 8-42 元件装配第一步约束

[5] 继续步骤[4]，在定义约束中再选择【新建约束】，重新定义两个约束单元【两个轴】，按照图 8-43 所示进行操作，完成第二步对齐约束，单击☑按钮，完成元件的装配。

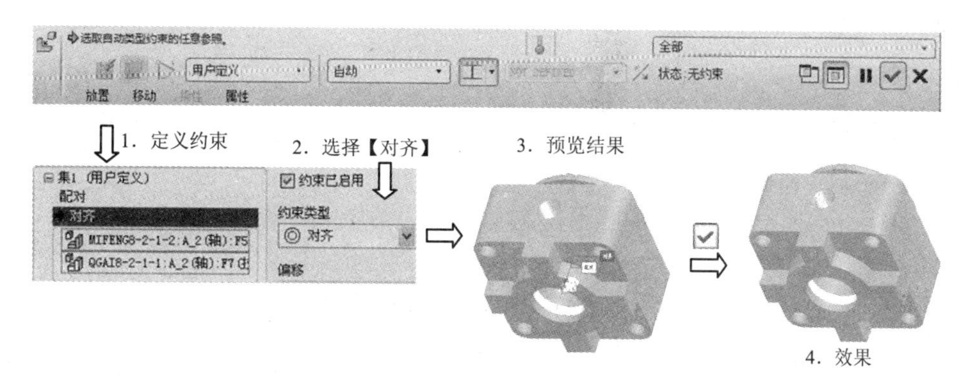

图 8-43 元件装配第二步约束

[6] 重复操作步骤[4]、[5]，装配另一端密封环，操作略。

[7] 选择【文件】/【保存副本】命令，弹出【保存副本】对话框，保存文件为 \Example\08\qgai.asm。

步骤 2. 准备活塞、活塞密封环零件，创建活塞组件并保存文件。

[1] 单击【新建】按钮，或选择菜单【文件】/【新建】命令，选择【零件】，输入文件名、不选择□使用缺省模板，单击确定按钮，将模板设置为【mmns_part_solid】，单击确定按钮，进入零件创建界面，准备零件活塞和密封环，并命名为 huosai.prt 和 mifeng.prt，如图 8-44 所示。

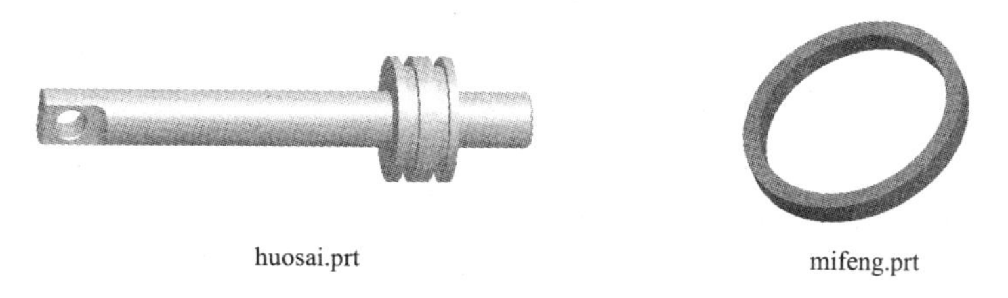

图 8-44 活塞组件

[2] 单击【新建】按钮，或选择菜单【文件】/【新建】命令，选择【组件】，输入文件名，不选择☐使用缺省模板，单击确定按钮，将模板设置为【mmns_asm_design】，其单位为【米制】，单击确定按钮，进入组件创建界面。

[3] 选择【插入】/【元件】/【装配】命令或单击工程特征工具栏中【装配】按钮，选择文件 huosai.prt，单击打开按钮，在装配操控面板中直接单击☑按钮。

[4] 选择【插入】/【元件】/【装配】命令或单击工程特征工具栏中【装配】按钮，选择文件 mifeng.prt，单击打开按钮，在装配操控面板中，选择【两个面】，按照图 8-45 所示进行操作，完成第一步对齐约束。

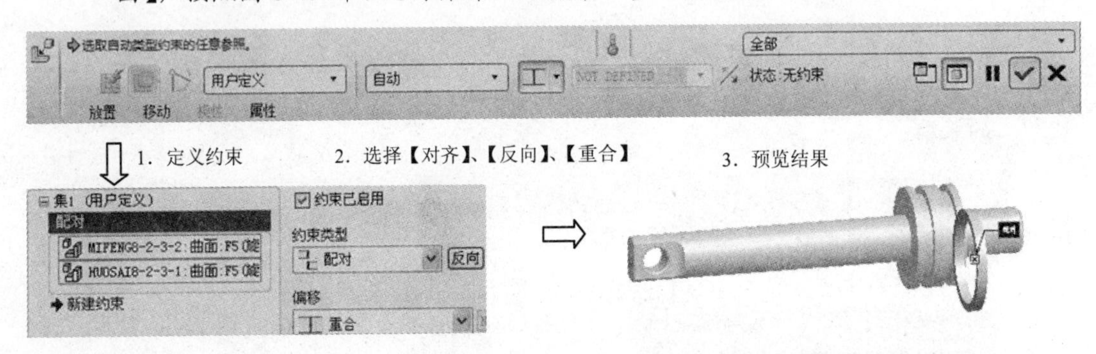

图 8-45　元件装配第一步约束

[5] 定义约束中选择【新建约束】，定义两个约束单元【两个轴】，如图 8-46 所示进行操作，完成第二步对齐约束，单击☑按钮，完成元件的装配。

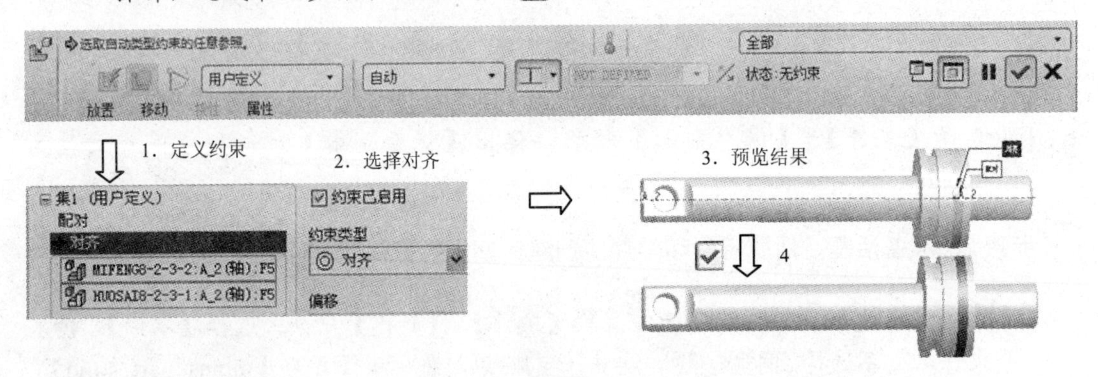

图 8-46　元件装配第二步约束

[6] 重复操作步骤[4]、[5]，装配另一个密封环。

[7] 选择【文件】/【保存副本】命令，弹出【保存副本】对话框，保存文件为\Example\08\ huosai.asm。

步骤 3．准备后端盖零件，创建后端盖组件并保存文件。

[1] 单击【新建】按钮，或选择菜单【文件】/【新建】命令，选择【零件】，输入

文件名，不选择□使用缺省模板，单击确定按钮，将模板设置为【mmns_part_solid】，其单位为【米制】，单击确定按钮，进入零件创建界面，准备零件后端盖，并命名为 hgai.prt，如图 8-47 所示。

图 8-47 创建后端盖零件

[2] 单击【新建】按钮，或选择菜单【文件】/【新建】命令，选择【组件】，输入文件名，不选择□使用缺省模板，单击确定按钮，将模板设置为【mmns_asm_design】，其单位为【米制】，单击确定按钮，进入组件创建界面。

[3] 选择【插入】/【元件】/【装配】命令或单击工程特征工具栏中【装配】按钮，选择文件 hgai.prt，单击打开按钮，在装配操控面板中直接单击✓按钮。

[4] 选择【插入】/【元件】/【装配】命令或单击工程特征工具栏中【装配】按钮，选择文件 mifeng.prt，单击打开按钮，在装配操控面板中，选择【两个面】，按照图 8-48 所示进行操作，完成第一步对齐约束。

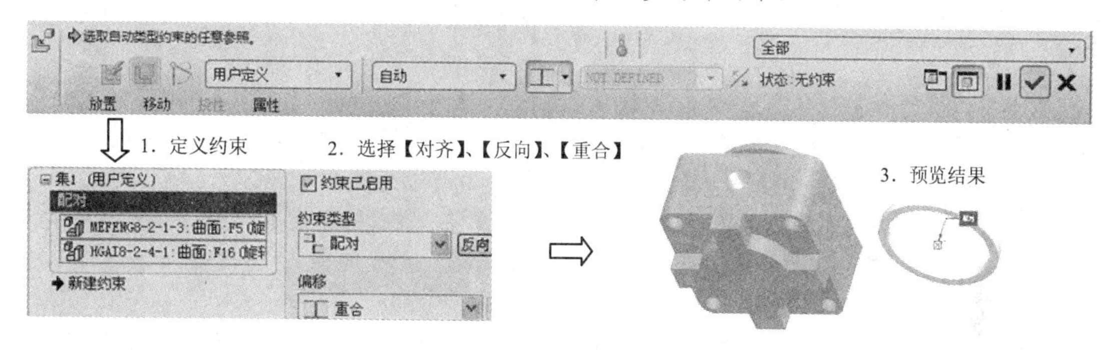

图 8-48 元件装配第一步约束

[5] 继续步骤[4]，定义约束中选择【新建约束】，定义两个约束单元【两个轴】，如图 8-49 所示进行操作，完成第二步对齐约束，单击✓按钮，完成元件的装配。

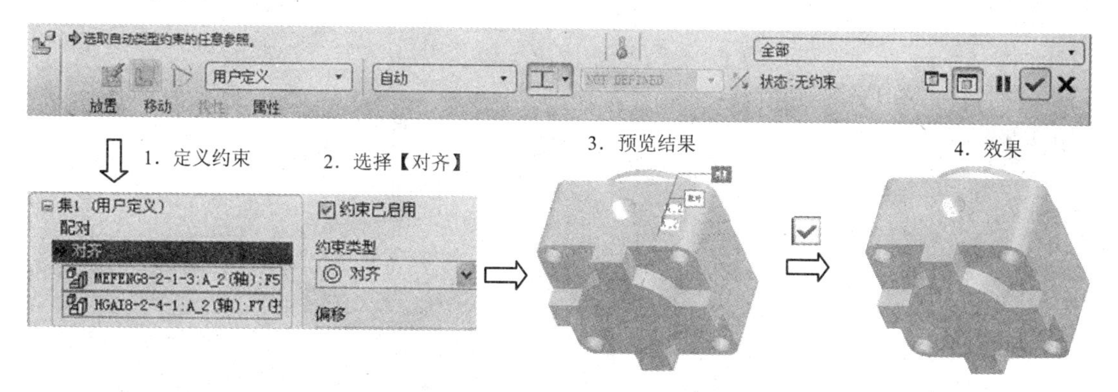

图 8-49 元件装配第二步约束

[6] 选择【文件】/【保存副本】命令，弹出【保存副本】对话框，保存文件为\Example\08\hgai.asm。

步骤 4. 准备缸体零件；装配前端盖组件、缸体零件、活塞组件和后端盖组件。

[1] 单击【新建】按钮，或选择菜单【文件】/【新建】命令，选择【零件】，输入文件名，不选择□使用缺省模板，单击确定按钮，将模板设置为【mmns_part_solid】，其单位为【米制】，单击确定按钮，进入零件创建界面，准备零件缸体，将文件保存为\Example\08\gangti.prt，如图 8-50 所示。

图 8-50 创建缸体零件

[2] 单击【新建】按钮，或选择菜单【文件】/【新建】命令，选择【组件】，输入文件名，不选择□使用缺省模板，单击确定按钮，将模板设置为【mmns_asm_design】，其单位为【米制】，单击确定按钮，进入组件创建界面。

[3] 选择【插入】/【元件】/【装配】命令或单击工程特征工具栏中【装配】按钮，选择文件 qgai.prt，单击打开按钮，在装配操控面板中直接单击按钮。

[4] 选择【插入】/【元件】/【装配】命令或单击工程特征工具栏中【装配】按钮，选择文件 gangti.prt，单击打开按钮，在装配操控面板中，选择【两个面】，按照图 8-51 所示进行操作，完成第一步对齐约束。

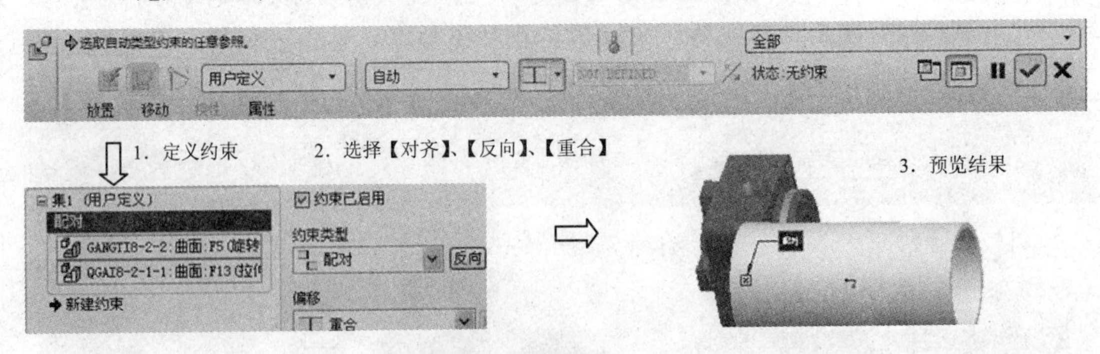

图 8-51 元件装配第一步约束

[5] 继续步骤[4]，定义约束中选择【新建约束】，定义两个约束单元【两个轴】，如图 8-52 所示进行操作，完成第二步对齐约束，单击按钮，完成元件的装配。

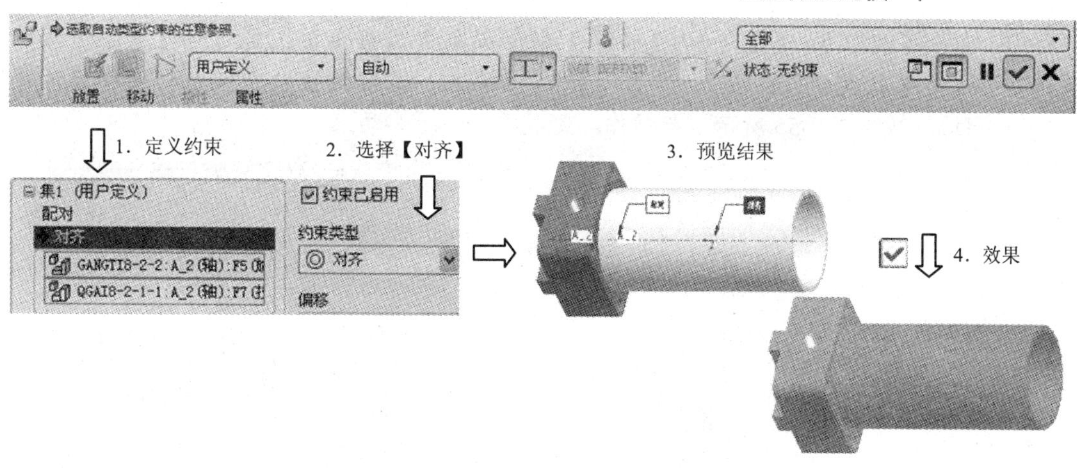

图 8-52 元件装配第二步约束

[6] 选择【插入】/【元件】/【装配】命令或单击工程特征工具栏中【装配】按钮，选择文件 huosai.asm，单击 打开 按钮，在装配操控面板中，选择【两个面】，按照图 8-53 所示进行操作，完成第一步对齐约束。

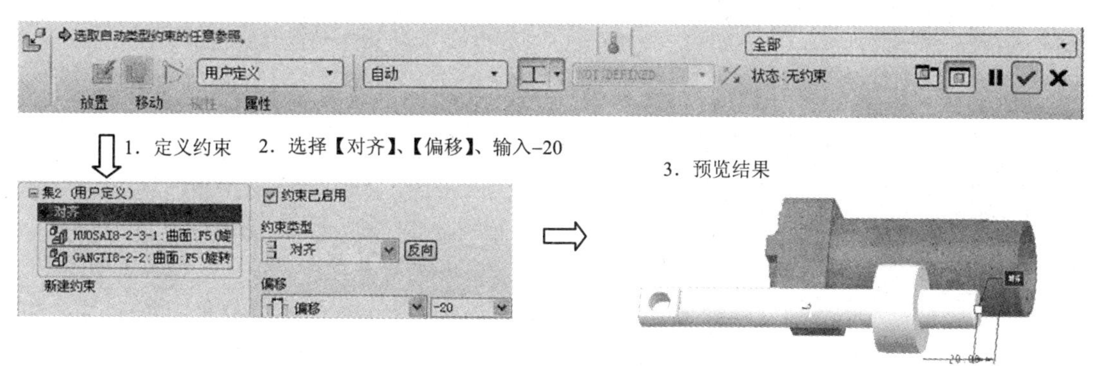

图 8-53 元件装配第一步约束

[7] 继续步骤[6]，定义约束中选择【新建约束】，定义两个约束单元【两个轴】，如图 8-54 所示进行操作，完成第二步对齐约束，单击按钮，完成元件的装配。

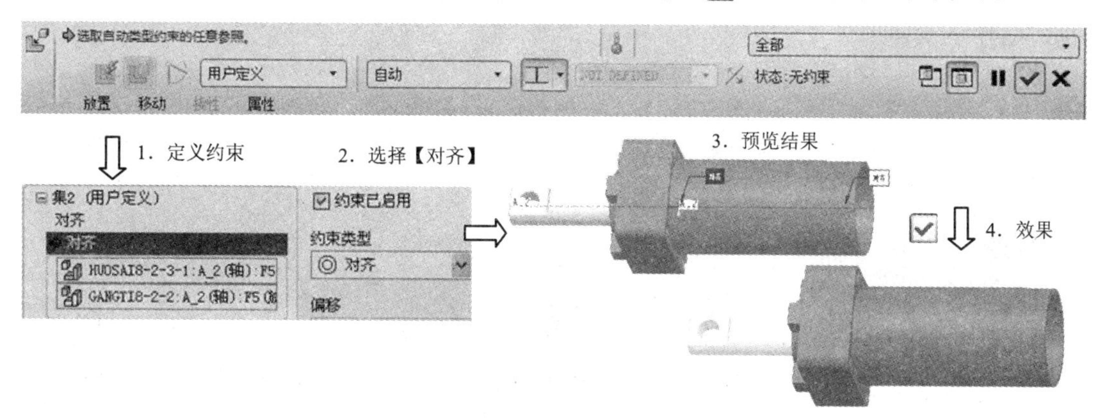

图 8-54 元件装配第二步约束

[8] 选择【插入】/【元件】/【装配】命令或单击工程特征工具栏中【装配】按钮，选择文件 hgai.prt，单击 打开 按钮，在装配操控面板中，选择【两个面】，按照图 8-55 所示进行操作，完成第一步对齐约束。

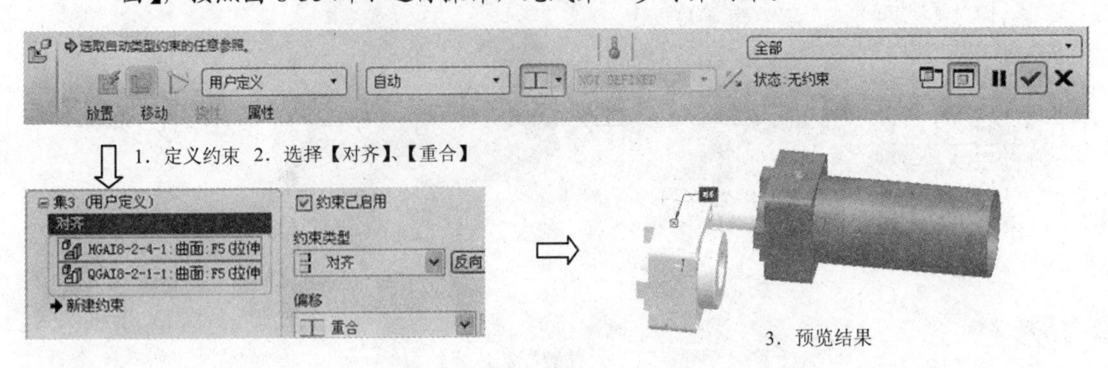

图 8-55　元件装配第一步约束

[9] 继续步骤[8]，定义约束中选择【新建约束】，定义两个约束单元【两个面】，如图 8-56 所示进行操作，完成第二步对齐约束。

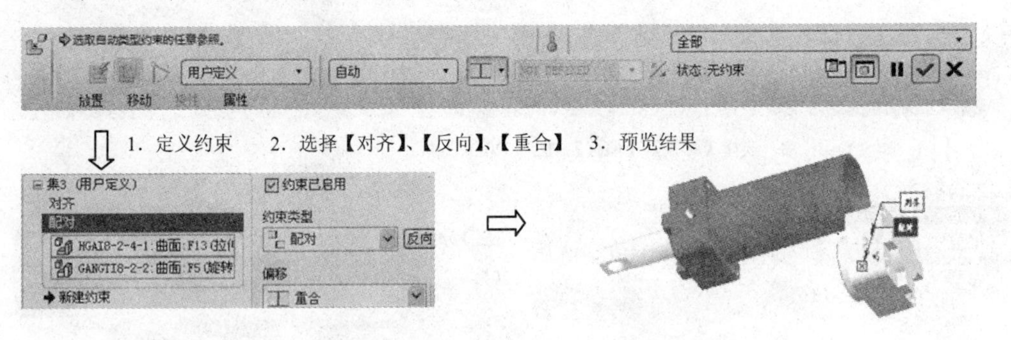

图 8-56　元件装配第二步约束

[10] 继续步骤[9]，定义约束中选择【新建约束】，定义两个约束单元【两个轴】，如图 8-57 所示进行操作，完成第三步对齐约束，单击按钮，完成元件的装配。

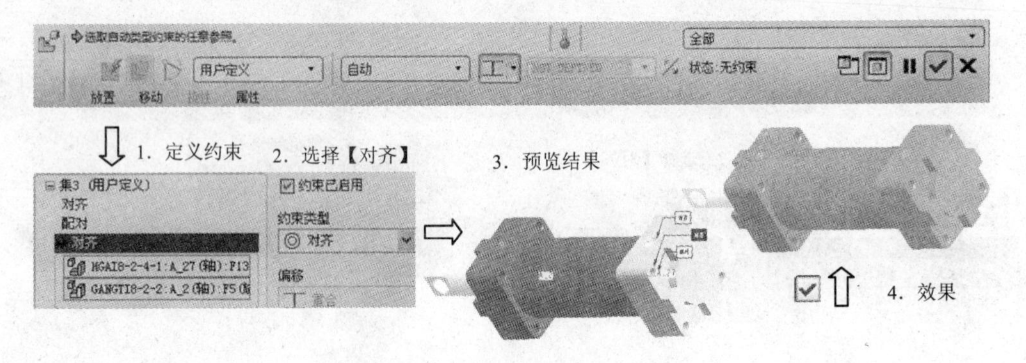

图 8-57　元件装配第三步约束

步骤 5．准备螺栓、垫片、螺母零件，完成气缸总体装配设计并保存文件。

[1] 单击【新建】按钮，或选择菜单【文件】/【新建】命令，选择【零件】，输入文件名，不选择☐使用缺省模板，单击确定按钮，将模板设置为【mmns_part_solid】，单击确定按钮，进入零件创建界面，准备连接螺栓、垫片和螺母零件，并命名为 luoshuan.prt、dianpian.prt 和 luomu.prt，如图 8-58 所示。

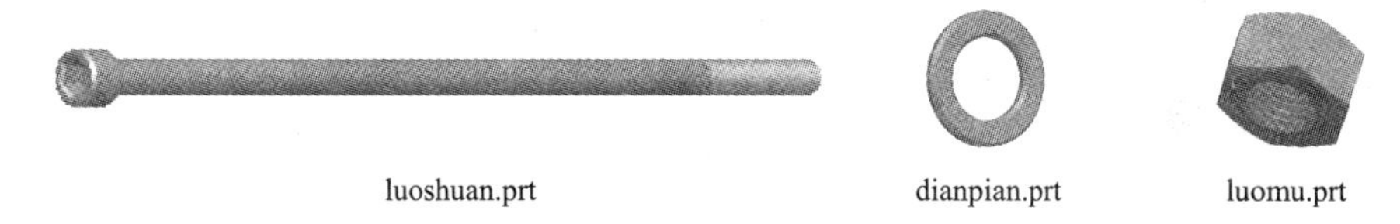

图 8-58　连接组件中的零件

[2] 选择【插入】/【元件】/【装配】命令或单击工程特征工具栏中【装配】按钮，选择文件 luoshuan.prt，单击打开按钮，在装配操控面板中，选择【两个面】，按照图 8-59 所示进行操作，完成第一步对齐约束。

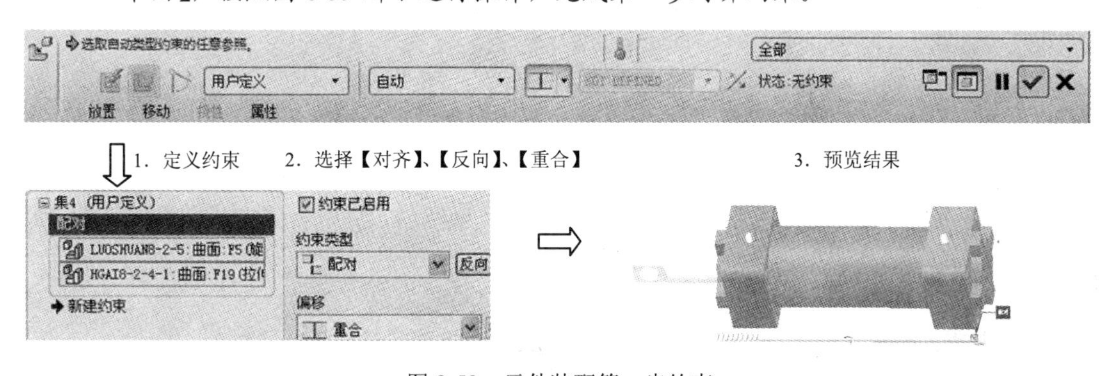

图 8-59　元件装配第一步约束

[3] 继续步骤[2]，定义约束中选择【新建约束】，定义两个约束单元【两个轴】，如图 8-60 所示进行操作，完成第二步对齐约束，单击☑按钮，完成元件的装配。

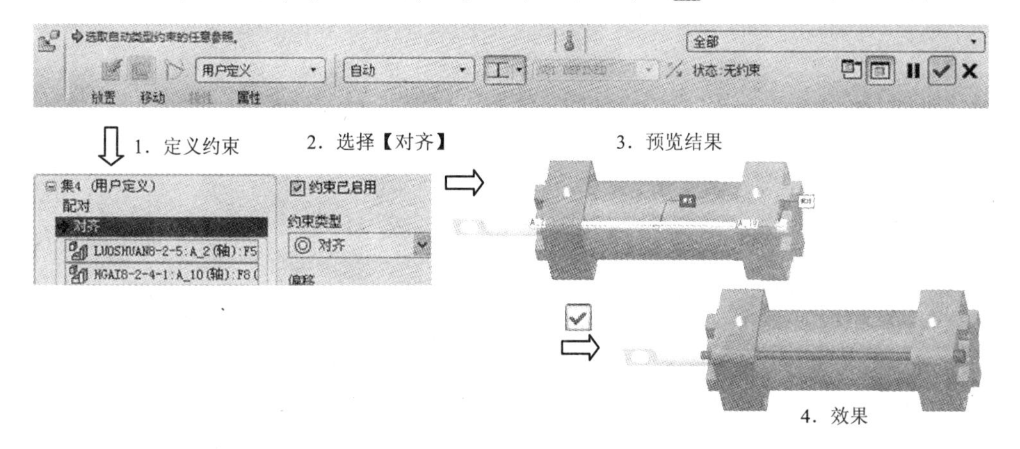

图 8-60　元件装配第二步约束

[4] 选择【插入】/【元件】/【装配】命令或单击工程特征工具栏中【装配】按钮，选择文件 dianpian.prt，单击 打开 按钮，在装配操控面板中，选择【两个面】，按照图 8-61 所示进行操作，完成第一步对齐约束。

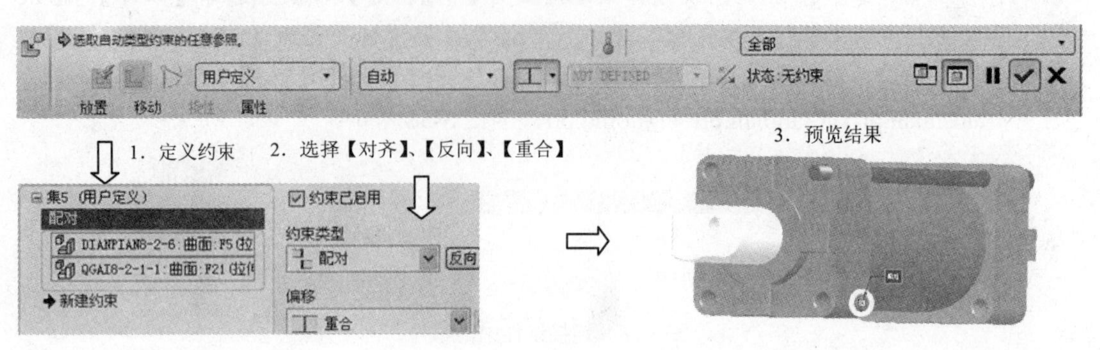

图 8-61　元件装配第一步约束

[5] 继续步骤[4]，定义约束中选择【新建约束】，定义两个约束单元【两个轴】，如图 8-62 所示进行操作，完成第二步对齐约束，单击 按钮，完成元件的装配。

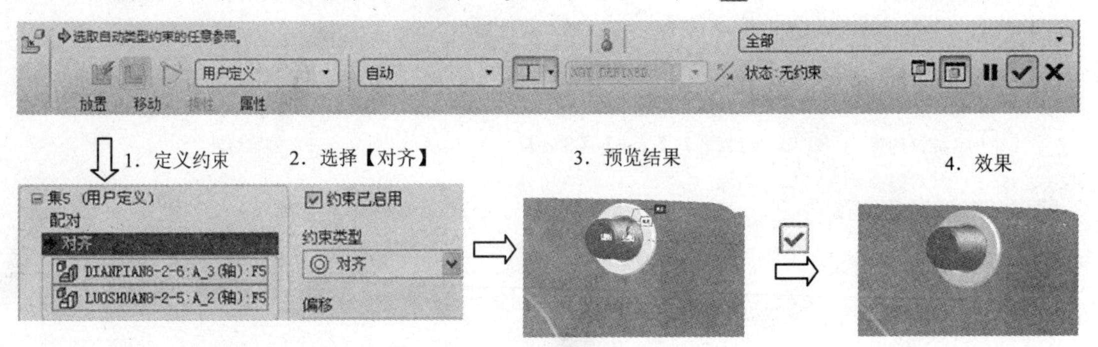

图 8-62　元件装配第二步约束

[6] 选择【插入】/【元件】/【装配】命令或单击工程特征工具栏中【装配】按钮，选择文件 luomu.prt，单击 打开 按钮，在装配操控面板中，选择【两个面】，按照图 8-63 所示进行操作，完成第一步对齐约束。

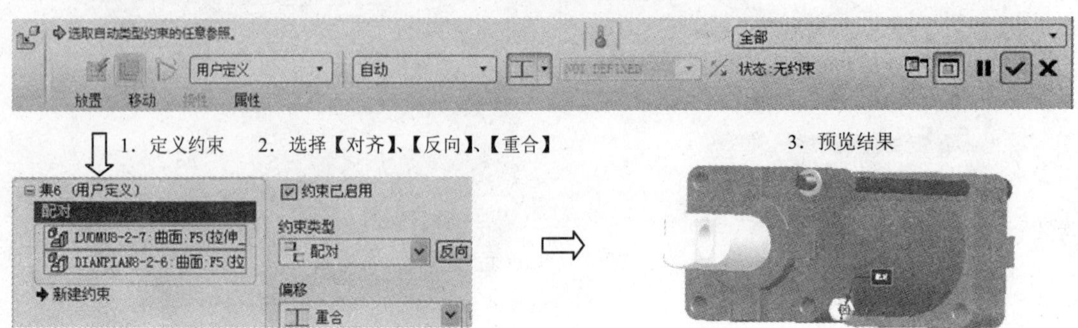

图 8-63　元件装配第一步约束

[7] 继续步骤[6]，定义约束中选择【新建约束】，定义两个约束单元【两个轴】，如图 8-64 所示进行操作，完成第二步对齐约束，单击✓按钮，完成元件的装配。

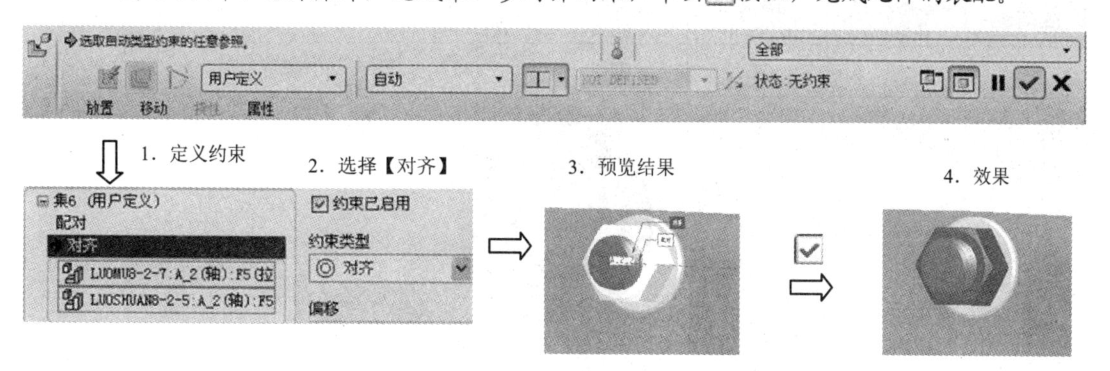

图 8-64　元件装配第二步约束

[8] 选择【螺栓】、【垫片】和【螺母】，单击【右键】并选择【组】，创建【组 1】特征。

[9] 选择【组 1】，单击【阵列】，按照图 8-65 所示进行操作，完成前端盖所有螺栓的装配。

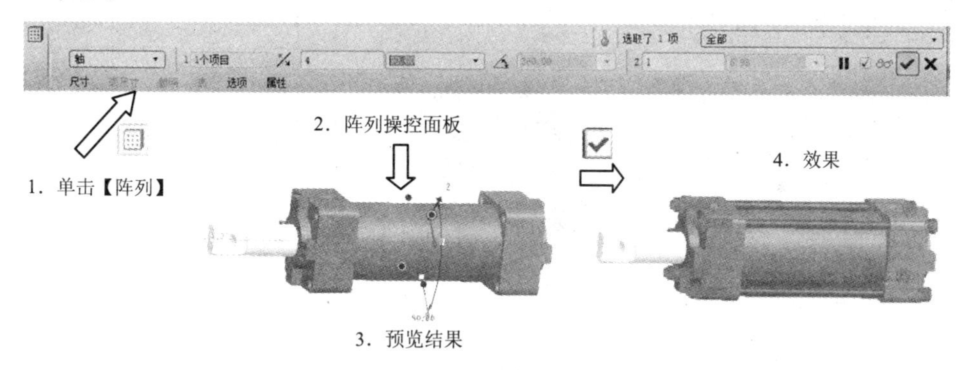

图 8-65　建立阵列特征

[10] 选择【文件】/【保存副本】命令，弹出【保存副本】对话框，保存文件为 qiyagang.asm。

8.5 思考与练习

1. 思考题

（1）试比较深沟球轴承和圆柱滚子轴承在装配建模设计中的异同点。

（2）请给出分解视图中默认分解和定义分解的概念，并说明它们的优缺点。

2. 操作题

（1）设计一个滚动轴承，尺寸如表 8-3 所示，三维模型如图 8-66 所示。

表 8-3 滚动轴承（GB/T276—94）

轴承代号	基本尺寸 d（mm）	基本尺寸 D（mm）	基本尺寸 B（mm）	安装尺寸 d_{amin}（mm）	安装尺寸 d_{amax}（mm）	安装尺寸 r_{asmax}（mm）
6406	30	90	23	39	81	1.5

图 8-66 滚动轴承三维模型

（2）拟设计一圆柱滚子轴承 N308E（GB/T283—84），尺寸如表 8-4 所示，三维模型如图 8-67 所示。

表 8-4 圆柱滚子轴承（GB/T276—94）

轴承代号	基本尺寸 d（mm）	基本尺寸 D（mm）	基本尺寸 B（mm）	基本尺寸 r_{min}（mm）	基本尺寸 r_{1min}（mm）	基本尺寸 E_w（mm）
N308	40	90	23	1.5	1.5	77.5

图 8-67 圆柱滚子轴承三维模型

（3）拟设计一个气缸装配体，并创建其三维模型爆炸图，如图 8-68 所示。

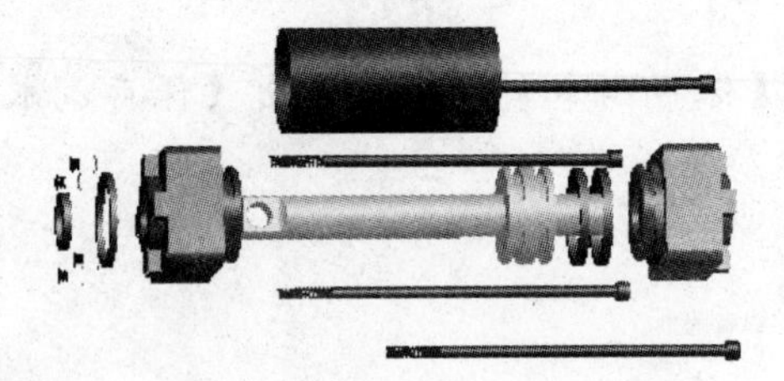

图 8-68 气缸三维爆炸图

第 9 章

综合实例设计

海底钻机是海底油气管道停止输送油气或带压维修和铺设中必不可少的重要设备之一，主要应用于海洋工程，在海底几百米以下进行钻探工作，由于工作环境的特殊，海底钻机和其他同类设备有较多区别，但它们的主要组成部分比较相似，包括动力、传动、执行和其他外围部件，本章主要介绍一种海底钻机的装配设计，目的在于通过海底钻机的结构设计，培养学生综合设计的能力，并在课后给出习题，以便于加深理解。

设计要求

拟设计一个海底钻机，其三维结构图和平面图如图 9-1 所示。

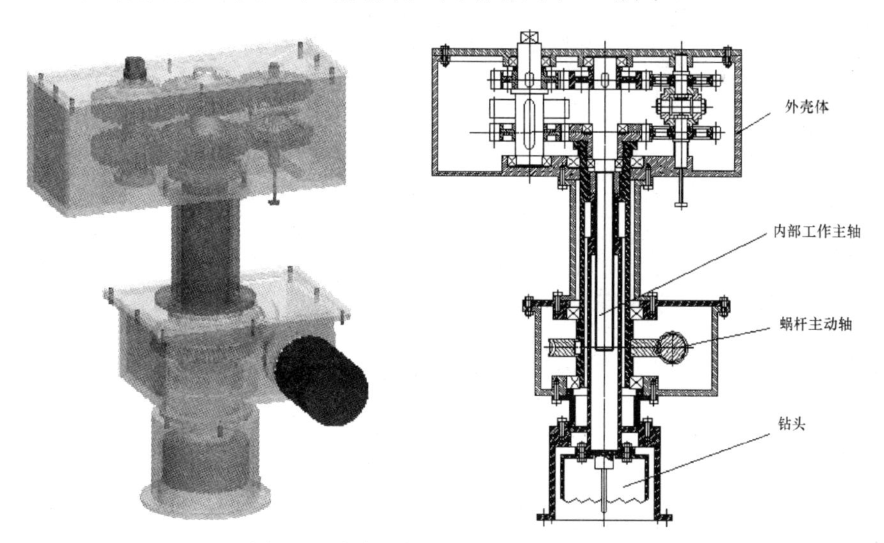

图 9-1　海底钻机三维结构图和平面图

海底钻机的主要参数如下。

最大旁路开孔直径：150mm。

最小旁路开孔直径：80mm。

最大开孔压力：2.5MPa。

最高温度：190℃。

适应介质：水、原油、天然气、有毒有害气液体。

最大扭矩：25kg/m。

进给量：0.1～0.2 mm。

重量：70kg。

动力：液压输入。

外形尺寸：长 1.6m、宽 0.4m、高 0.5m。

设计思路

（1）准备内部工作主轴零部件，完成内部工作主轴组件设计；

（2）准备蜗杆主动轴箱的零部件，并完成内部工作主轴组件的装配设计；

（3）准备钻头及其外围设备零件，完成主体的装配设计；

（4）准备外围零件，完成主体的总体装配设计。

9.1 内部工作主轴装配设计

设计要求

海底钻机的关键部件之一是内部工作主轴，其三维结构如图 9-2 所示。

图 9-2　内部工作主轴三维结构

设计过程

内部工作主轴的设计分成如下步骤来完成。

步骤 1．创建左边齿轮等零部件的装配。

[1] 单击【新建】按钮，或选择【文件】/【新建】命令，在弹出的对话框中选中【组件】单选按钮，输入文件名 “zongcheng_chuandongzhou”，取消选中【使用缺省模板】复选框，单击确定按钮。将模板设置为【mmns_asm_design】，其单位为【米制】，单击确定按钮，进入装配界面。

[2] 选择【插入】/【元件】/【装配】命令或单击特征工具栏中的【装配】按钮，选择要添加的元件【zhou_sigang.prt】，单击【打开】，在装配操控面板中直接单击按钮。

[3] 选择【插入】/【元件】/【装配】命令或单击特征工具栏中的【装配】按钮，选择要添加的元件【jian1.prt】，单击【打开】按钮，在装配操控面板中选择键端面和键槽底面，如图 9-3 所示，完成第一步约束。

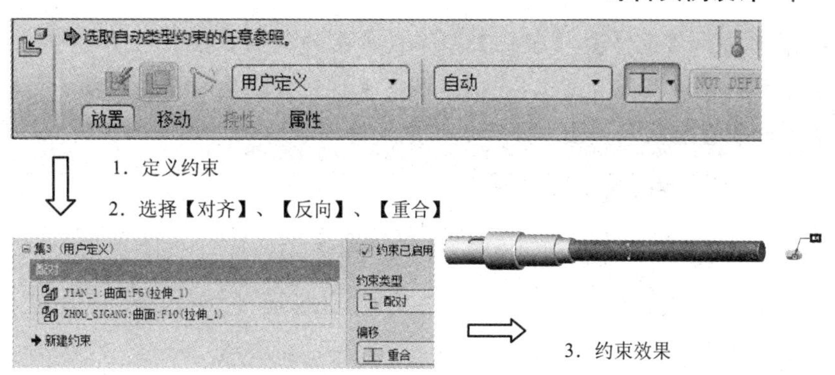

图 9-3　元件装配第一步约束

[4] 在定义约束中单击【新建约束】，重新定义两个约束单元——选择键侧面和键槽侧面对齐，按照图 9-4 所示进行操作，完成第二步约束。

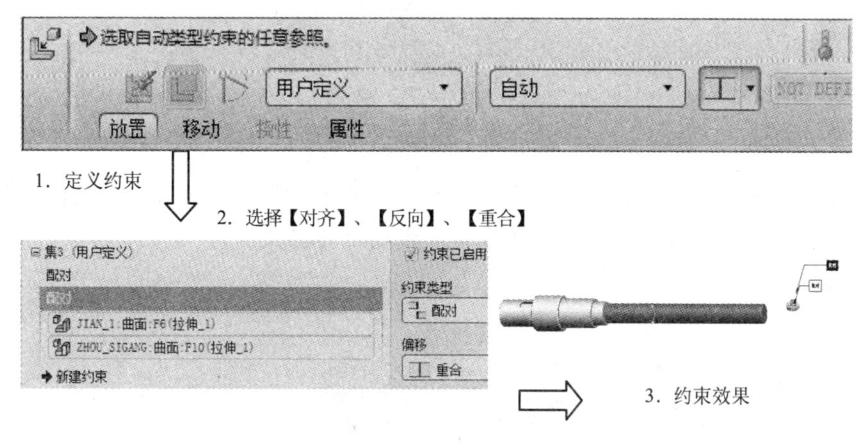

图 9-4　元件装配第二步约束

[5] 在定义约束中单击【新建约束】，重新定义两个约束单元——键和键槽圆侧面，按照图 9-5 所示进行操作，完成第三步约束。最后单击✔按钮，完成元件的装配。

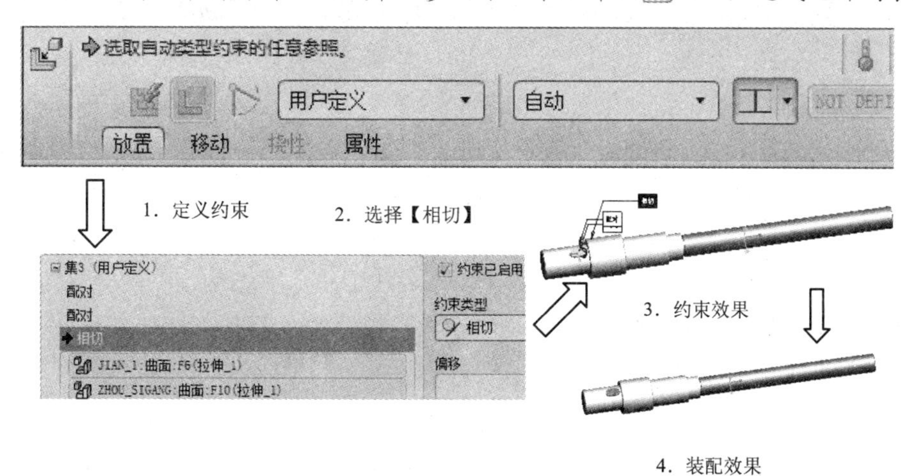

图 9-5　元件装配第三步约束

[6] 选择【插入】/【元件】/【装配】命令或单击特征工具栏中的【装配】按钮，选择要添加的元件【chilun_011.prt】，单击【打开】按钮，在装配操控面板中选择齿轮端面和轴台端面，如图 9-6 所示，完成第一步约束。

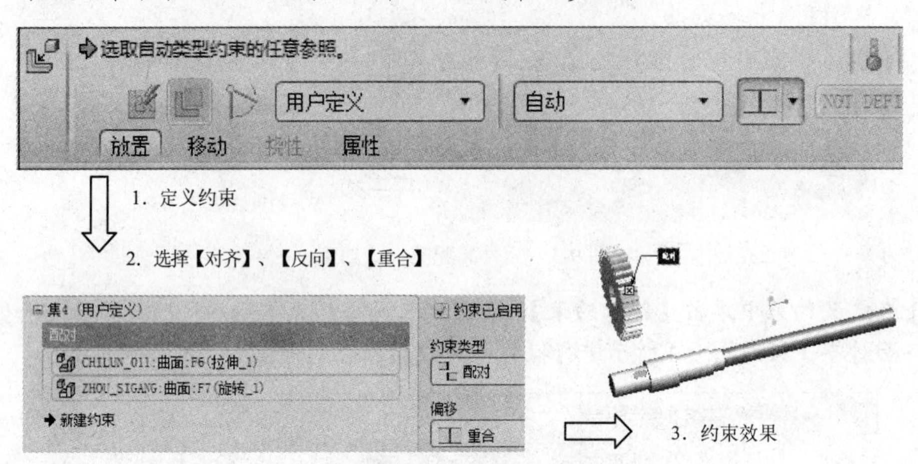

图 9-6 元件装配第一步约束

[7] 在定义约束中单击【新建约束】，重新定义两个约束单元——选择轴键侧面和齿轮槽侧面，按照图 9-7 所示进行操作，完成第二步约束。

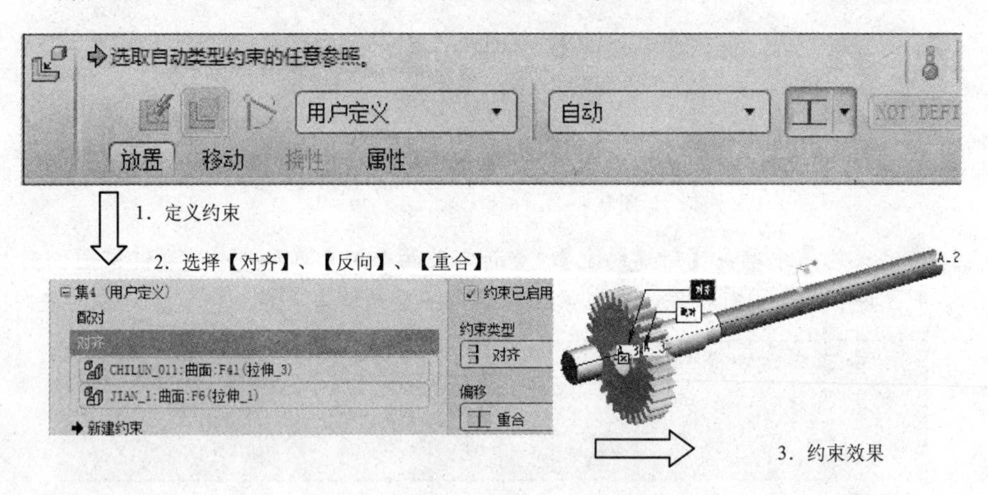

图 9-7 元件装配第二步约束

[8] 在定义约束中单击【新建约束】，重新定义两个约束单元——两体中心轴线对齐，按照图 9-8 所示进行操作，完成第三步约束。最后单击按钮，完成元件的装配。

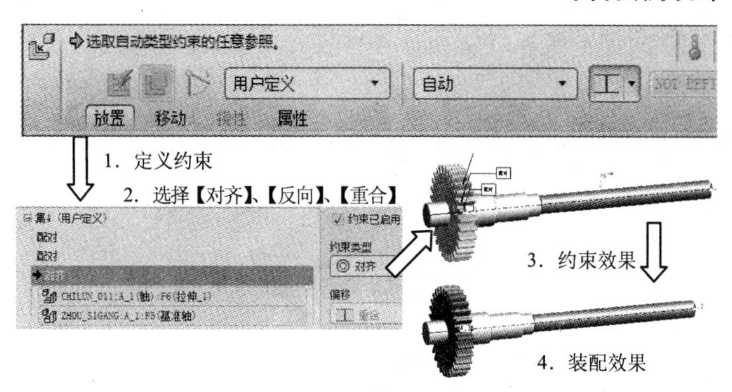

图 9-8 元件装配第三步约束

[9] 选择【插入】/【元件】/【装配】命令或单击特征工具栏中的【装配】按钮，选择要添加的元件【zhoucheng_d40.prt】，单击【打开】按钮，在装配操控面板中选择齿轮外端面和轴承端面，如图 9-9 所示，完成第一步约束。

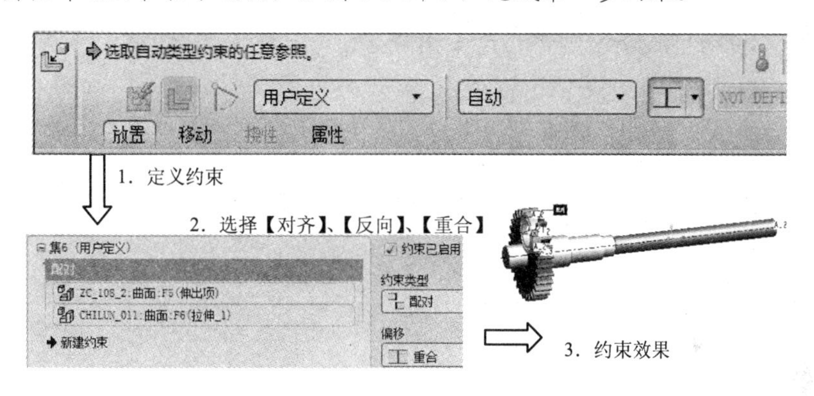

图 9-9 元件装配第一步约束

[10] 在定义约束中单击【新建约束】，重新定义两个约束单元——两体中心轴线对齐，按照图 9-10 所示进行操作，完成第二步约束。最后单击按钮，完成元件的装配。

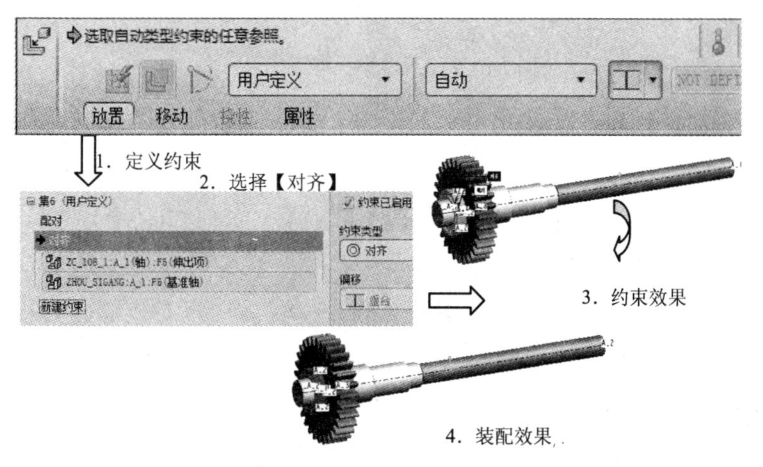

图 9-10 元件装配第二步约束

[11] 选择【插入】/【元件】/【装配】命令或单击特征工具栏中的【装配】按钮，选择要添加的元件【zhoucheng_d45.prt】，单击【打开】按钮，在装配操控面板中选择齿轮外端面和轴承端面，如图 9-11 所示，完成第一步约束。

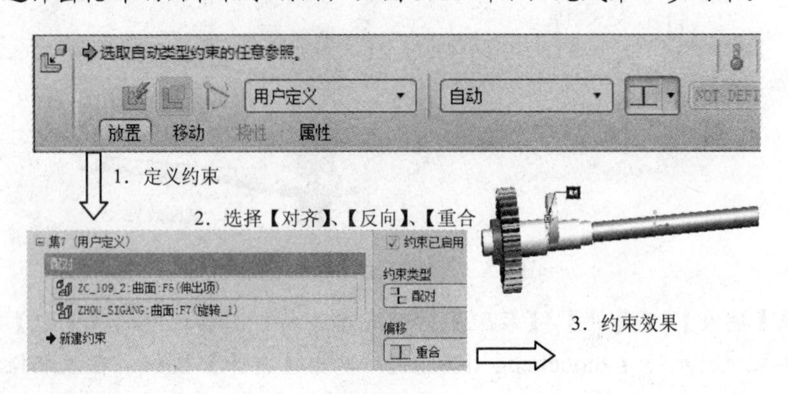

图 9-11　元件装配第一步约束

[12] 在定义约束中单击【新建约束】，重新定义两个约束单元——两体中心轴线对齐，按照图 9-12 所示进行操作，完成第二步约束。最后单击按钮，完成元件的装配。

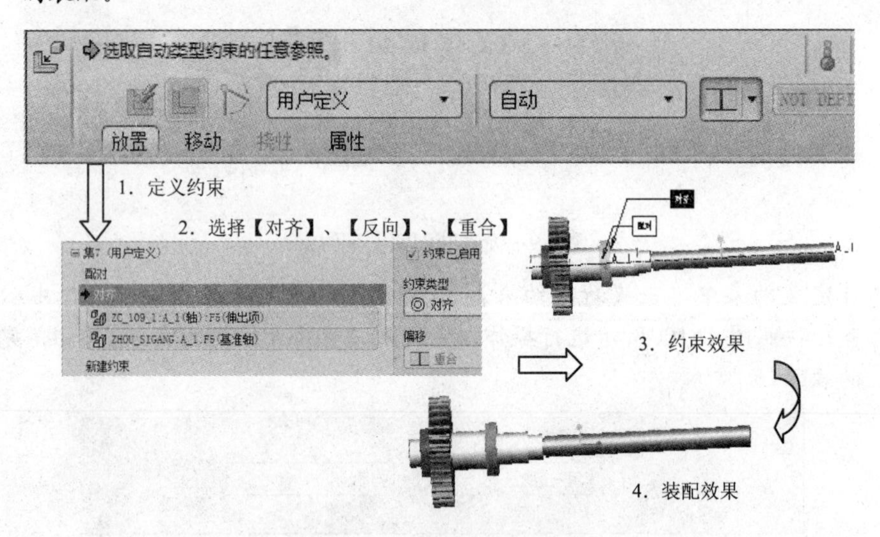

图 9-12　元件装配第二步约束

[13] 选择【插入】/【元件】/【装配】命令或单击特征工具栏中的【装配】按钮，选择要添加的元件【chilun_01.prt】，单击【打开】按钮，在装配操控面板中选择【zhoucheng_45】，右侧端面和齿轮轴孔内侧对齐，如图 9-13 所示，完成第一步约束。

[14] 在定义约束中单击【新建约束】，重新定义两个约束单元——两体中心轴线对齐，按照图 9-14 所示进行操作，完成第二步约束。最后单击按钮，完成元件的装配。

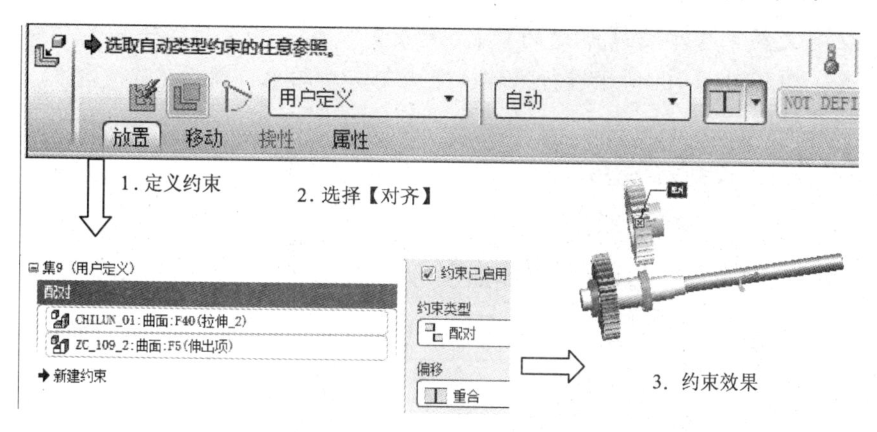

图 9-13　元件装配第一步约束

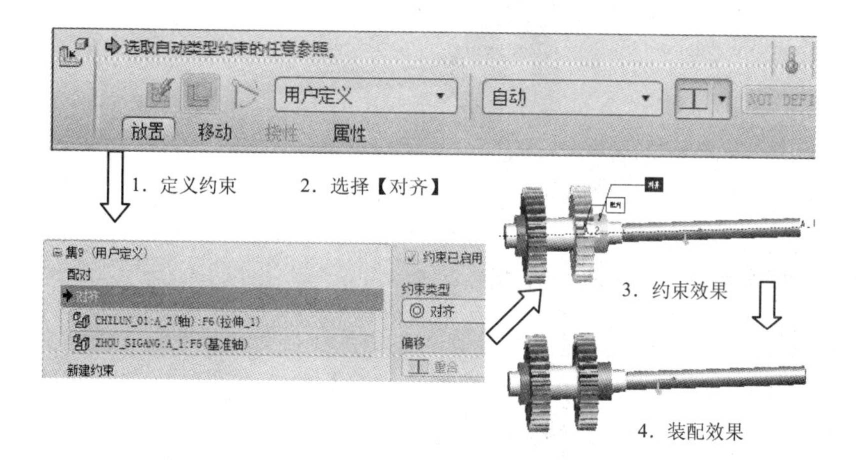

图 9-14　元件装配第二步约束

[15] 选择【插入】/【元件】/【装配】命令或单击特征工具栏中的【装配】按钮，选择要添加的元件【zhoucheng_d35.prt】，单击【打开】按钮，在装配操控面板中选择轴承端面和轴台端面对齐，如图 9-15 所示，完成第一步约束。

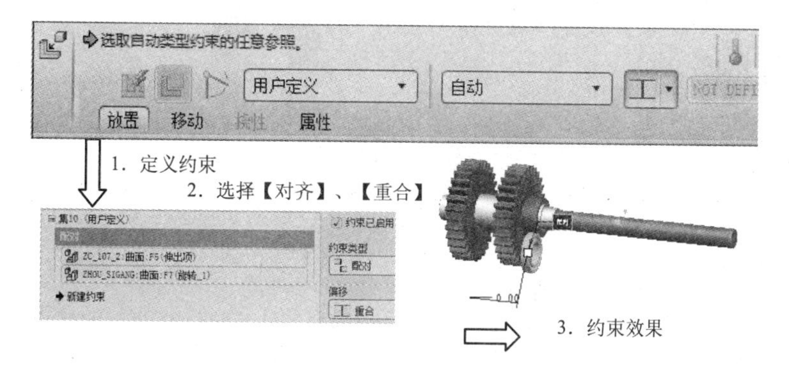

图 9-15　元件装配第一步约束

[16] 在定义约束中单击【新建约束】，重新定义两个约束单元——两体中心轴线对齐，按照图 9-16 所示进行操作，完成第二步约束。最后单击☑按钮，完成元件的装配。

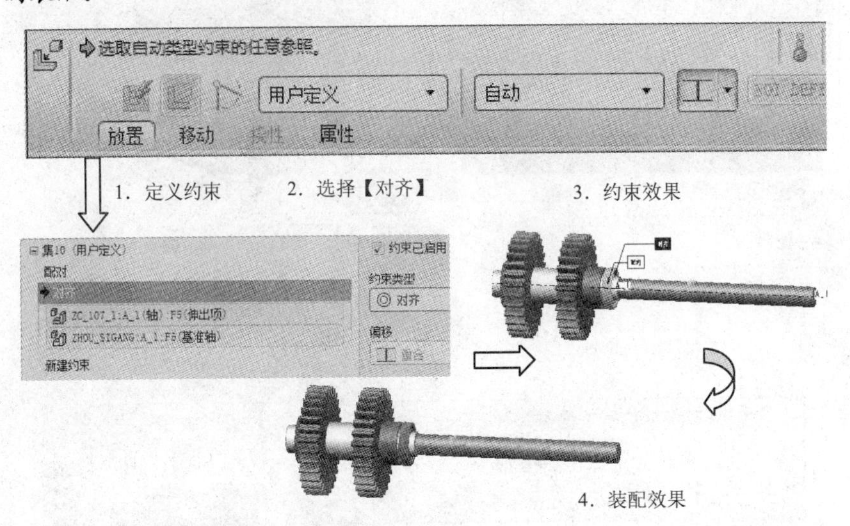

图 9-16　元件装配第二步约束

步骤 2. 创建主轴中间零部件的装配。

[1] 选择【插入】/【元件】/【装配】命令或单击特征工具栏中的【装配】按钮，选择要添加的元件【luomu.prt】，单击【打开】按钮，在装配操控面板中选择轴承端面和轴台端面对齐，如图 9-17 所示，完成第一步约束。

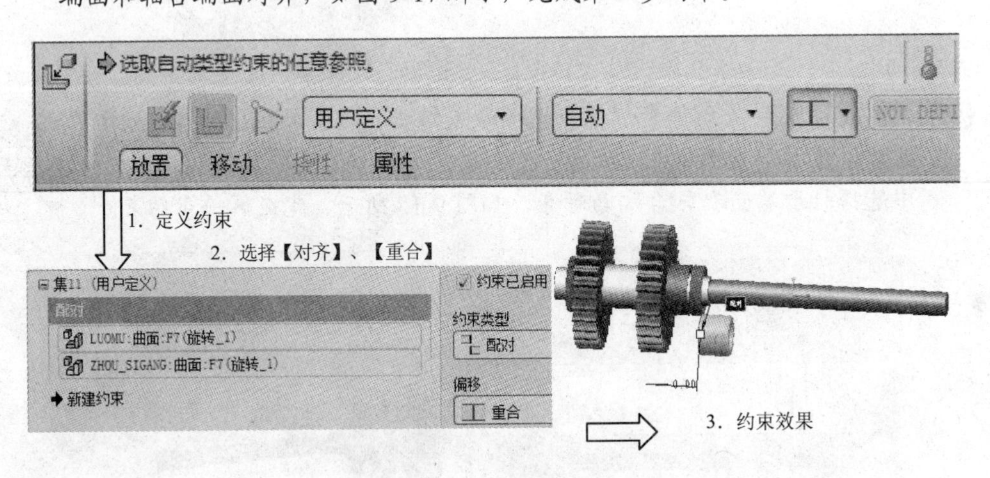

图 9-17　元件装配第一步约束

[2] 在定义约束中单击【新建约束】，重新定义两个约束单元——两体中心轴线对齐，按照图 9-18 所示进行操作，完成第二步约束。最后单击☑按钮，完成元件的装配。

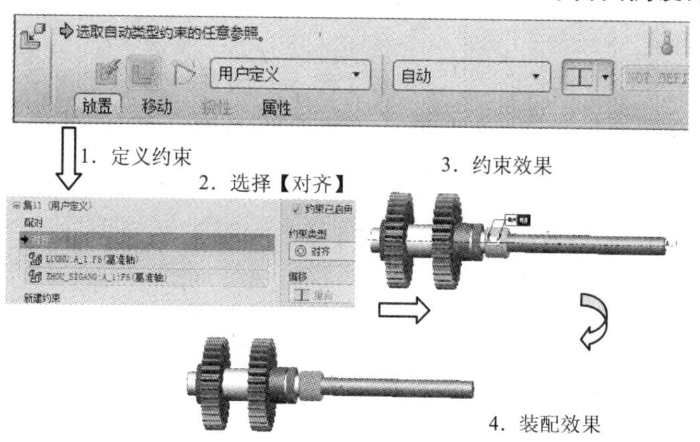

图 9-18　元件装配第二步约束

[3] 选择【插入】/【元件】/【装配】命令或单击特征工具栏中的【装配】按钮，选择要添加的元件【zhou_zuangan.prt】，单击【打开】按钮，在装配操控面板中选择轴钻杆一侧的内台阶面和螺母右侧面对齐，如图 9-19 所示，完成第一步约束。

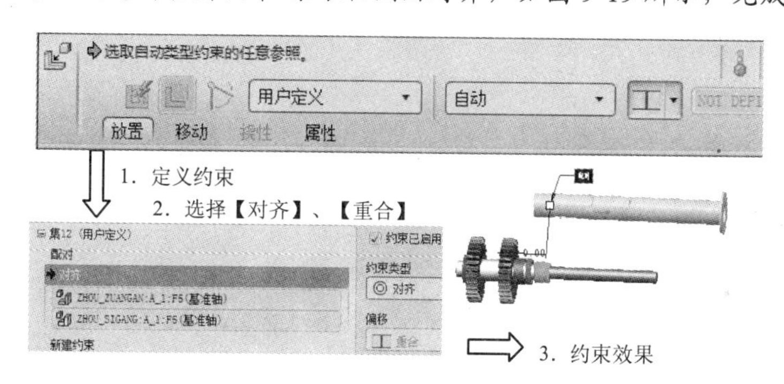

图 9-19　元件装配第一步约束

[4] 在定义约束中单击【新建约束】，重新定义两个约束单元——两体中心轴线对齐，按照图 9-20 所示进行操作，完成第二步约束，最后单击✓按钮，完成元件的装配。

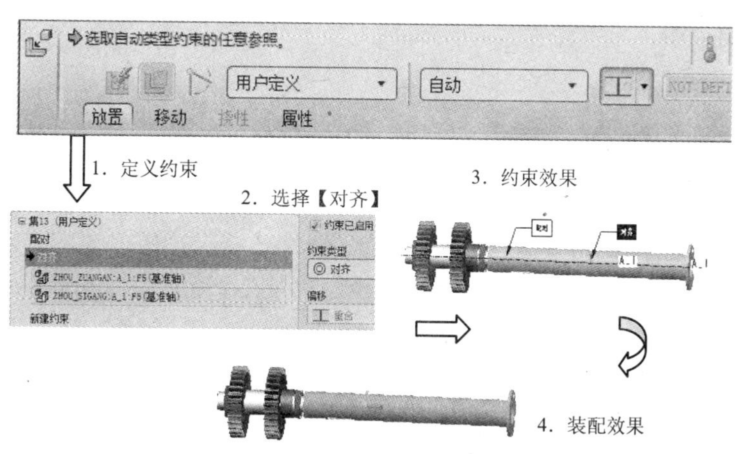

图 9-20　元件装配第二步约束

[5] 选择【插入】/【元件】/【装配】命令或单击特征工具栏中的【装配】按钮，选择要添加的元件【jian3.prt】，单击【打开】按钮，在装配操控面板中选择轴钻杆一侧的内台阶面和螺母右侧面对齐，如图 9-21 所示，完成第一步约束。

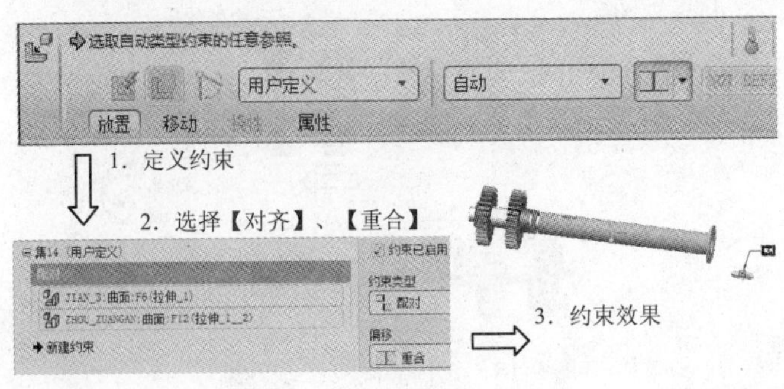

图 9-21　元件装配第一步约束

[6] 在定义约束中单击【新建约束】，重新定义两个约束单元——选择键侧面和键槽侧面对齐，按照图 9-22 所示进行操作，完成第二步约束。

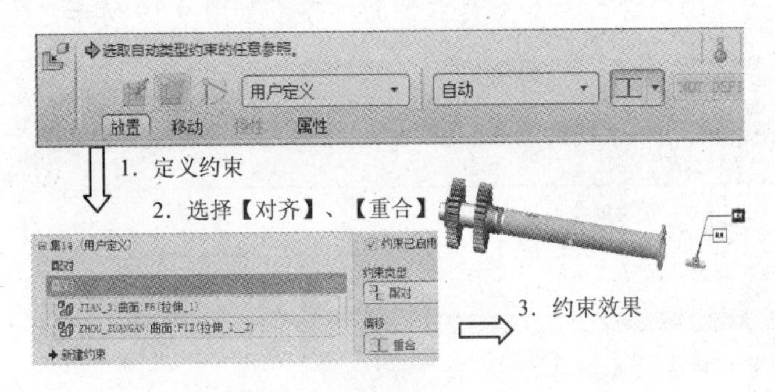

图 9-22　元件装配第二步约束

[7] 在定义约束中单击【新建约束】，重新定义两个约束单元——键和键槽圆侧面，按照图 9-23 所示进行操作，完成第三步约束。最后单击按钮，完成元件的装配。

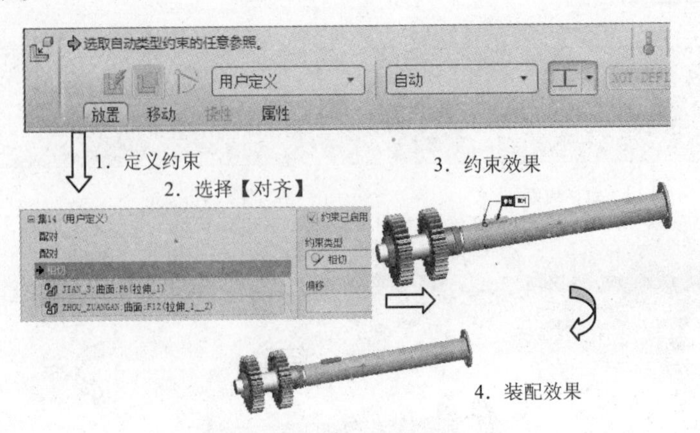

图 9-23　元件装配第三步约束

[8] 同理装配另一侧键，其装配效果如图 9-24 所示。

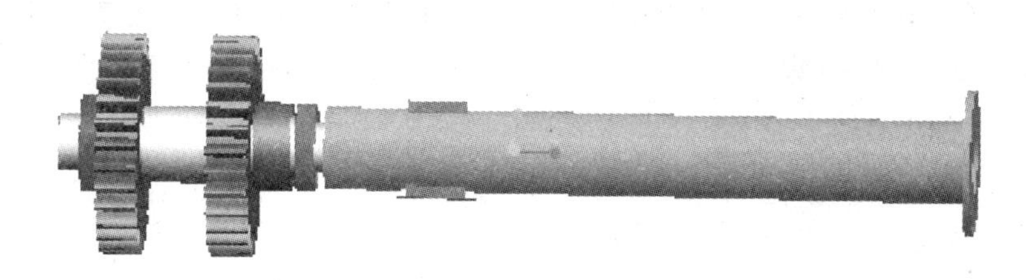

图 9-24　另一侧键装配效果

[9] 选择【插入】/【元件】/【装配】命令或单击特征工具栏中的【装配】按钮，选择要添加的元件【zhou_chuandong.prt】，单击【打开】按钮，在装配操控面板中选择两题中心轴线对齐，如图 9-25 所示，完成第一步约束。

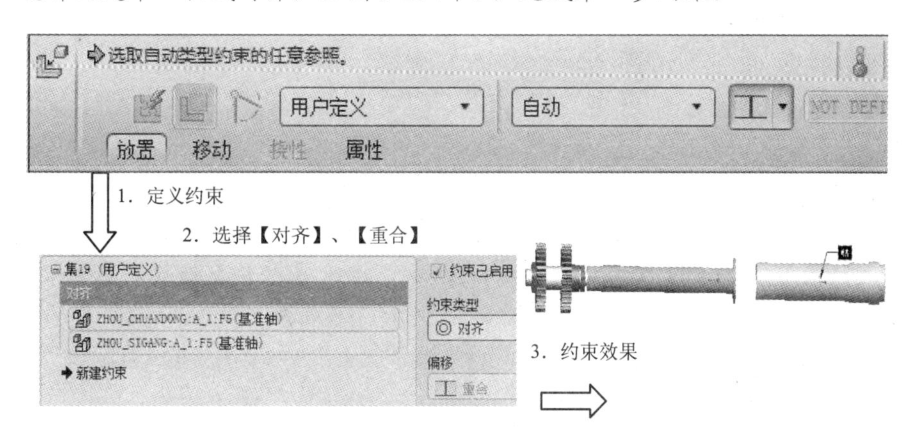

图 9-25　元件装配第一步约束

[10] 在定义约束中单击【新建约束】，重新定义两个约束单元——选择键侧面和传动孔内侧键槽侧面对齐，按照图 9-26 所示进行操作，完成第二步约束。

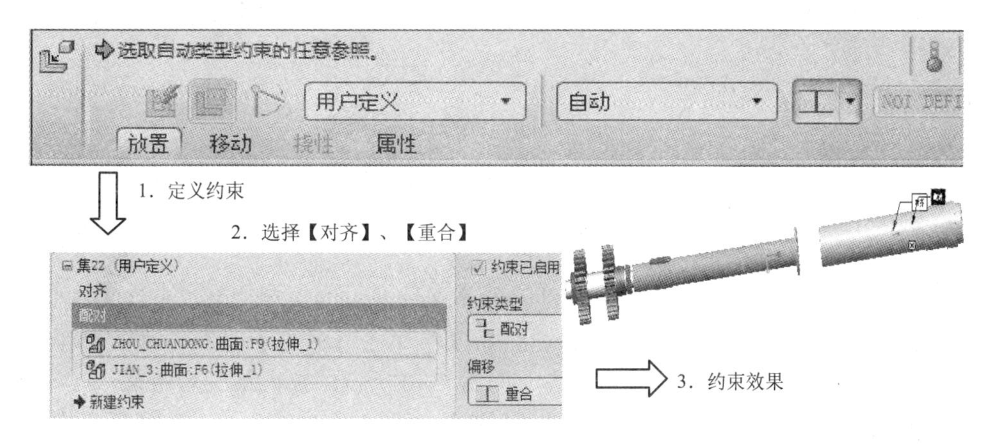

图 9-26　元件装配第二步约束

[11] 在定义约束中单击【新建约束】，重新定义两个约束单元——选择传动轴侧面和齿轮 01 侧面对齐，- 按照图 9-27 所示进行操作，完成第三步约束。最后单击✓按钮，完成元件的装配。

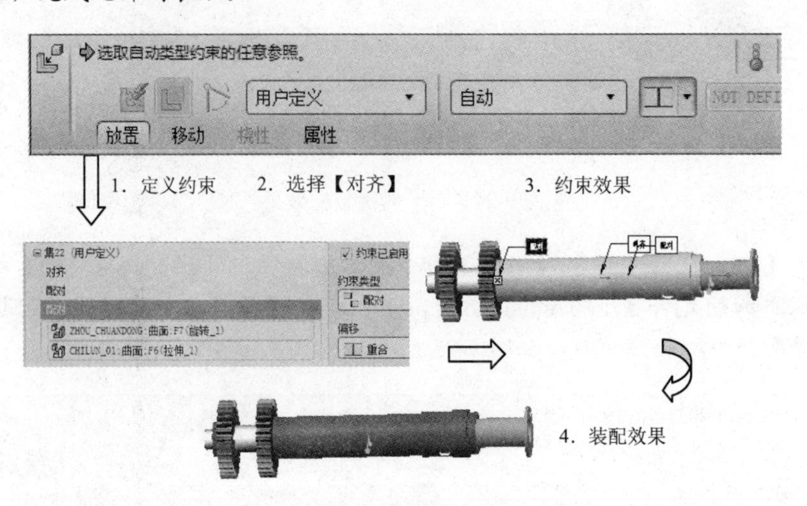

图 9-27　元件装配第三步约束

[12] 选择【插入】/【元件】/【装配】命令或单击特征工具栏中的【装配】按钮，选择要添加的元件【zhoutao_sigang.prt】，单击【打开】按钮，在装配操控面板中选择两体中心轴线对齐，如图 9-28 所示，完成第一步约束。

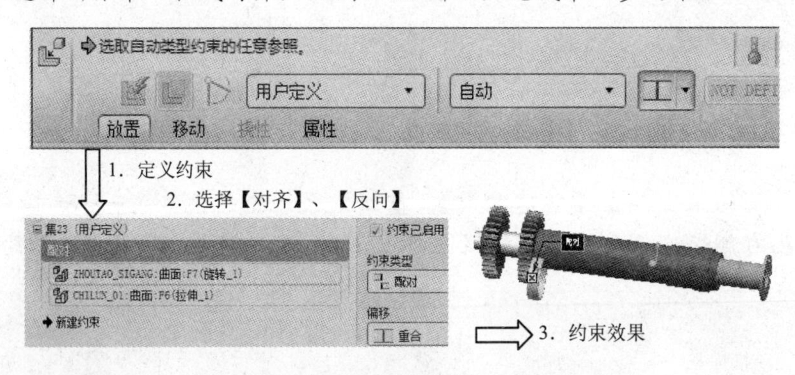

图 9-28　元件装配第一步约束

[13] 在定义约束中单击【新建约束】，重新定义两个约束单元——选择两体中心轴线对齐，按照图 9-29 所示进行操作，完成第二步约束。最后单击✓按钮，完成元件的装配。

[14] 选择【插入】/【元件】/【装配】命令或单击特征工具栏中的【装配】按钮，选择要添加的元件【zhoucheng_d85.prt】，单击【打开】按钮，在装配操控面版中选择轴承端面和轴套端面对齐，如图 9-30 所示，完成第一步约束。

[15] 在定义约束中单击【新建约束】，重新定义两个约束单元——选择两体中心轴线对齐，按照图 9-31 所示进行操作，完成第二步约束。最后单击✓按钮，完成元件的装配。

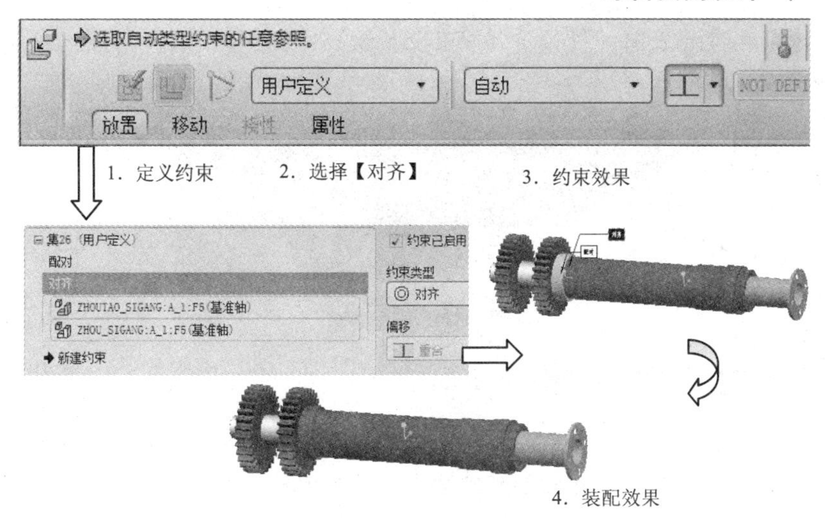

图 9-29　元件装配第二步约束

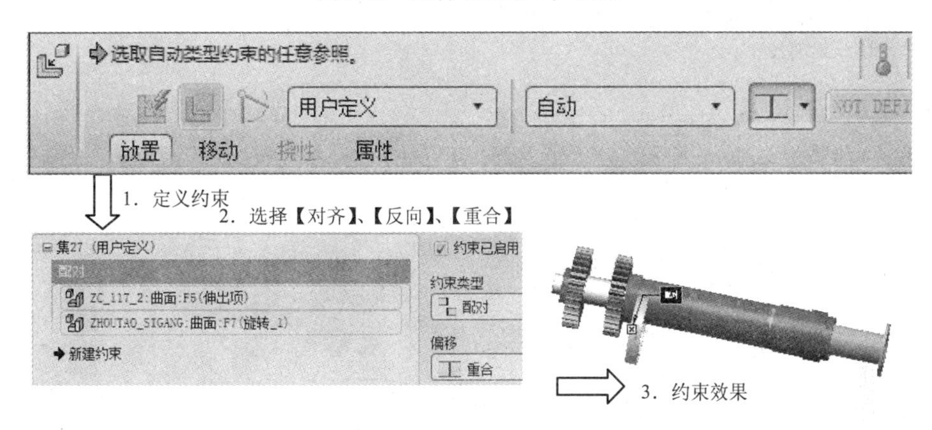

图 9-30　元件装配第一步约束

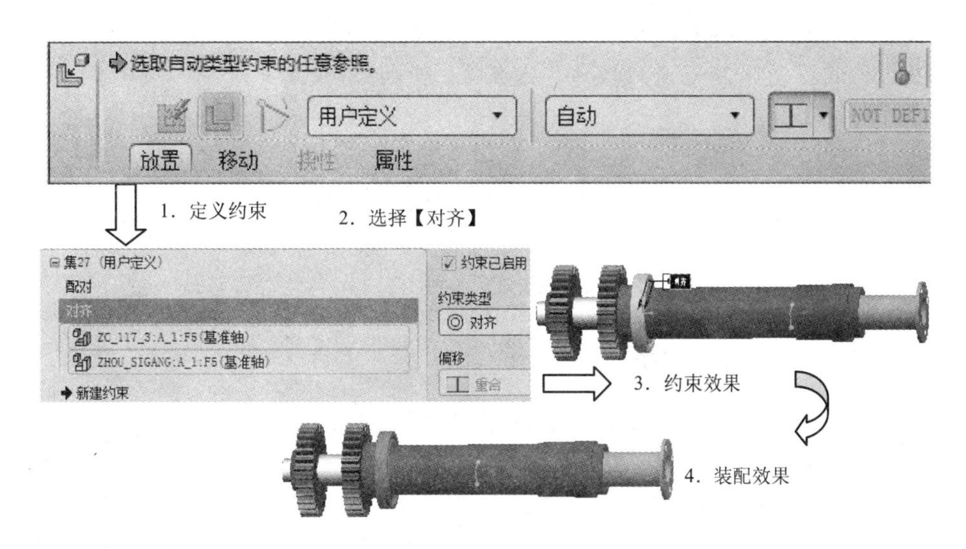

图 9-31　元件装配第二步约束

[16] 参考前述键的装配，进行传动轴孔上的键 1 与键槽的装配，装配效果如图 9-32 所示。

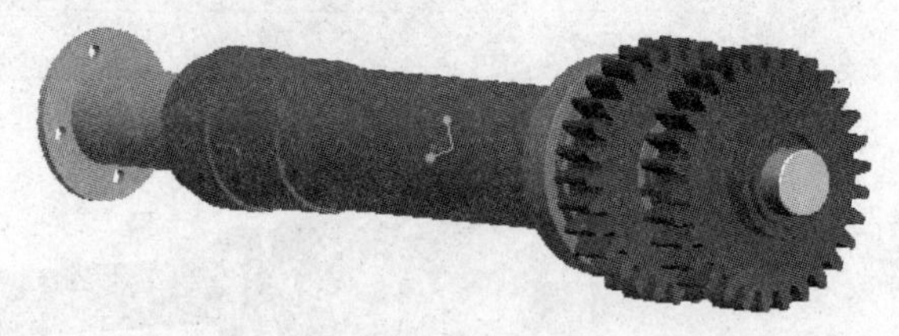

图 9-32　装配效果

步骤 3．创建右边蜗轮等零部件的装配。

[1] 选择【插入】/【元件】/【装配】命令或单击特征工具栏中的【装配】按钮，选择要添加的元件【wolun.prt】，单击【打开】按钮，在装配操控面板中选择两体中心轴线对齐，如图 9-33 所示，完成第一步约束。

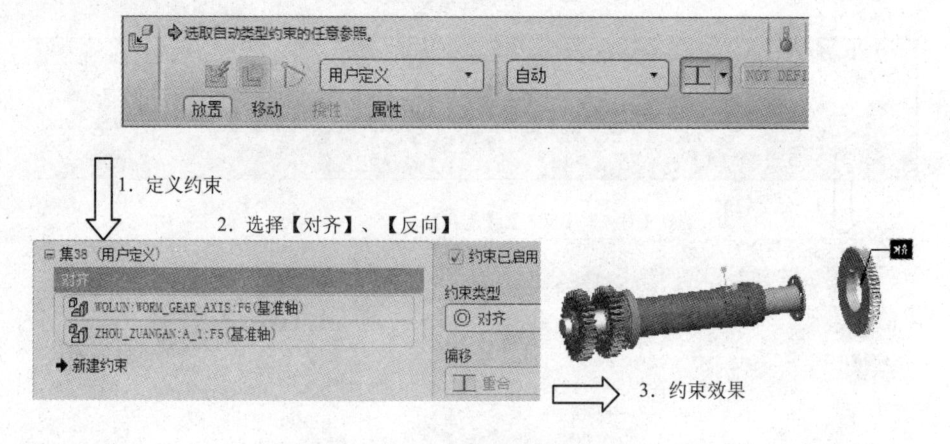

图 9-33　元件装配第一步约束

[2] 在定义约束中单击【新建约束】，重新定义两个约束单元——选择两体中心轴线对齐，按照图 9-34 所示进行操作，完成第二步约束。

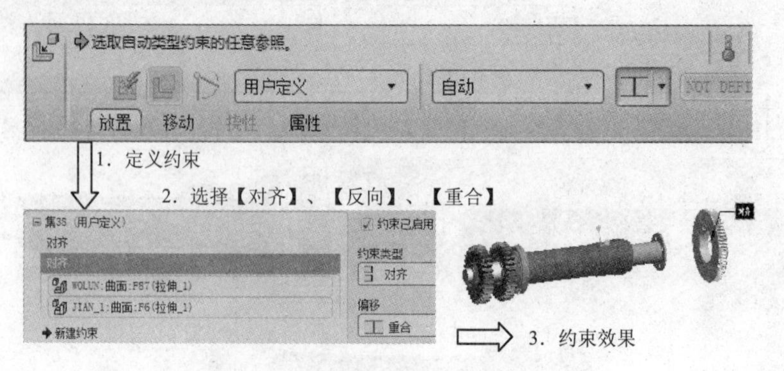

图 9-34　元件装配第二步约束

[3] 在定义约束中单击【新建约束】，重新定义两个约束单元——选择两体中心轴线对

齐，按照图 9-35 所示进行操作，完成第三步约束。最后单击✓按钮，完成元件的装配。

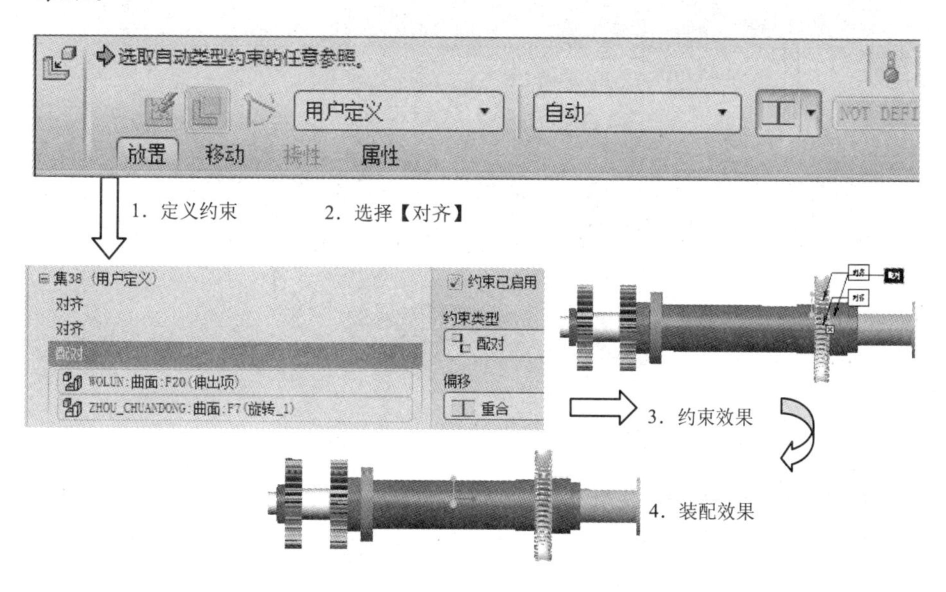

图 9-35　元件装配第三步约束

[4] 选择【插入】/【元件】/【装配】命令或单击特征工具栏中的【装配】按钮，选择要添加的元件【wolun.prt】，单击【打开】按钮，在装配操控面板中选择两体中心轴线对齐，如图 9-36 所示，完成第一步约束。

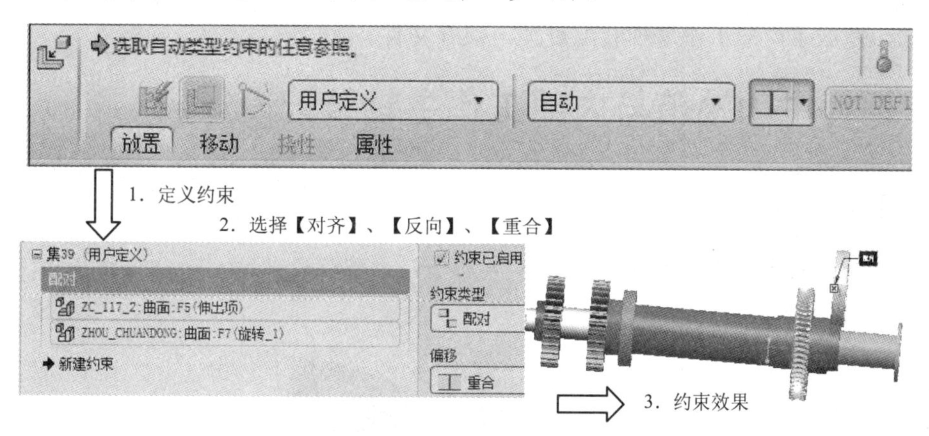

图 9-36　元件装配第一步约束

[5] 在定义约束中单击【新建约束】，重新定义两个约束单元——选择两体中心轴线对齐，按照图 9-37 所示进行操作，完成第二步约束。最后单击✓按钮，完成元件的装配。

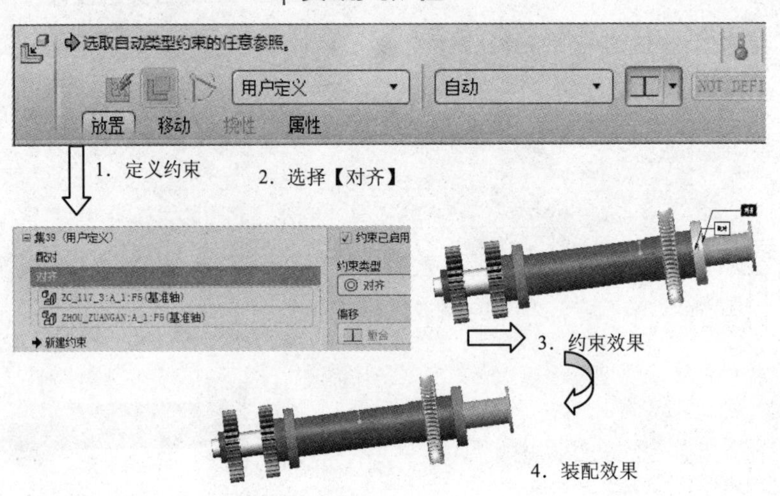

图 9-37　元件装配第二步约束

[6] 同理装配另一侧轴承，装配效果如图 9-38 所示。

图 9-38　另一侧轴承装配效果

至此，完成了内部工作主轴装配设计，保存文件。

9.2 蜗杆主动轴箱与内部工作主轴装配设计

设计要求

蜗杆主动轴箱的三维造型设计如图 9-39 所示，本节将设计该主动轴箱并与 9.1 节的内部工作主轴进行装配。

图 9-39　蜗杆主动轴箱

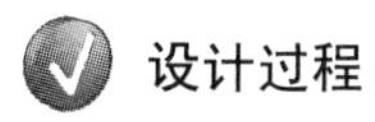

设计过程

内部工作主轴的设计分成如下步骤来完成。

步骤 1．蜗杆主动轴箱部件的装配。

[1] 单击【新建】按钮，或选择【文件】/【新建】命令，在弹出的对话框中选中【组件】单选按钮，输入文件名 zongcheng_chuandongzhouxiangti，取消选中【使用缺省模板】复选框，单击确定按钮。将模板设置为【mmns_asm_design】，其单位为【米制】，单击确定按钮，进入装配界面。

[2] 选择【插入】/【元件】/【装配】命令或单击特征工具栏中的【装配】按钮，选择要添加的元件【wogan.prt】，单击【打开】按钮，在装配操控面板中直接单击按钮。

[3] 选择【插入】/【元件】/【装配】命令或单击特征工具栏中的【装配】按钮，选择要添加的元件【zhoucheng_d40.prt】，单击【打开】按钮，在装配操控面板中选择轴承侧面和蜗杆轴台阶面对齐，如图 9-40 所示，完成第一步约束。

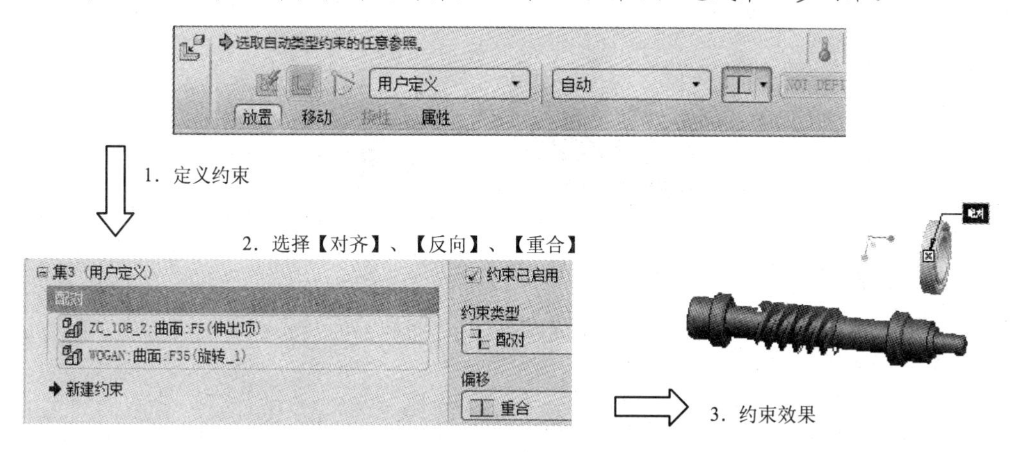

图 9-40　元件装配第一步约束

[4] 在定义约束中单击【新建约束】，重新定义两个约束单元——选择两体中心轴线对齐，按照图 9-41 所示进行操作，完成第二步约束。最后单击按钮，完成元件的装配。

[5] 同理装配另一侧轴承，装配效果如图 9-42 所示。

[6] 选择【插入】/【元件】/【装配】命令或单击特征工具栏中的【装配】按钮，选择要添加的元件【jianyemada.prt】，单击【打开】按钮，在装配操控面板中选择键端面和键槽端面对齐，如图 9-43 所示，完成第一步约束。

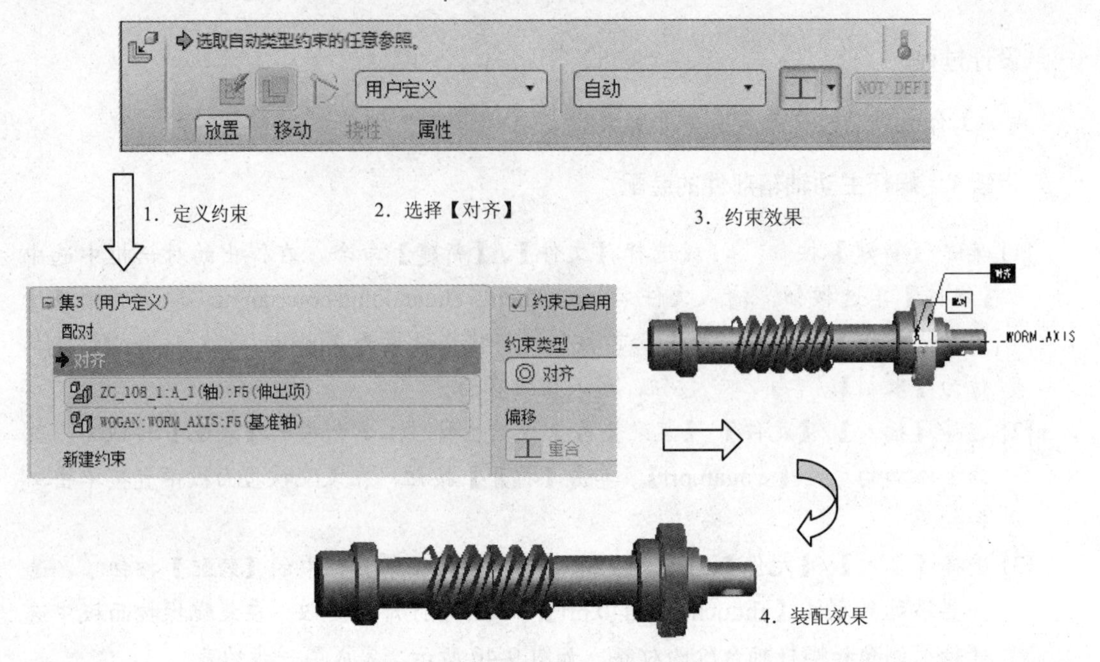

图 9-41　元件装配第二步约束

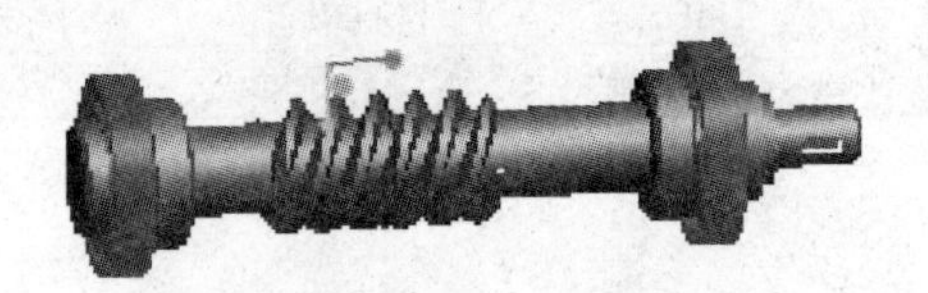

图 9-42　另一侧轴承装配效果

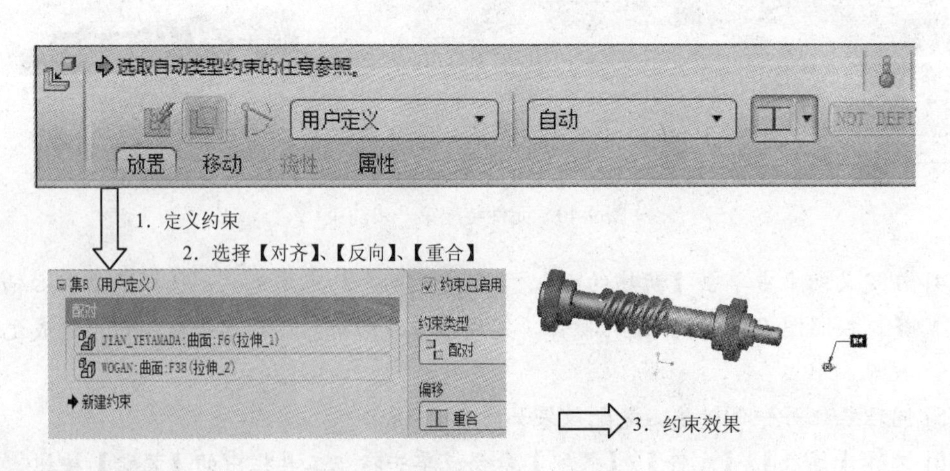

图 9-43　元件装配第一步约束

[7] 在定义约束中单击【新建约束】，重新定义两个约束单元——选择键侧面和键槽侧面对齐，按照图 9-44 所示进行操作，完成第二步约束。

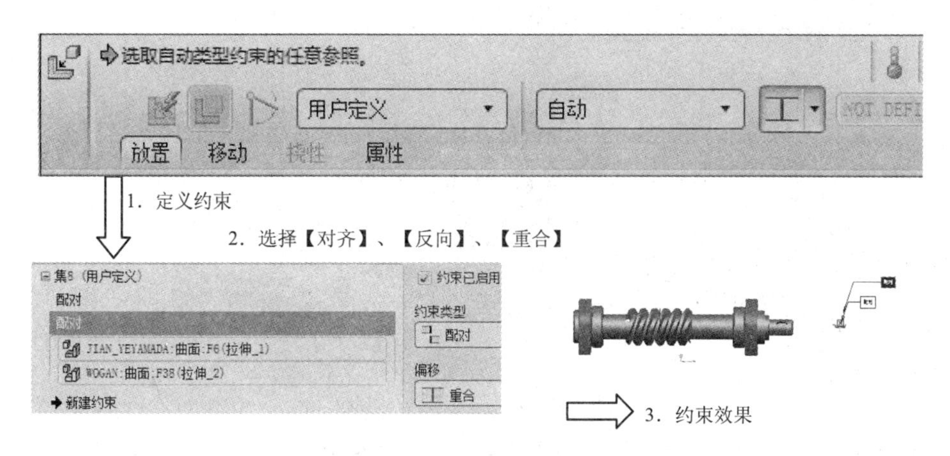

图 9-44　元件装配第二步约束

[8] 在定义约束中单击【新建约束】，重新定义两个约束单元——选择键圆端面和键槽圆端面相切，按照图 9-45 所示进行操作，完成第三步约束。最后单击✓按钮，完成元件的装配。

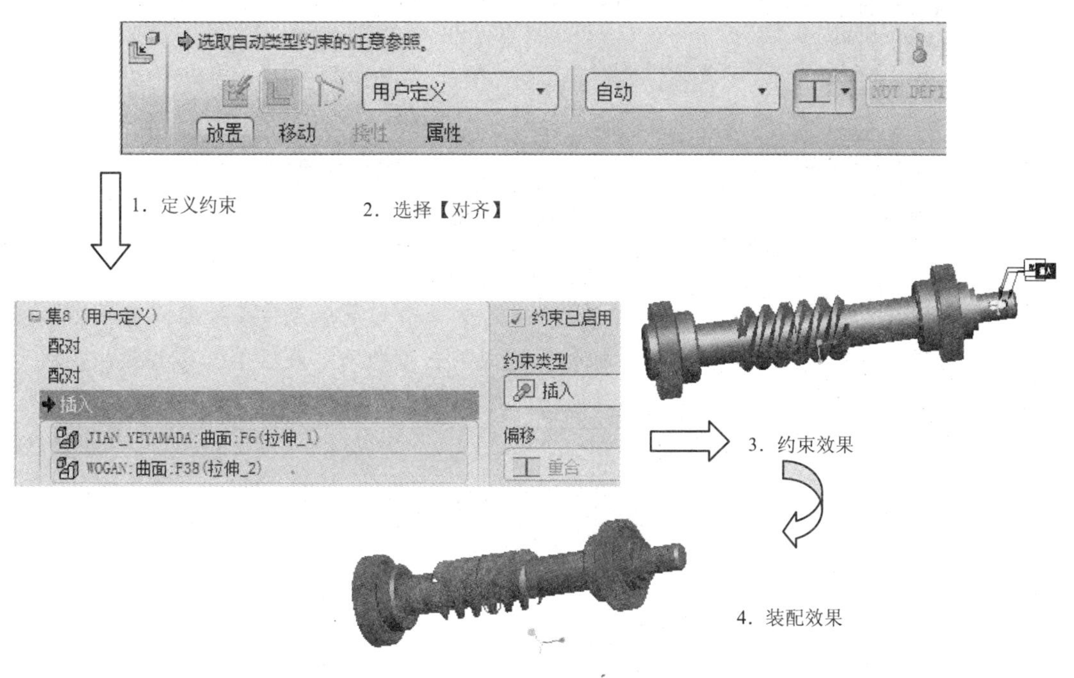

图 9-45　元件装配第三步约束

[9] 选择【插入】/【元件】/【装配】命令或单击特征工具栏中的【装配】按钮，选择要添加的元件【lianzhouqi.prt】，单击【打开】按钮，在装配操控面板中选择联轴器端面和蜗杆轴台端面对齐，如图 9-46 所示，完成第一步约束。

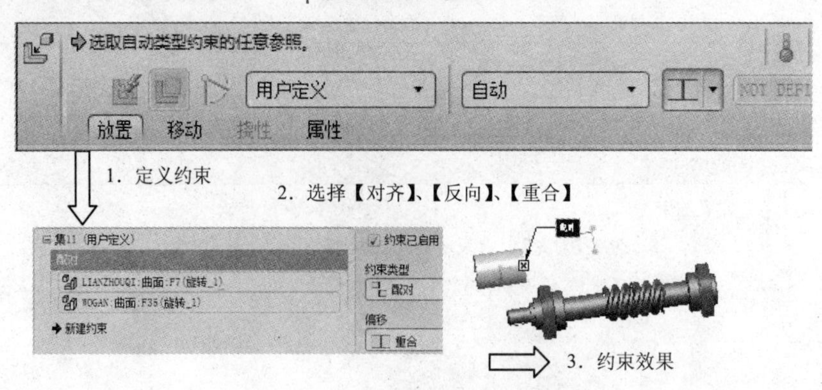

图 9-46　元件装配第一步约束

[10] 在定义约束中单击【新建约束】，重新定义两个约束单元——选择联轴器内侧键槽侧面和键侧面对齐，按照图 9-47 所示进行操作，完成第二步约束。

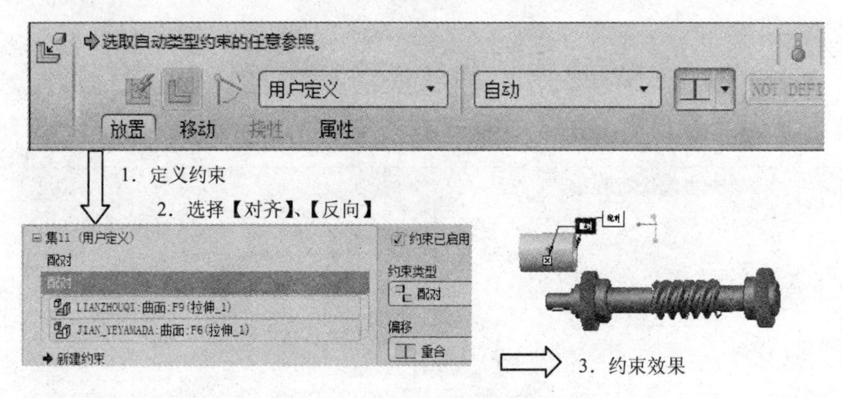

图 9-47　元件装配第二步约束

[11] 在定义约束中单击【新建约束】，重新定义两个约束单元——选择两体中心轴线对齐，按照图 9-48 所示进行操作，完成第三步约束。最后单击✔按钮，完成元件的装配。

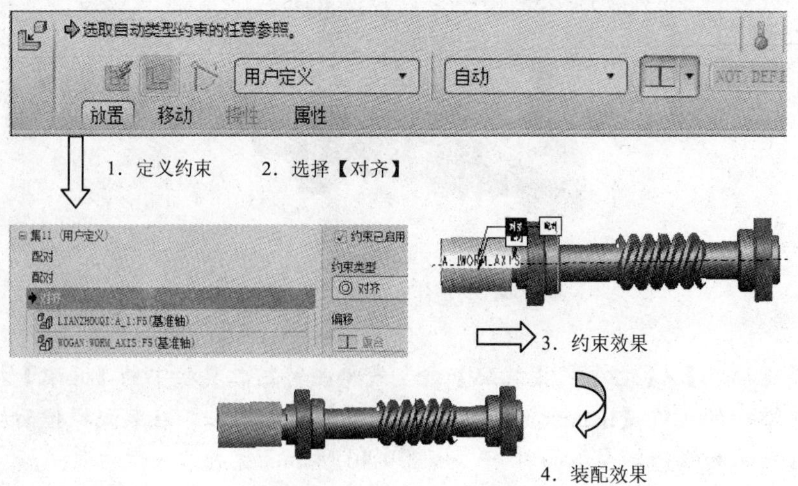

图 9-48　元件装配第三步约束

[12] 选择【插入】/【元件】/【装配】命令或单击特征工具栏中【装配】按钮，选择要添加的元件【jian_yemada.prt】，单击【打开】按钮，在装配操控面板中选择键槽端面和键端面对齐，如图 9-49 所示，完成第一步约束。

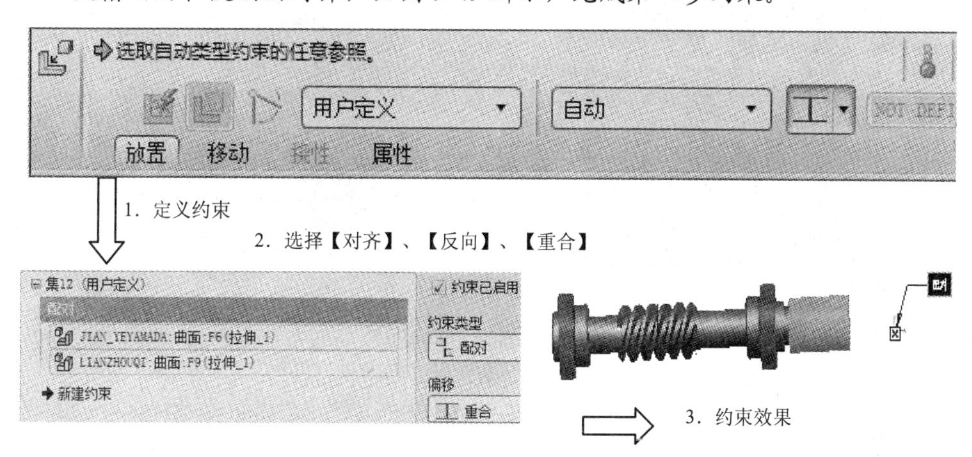

图 9-49　元件装配第一步约束

[13] 在定义约束中单击【新建约束】，重新定义两个约束单元——选择键槽侧面和键侧面对齐，按照图 9-50 所示进行操作，完成第二步约束。

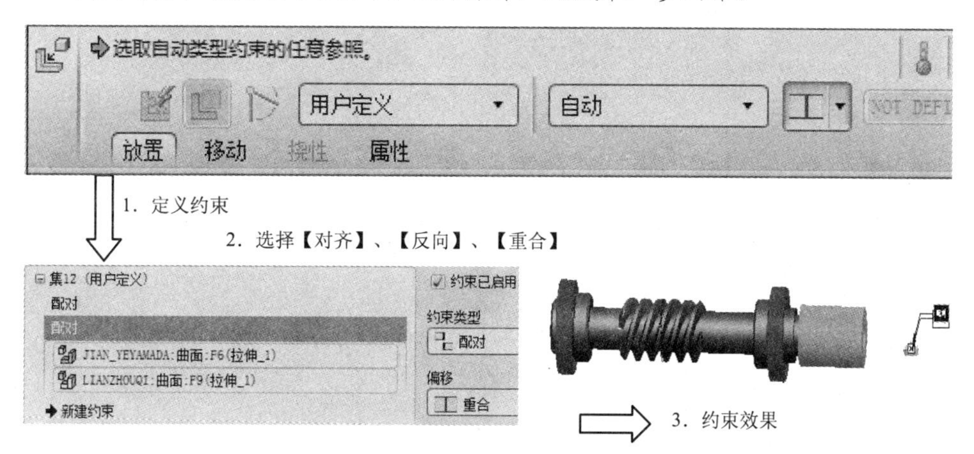

图 9-50　元件装配第二步约束

[14] 单击【移动】按钮，单击键，将键移动到联轴器键槽内，然后再单击左键确定，最后单击✔按钮，完成元件的装配，如图 9-51 所示。

[15] 选择【插入】/【元件】/【装配】命令或单击特征工具栏中的【装配】按钮，选择要添加的元件【yemada.prt】，单击【打开】按钮，在装配操控面板中选择叶马达端面和联轴器端面对齐，如图 9-52 所示，完成第一步约束。

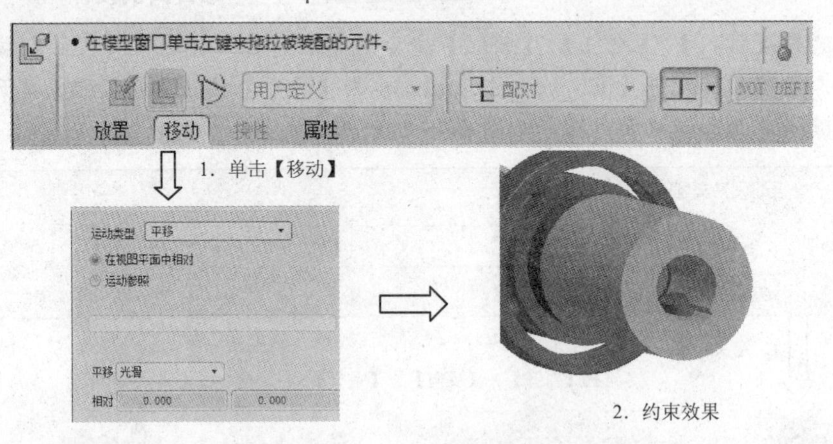

图 9-51 完成键的装配

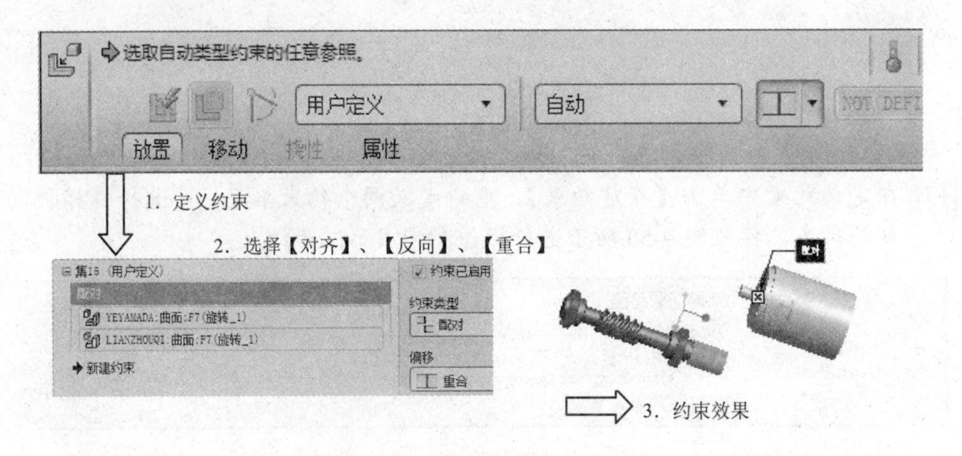

图 9-52 元件装配第一步约束

[16] 在定义约束中单击【新建约束】，重新定义两个约束单元——选择叶马达键槽侧面和键侧面对齐，按照图 9-53 所示进行操作，完成第二步约束。

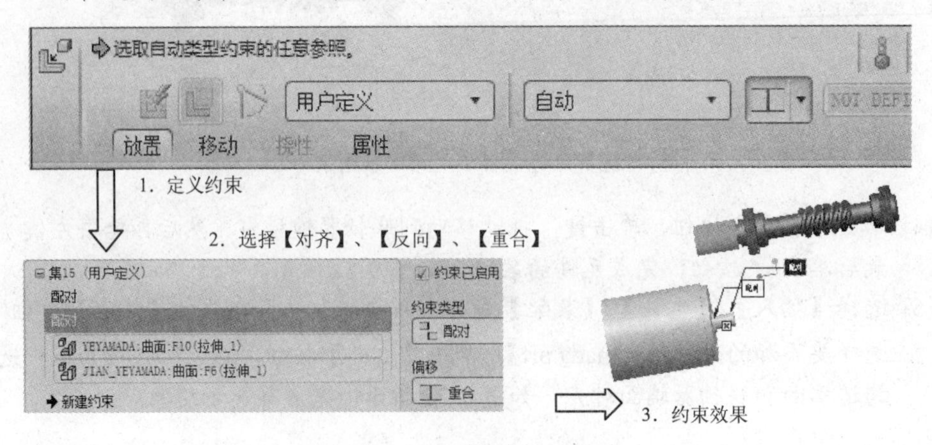

图 9-53 元件装配第二步约束

[17] 在定义约束中单击【新建约束】，重新定义两个约束单元——选择两体中心轴线对齐，按照图 9-54 所示进行操作，完成第三步约束。最后单击✔按钮，完成元件的装配。

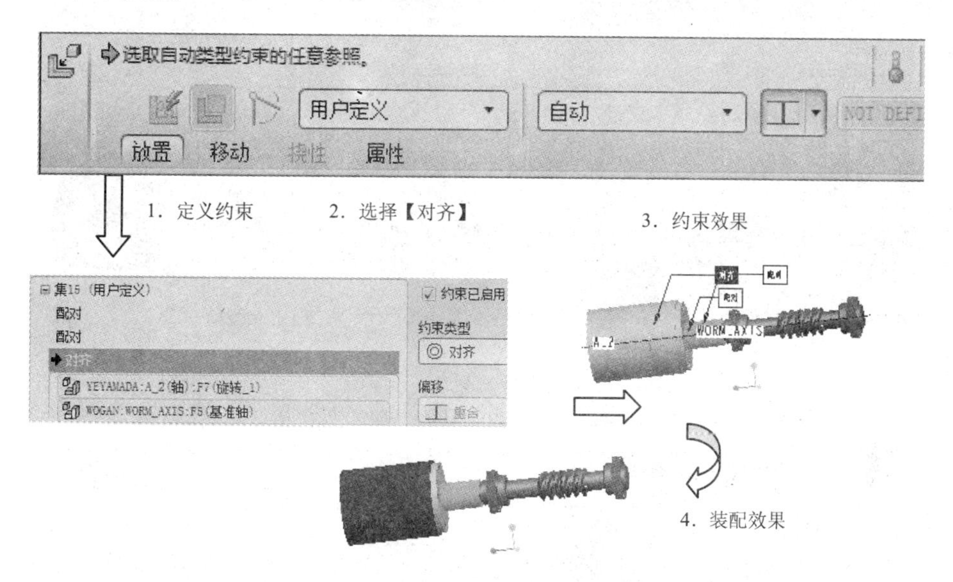

图 9-54　元件装配第三步约束

[18] 选择【插入】/【元件】/【装配】命令或单击特征工具栏中的【装配】按钮，选择要添加的元件【mifengtong_dianjizhou.prt】，单击【打开】按钮，在装配操控面板中选择密封桶光滑端面和叶马达端面对齐，如图 9-55 所示，完成第一步约束。

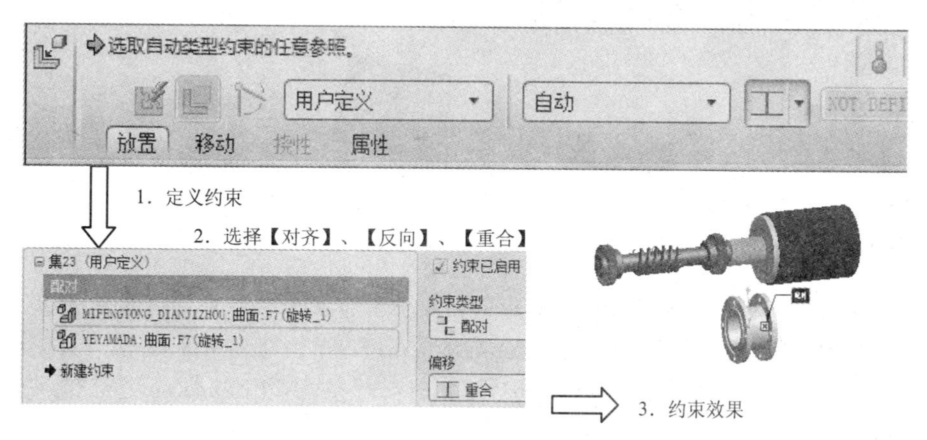

图 9-55　元件装配第一步约束

[19] 在定义约束中单击【新建约束】，重新定义两个约束单元——选择两体中心轴线对齐，按照图 9-56 所示进行操作，完成第二步约束。

[20] 在定义约束中单击【新建约束】，重新定义两个约束单元——选择密封桶上螺孔轴线【A-6】与叶马达上螺孔轴线【A-5】对齐，按照图 9-57 所示进行操作，完

成第三步约束。最后单击✓按钮，完成元件的装配。

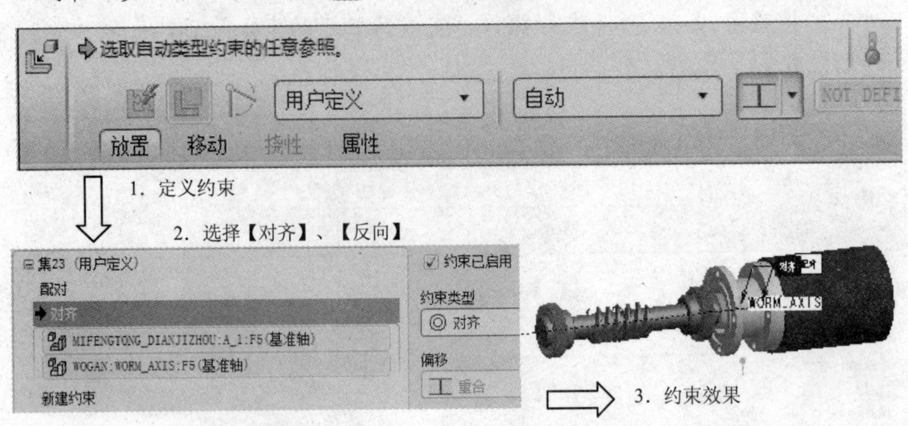

图 9-56　元件装配第二步约束

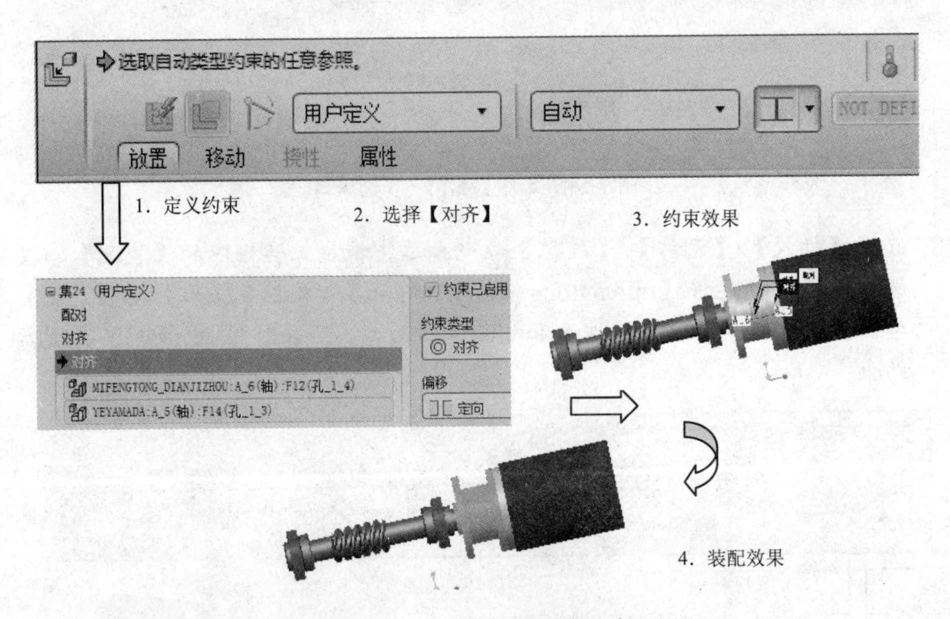

图 9-57　元件装配第三步约束

[21] 选择【插入】/【元件】/【装配】命令或单击特征工具栏中的【装配】按钮，选择要添加的元件【zhouchuandongxiang.prt】，单击【打开】按钮，在装配操控面板中选择密封桶大端面和轴传动箱孔端面对齐，如图 9-58 所示，完成第一步约束。

[22] 在定义约束中单击【新建约束】，重新定义两个约束单元——选择密封桶中心轴线和传动箱孔中心轴线对齐，按照图 9-59 所示进行操作，完成第二步约束。最后单击✓按钮，完成元件的装配。

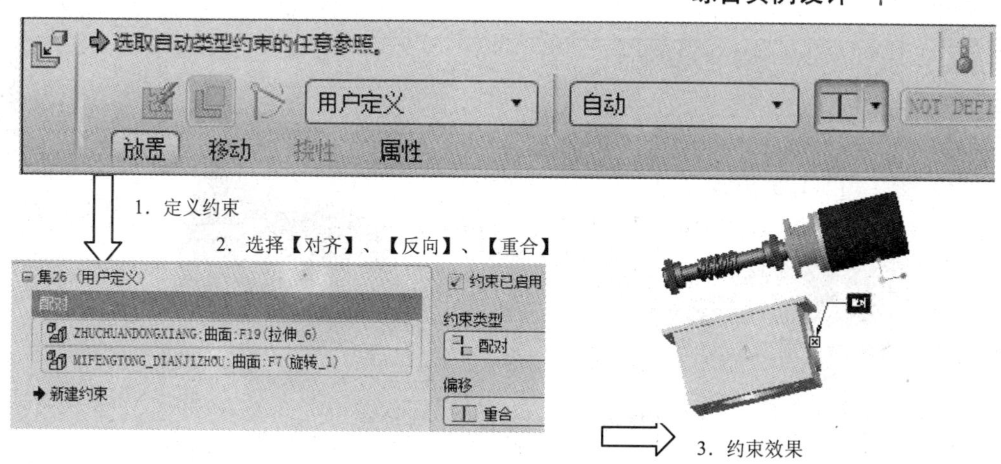

图 9-58　元件装配第一步约束

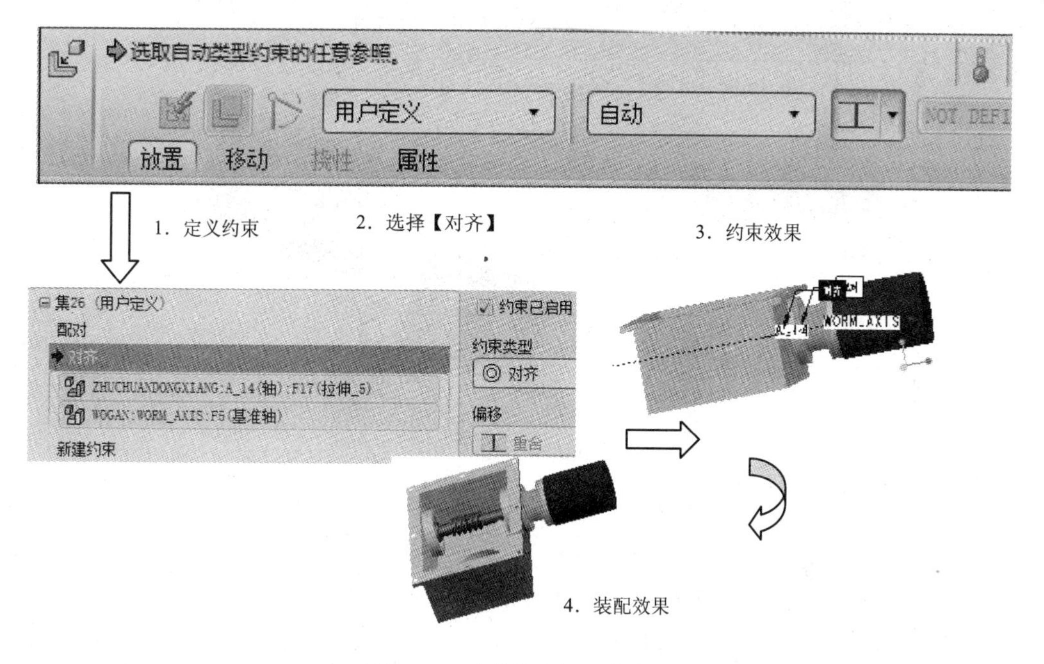

图 9-59　元件装配第二步约束

步骤 2．蜗杆主动轴箱部件总体与内部工作主轴的装配设计。

[1] 选择【插入】/【元件】/【装配】命令或单击特征工具栏中的【装配】按钮，选择要添加的元件【luoshuan-m8.prt】，单击【打开】按钮，在装配操控面板中选择螺栓内端面与密封桶端面对齐，如图 9-60 所示，完成第一步约束。

[2] 在定义约束中单击【新建约束】，重新定义两个约束单元——选择螺栓轴线和密封桶螺栓孔轴线对齐，按照图 9-61 所示进行操作，完成第二步约束。最后单击按钮，完成元件的装配。

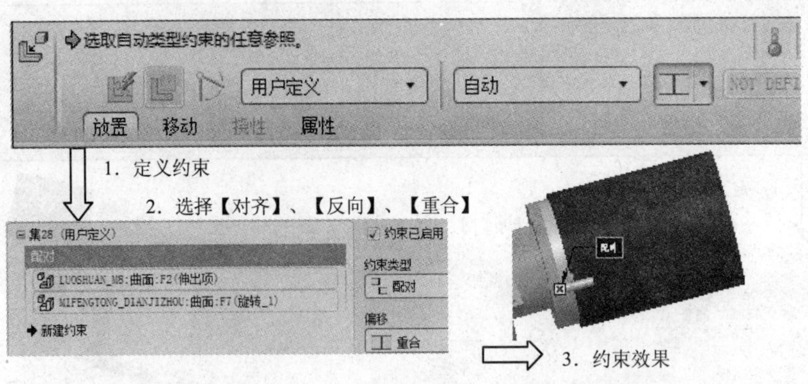

图 9-60 元件装配第一步约束

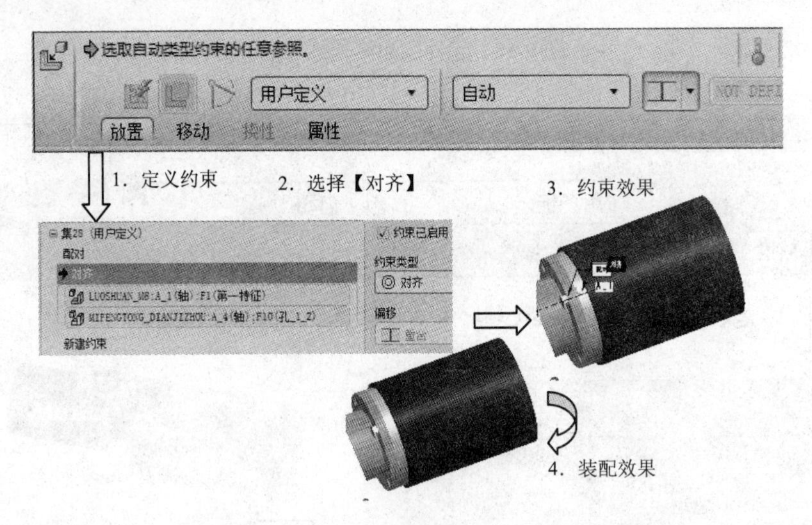

图 9-61 元件装配第二步约束

[3] 选择步骤[2]已装配好的螺栓，单击阵列按钮，在阵列操控面板中选择【轴阵列】，阵列轴选择【密封桶中心轴】，阵列数量为 5，阵列角度为 72.00，然后单击按钮，完成阵列，步骤如图 9-62 所示。

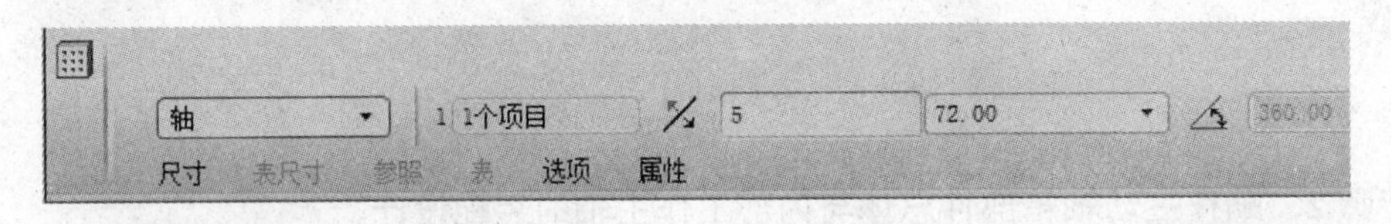

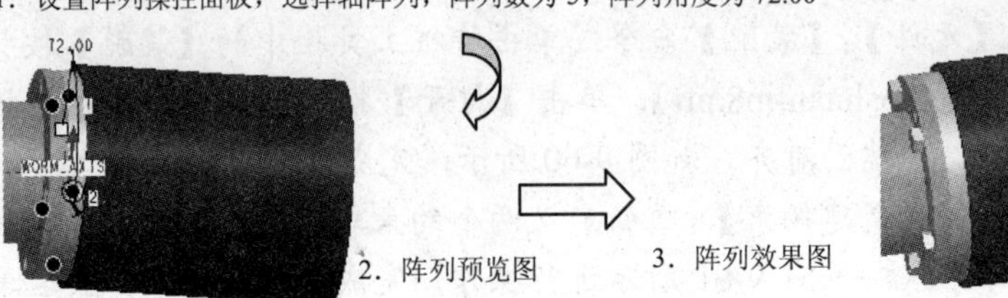

图 9-62 阵列螺栓

[4] 同理装配密封桶与传动箱体的连接螺栓，如图 9-63 所示。至此，蜗杆主动轴箱部件完成装配。

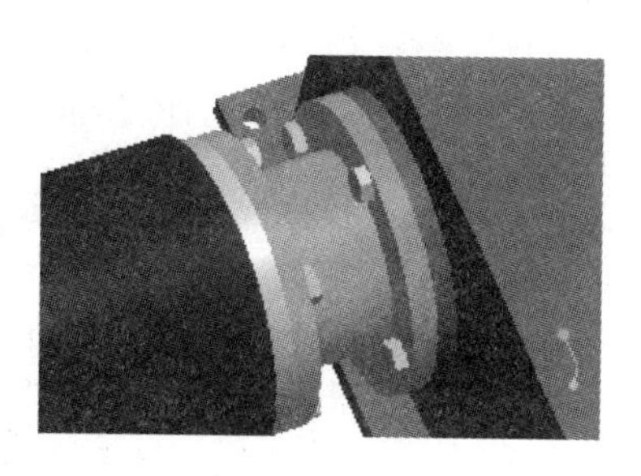
图 9-63　装配螺栓效果

[5] 选择【插入】/【元件】/【装配】命令或单击特征工具栏中的【装配】按钮，选择要添加的元件【zongcheng_chuandongzhou.prt】，单击【打开】按钮，在装配操控面板中选择传动轴箱通孔轴线与传动轴轴线对齐，如图 9-64 所示，完成第一步约束。

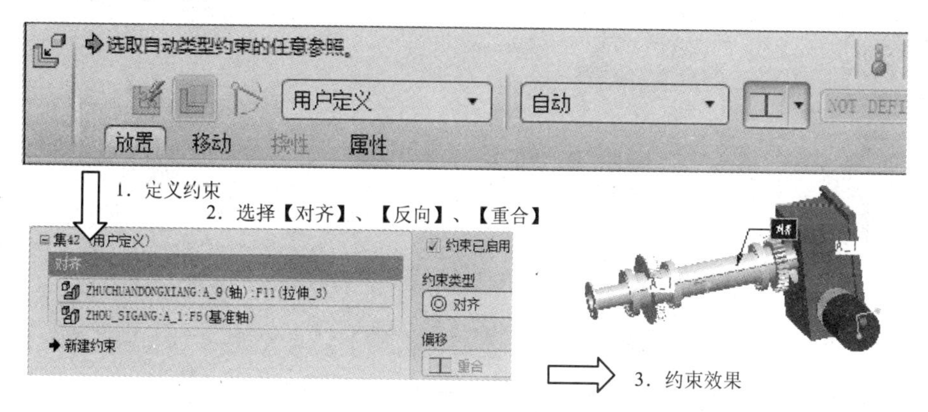

图 9-64　元件装配第一步约束

[6] 在定义约束中单击【新建约束】，重新定义两个约束单元——选择传动轴上轴钻杆一侧的轴承 d40 外侧与箱体外侧对齐，选择偏移 10.00。按照图 9-65 所示进行操作，完成第二步约束。最后单击按钮，完成元件的装配。

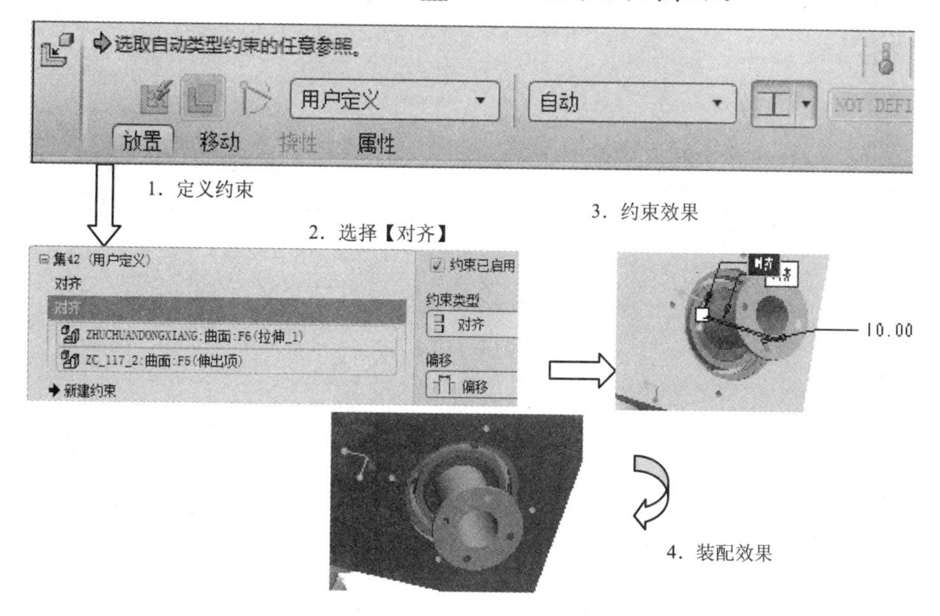

图 9-65　元件装配第二步约束

[7] 选择【插入】/【元件】/【装配】命令或单击特征工具栏中的【装配】按钮，选择要添加的元件【zhouchuandongxiang_gai.prt】，单击【打开】按钮，在装配操控在板中选择箱盖下端面与箱体上端面对齐，如图 9-66 所示，完成第一步约束。

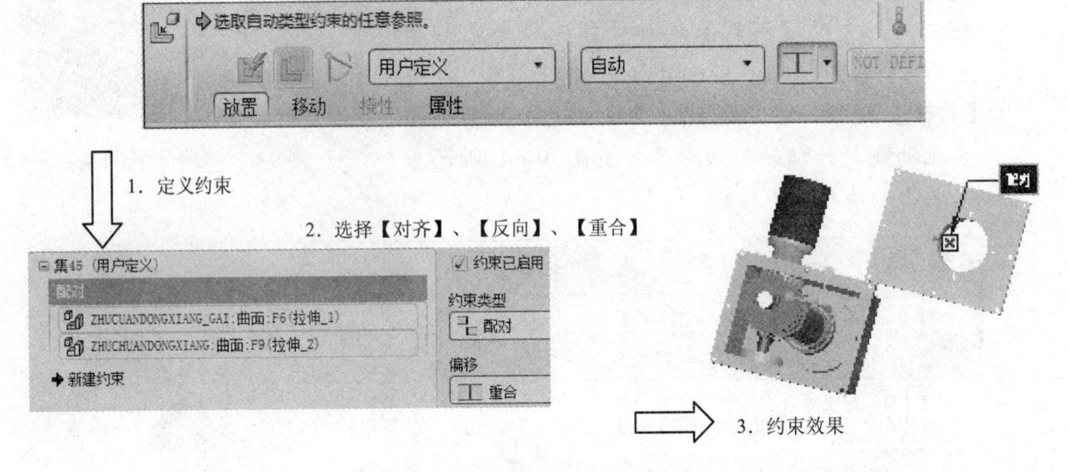

图 9-66　元件装配第一步约束

[8] 在定义约束中单击【新建约束】，重新定义两个约束单元——选择箱盖上靠近孔的短边端面和箱体上对应的短边端面对齐。按照图 9-67 所示进行操作，完成第二步约束。

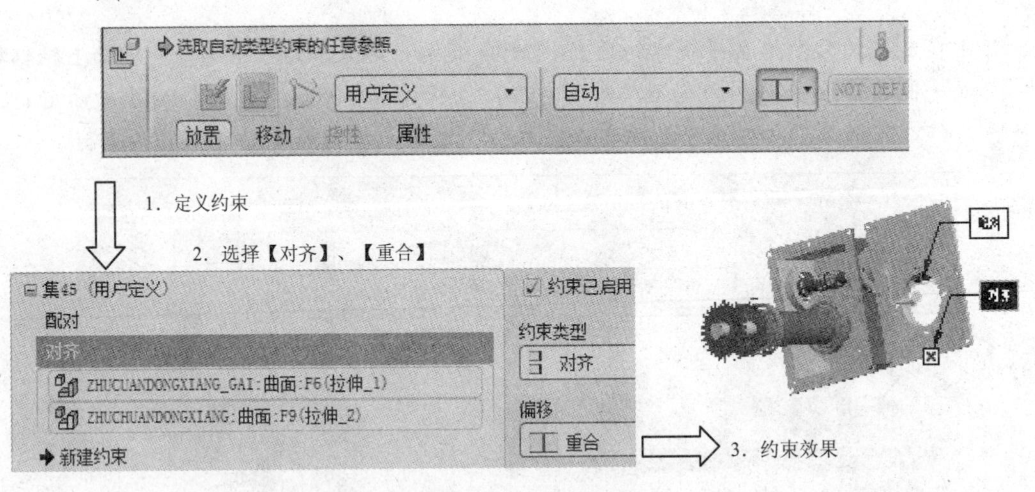

图 9-67　元件装配第二步约束

[9] 在定义约束中单击【新建约束】，重新定义两个约束单元——选择两孔的中心轴线对齐。按照图 9-68 所示进行操作，完成第三步约束。最后单击按钮，完成元件的装配。至此完成了蜗杆主动轴箱和内部工作主动轴的装配设计，保存文件。

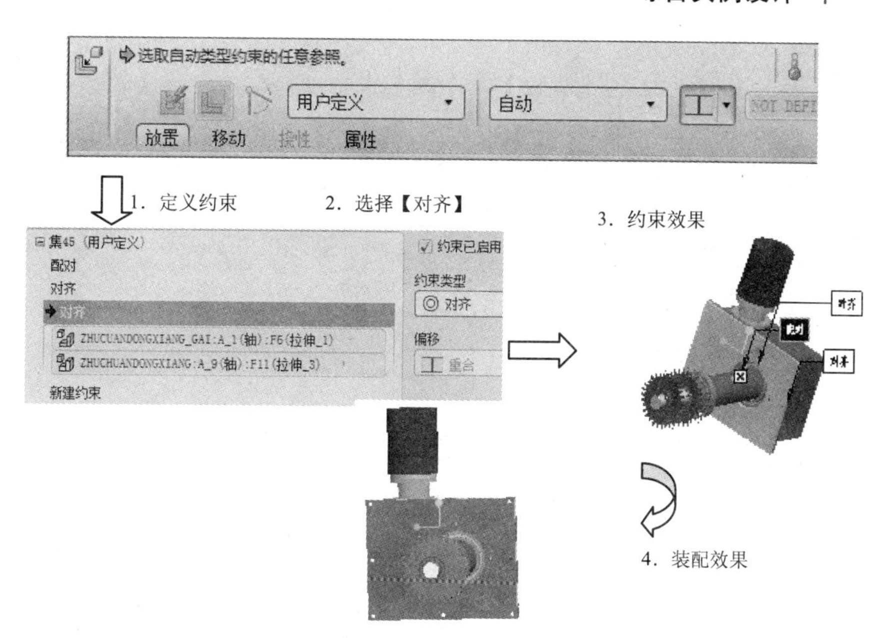

图 9-68 元件装配第三步约束

9.3 钻头及其外围设备装配设计

设计要求

拟设计钻头及其外围设备的装配，其三维造型如图 9-69 所示。

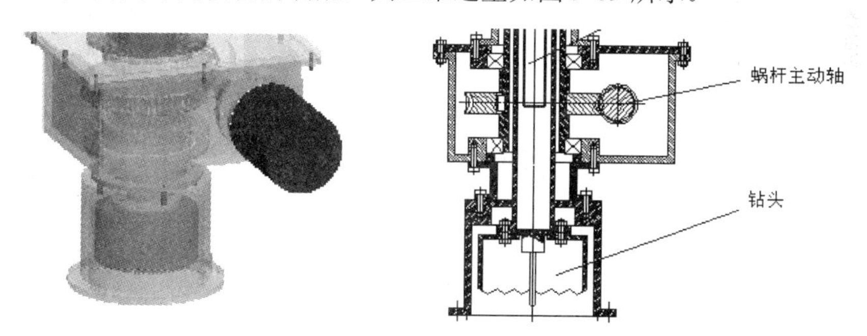

图 9-69 钻头及其外围设备的装配

设计过程

[1] 单击【新建】按钮，或选择【文件】/【新建】命令，在弹出的对话框中选中【组件】单选按钮，输入文件名 zuanti，取消选中【使用缺省模板】复选框，单击 确定 按钮。将模板设置为【mmns_asm_design】，其单位为【米制】，单击 确定 按钮，进入装配界面。

[2] 选择【插入】/【元件】/【装配】命令或单击特征工具栏中的【装配】按钮，选择要添加的元件【zhouchuandongxiang.prt】，单击【打开】按钮，在装配操控面板

中直接单击✓按钮。

[3] 选择【插入】/【元件】/【装配】命令或单击特征工具栏中的【装配】按钮，选择要添加的元件【zhongxinzuan.prt】，单击【打开】按钮，在装配操控面板中选择中心钻内侧大端面与轴钻杆外端面对齐，如图 9-70 所示，完成第一步约束。

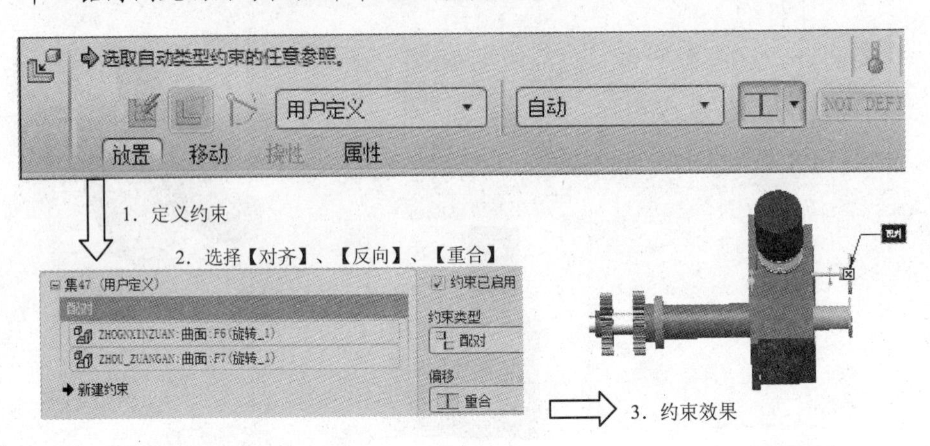

图 9-70　元件装配第一步约束

[4] 在定义约束中单击【新建约束】，重新定义两个约束单元——选择两体中心轴线对齐。按照图 9-71 所示进行操作，完成第二步约束。最后单击✓按钮，完成元件的装配。

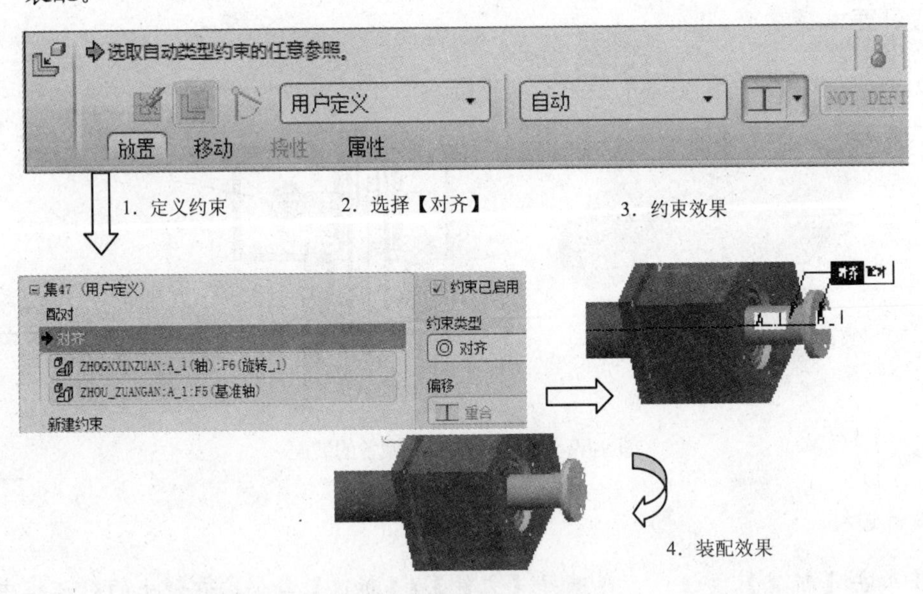

图 9-71　元件装配第二步约束

[5] 选择【插入】/【元件】/【装配】命令或单击特征工具栏中的【装配】按钮，选择要添加的元件【mifengtong.prt】，单击【打开】按钮，在装配操控面板中选择密封桶大圆端面和箱体端面对齐，如图 9-72 所示，完成第一步约束。

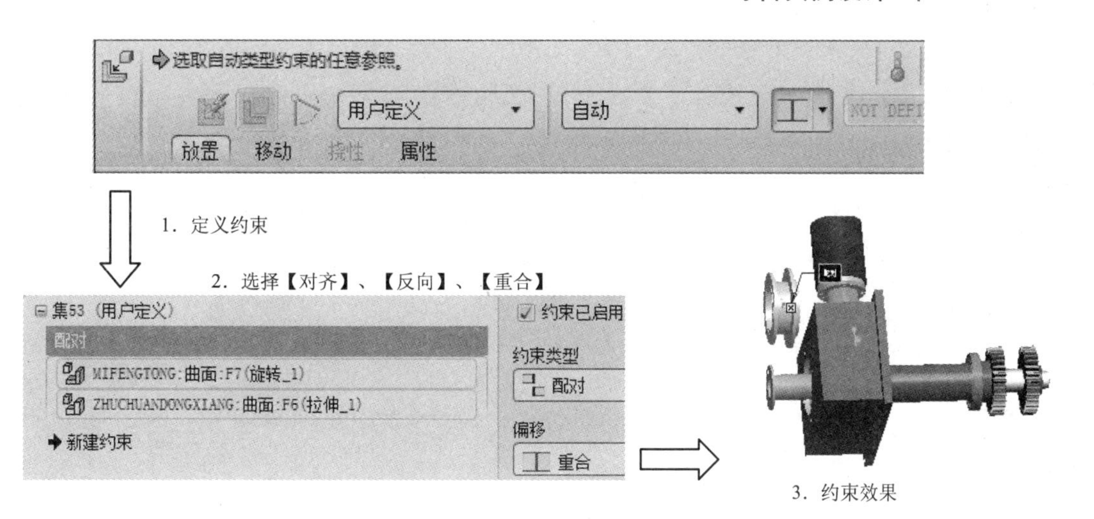

图 9-72　元件装配第一步约束

[6] 在定义约束中单击【新建约束】，重新定义两个约束单元——选择密封桶和箱体孔中心轴线对齐。按照图 9-73 所示进行操作，完成第二步约束。最后单击✓按钮，完成元件的装配。

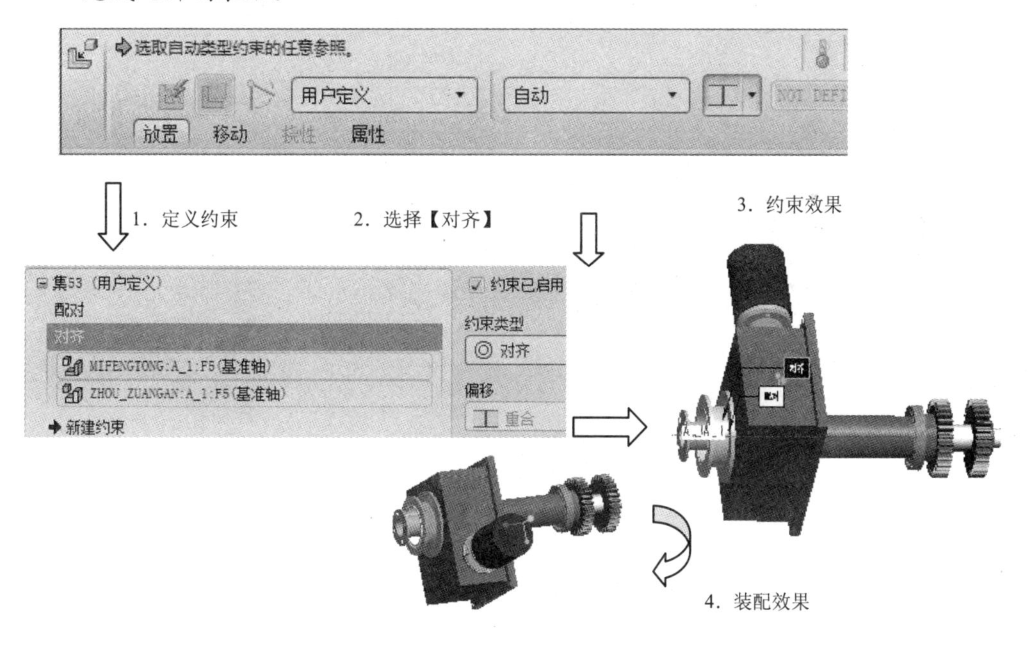

图 9-73　元件装配第二步约束

[7] 选择【插入】/【元件】/【装配】命令或单击特征工具栏中【装配】按钮，选择要添加的元件【zhongxinzuan.prt】，单击【打开】按钮，在装配操控面板中选择中心钻大端面和传动轴端面对齐，如图 9-74 所示，完成第一步约束。

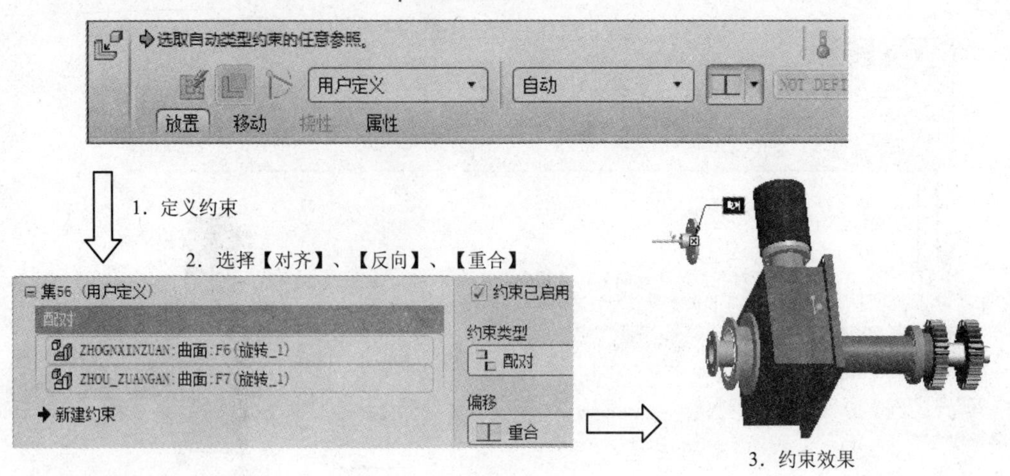

图 9-74 元件装配第一步约束

[8] 在定义约束中单击【新建约束】，重新定义两个约束单元——选择两体中心轴线对齐。按照图 9-75 所示进行操作，完成第二步约束。最后单击☑按钮，完成元件的装配。

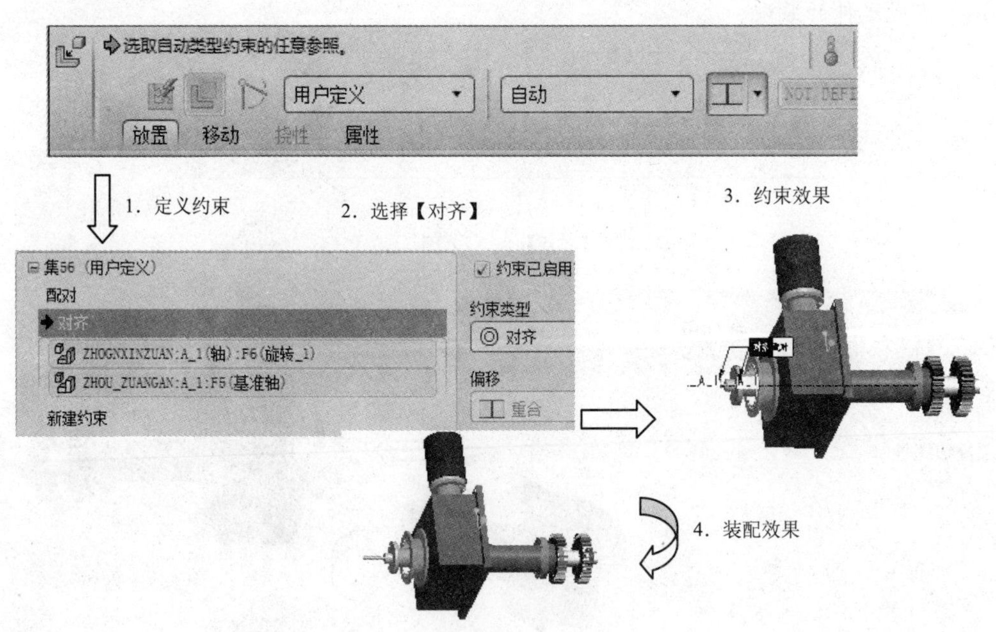

图 9-75 元件装配第二步约束

[9] 选择【插入】/【元件】/【装配】命令或单击特征工具栏中的【装配】按钮，选择要添加的元件【tongxingdao.prt】，单击【打开】按钮，在装配操控面板中选择通行道大端面和中心钻端面对齐，如图 9-76 所示，完成第一步约束。

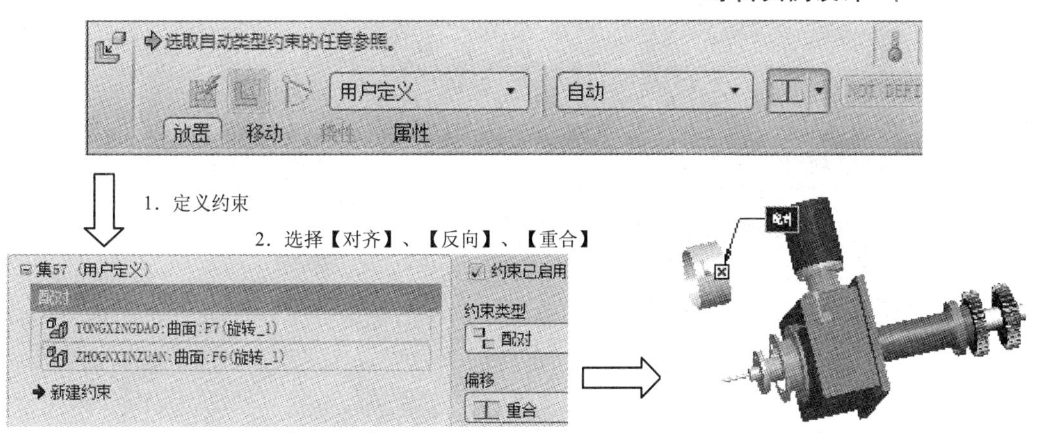

图 9-76　元件装配第一步约束

[10] 在定义约束中单击【新建约束】，重新定义两个约束单元——选择两体中心轴线对齐。按照图 9-77 所示进行操作，完成第二步约束。最后单击✓按钮，完成元件的装配。

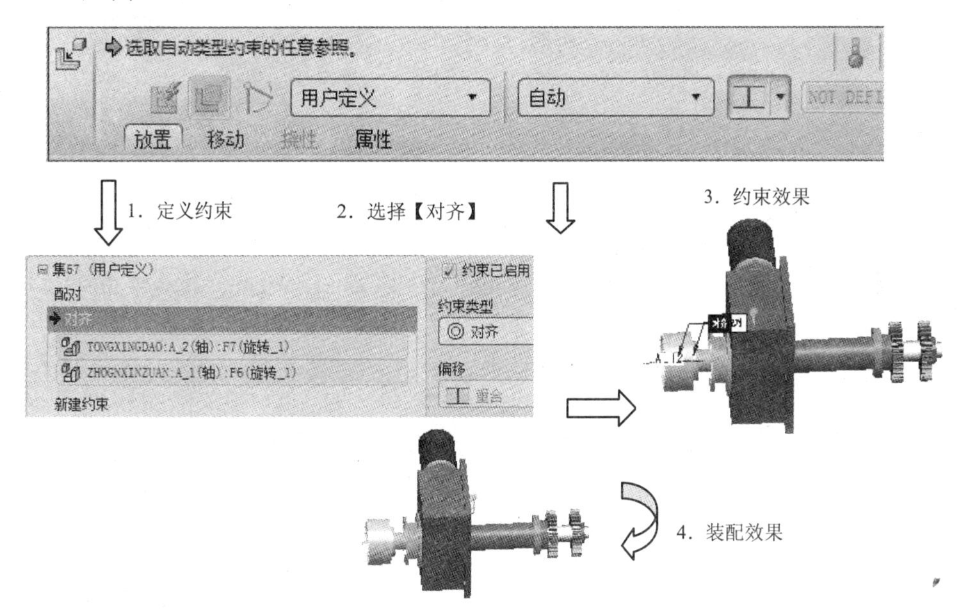

图 9-77　元件装配第二步约束

[11] 选择【插入】/【元件】/【装配】命令或单击特征工具栏中【装配】按钮，选择要添加的元件【daojumifengtong.prt】，单击【打开】按钮，在装配操控面板中选择刀具密封桶和密封桶端面对齐，如图 9-78 所示，完成第一步约束。

[12] 在定义约束中单击【新建约束】，重新定义两个约束单元——选择两体中心轴线对齐。按照图 9-79 所示进行操作，完成第二步约束。

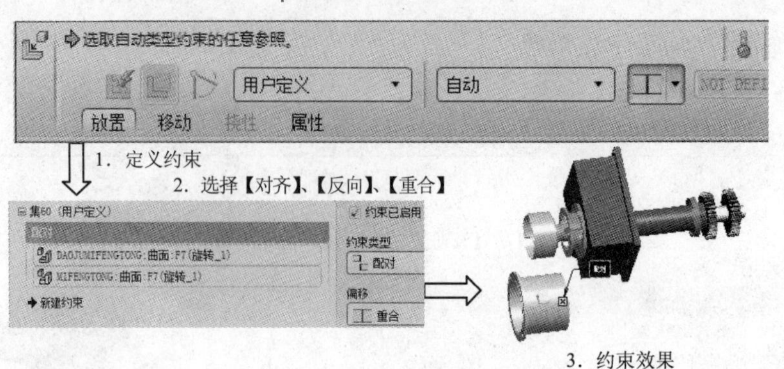

图 9-78　元件装配第一步约束

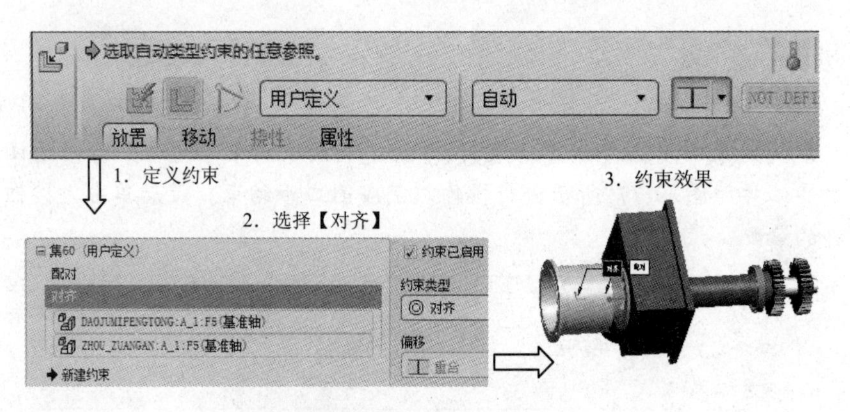

图 9-79　元件装配第二步约束

[13] 在定义约束中单击【新建约束】，重新定义两个约束单元——选择两体中螺栓孔轴线对齐。按照图 9-80 所示进行操作，完成第三步约束。最后单击☑按钮，完成元件的装配。至此完成了钻体零件的装配设计。

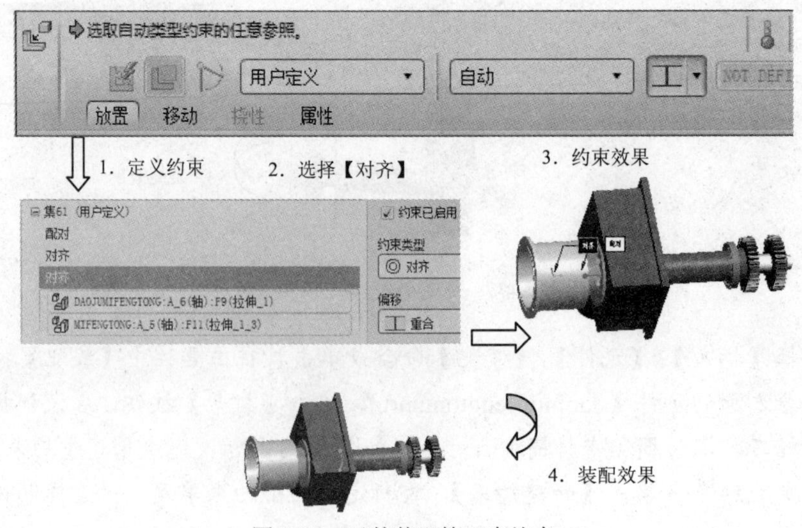

图 9-80　元件装配第三步约束

9.4 外围零件的总体装配设计

设计要求

设计钻机的外围零件的装配，主要是指上面的外壳体和外壳体与蜗杆箱体间的连接零件，以及所有的螺纹连接。

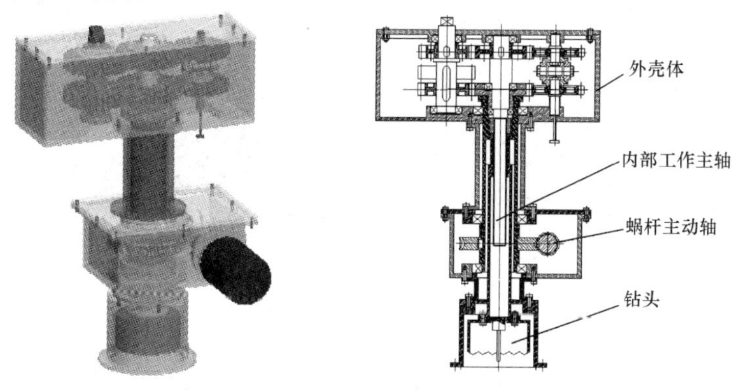

图 9-81　元件装配第三步约束

设计过程

[1] 单击【新建】按钮，或选择【文件】/【新建】命令，在弹出的对话框中选中【组件】单选按钮，输入文件名 zongti，取消选中【使用缺省模板】复选框，单击确定按钮。将模板设置为【mmns_asm_design】，其单位为【米制】，单击确定按钮，进入装配界面。

[2] 选择【插入】/【元件】/【装配】命令或单击特征工具栏中的【装配】按钮，选择要添加的元件【zuanti.asm】，单击【打开】按钮，在装配操控面板中直接单击按钮。

[3] 选择【插入】/【元件】/【装配】命令或单击特征工具栏中【装配】按钮，选择要添加元件【jiti_ke.prt】，单击【打开】按钮，在装配操控面板中选择刀具密封桶和密封桶端面对齐，如图 9-82 所示，完成第一步约束。

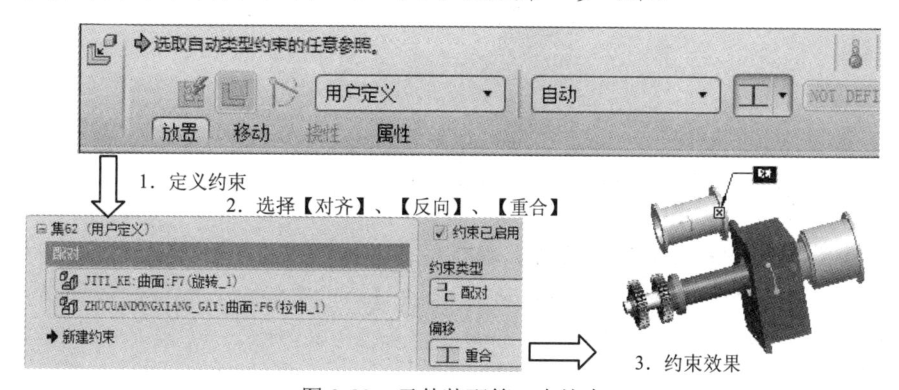

图 9-82　元件装配第一步约束

[4] 在定义约束中单击【新建约束】，重新定义两个约束单元——选择两体中心轴线对齐。按照图 9-83 所示进行操作，完成第二步约束。

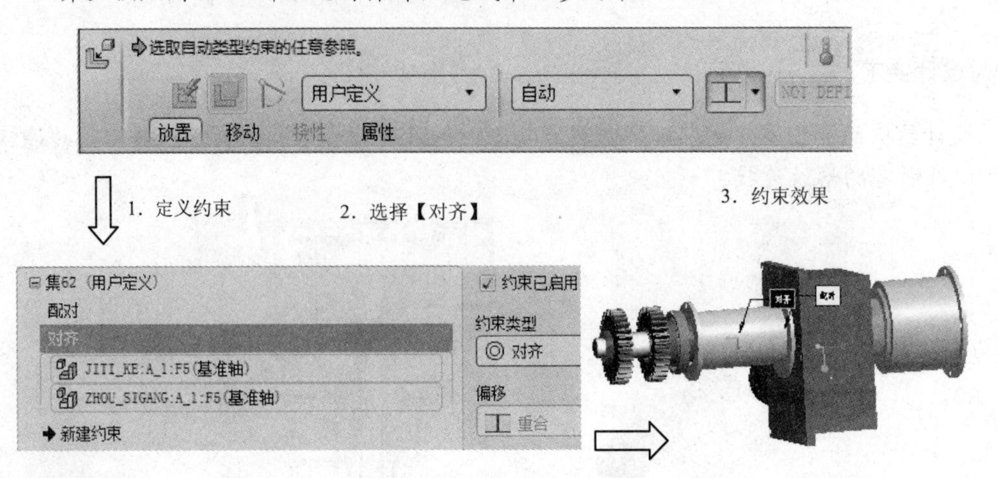

图 9-83　元件装配第二步约束

[5] 在定义约束中单击【新建约束】，重新定义两个约束单元——选择两体中螺栓孔轴线对齐。按照图 9-84 所示进行操作，完成第三步约束。最后单击✔按钮，完成元件的装配。

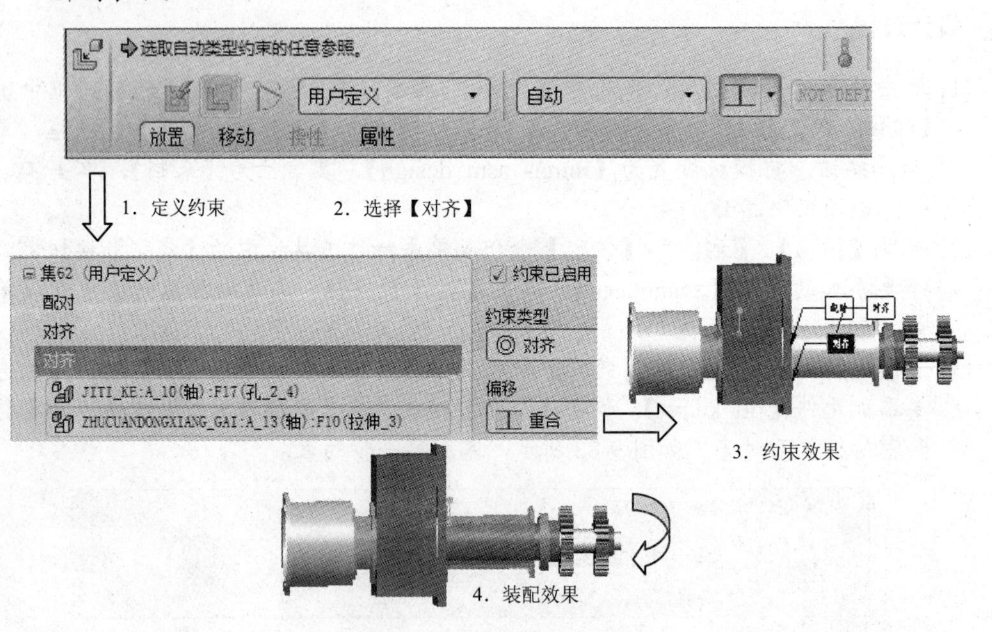

图 9-84　元件装配第三步约束

[6] 选择【插入】/【元件】/【装配】命令或单击特征工具栏中的【装配】按钮，选择要添加的元件【luoshuan_m8.prt】，单击【打开】按钮，在装配操控面板中选择螺栓螺帽下端面和轴传动箱上端面对齐，如图 9-85 所示，完成第一步约束。

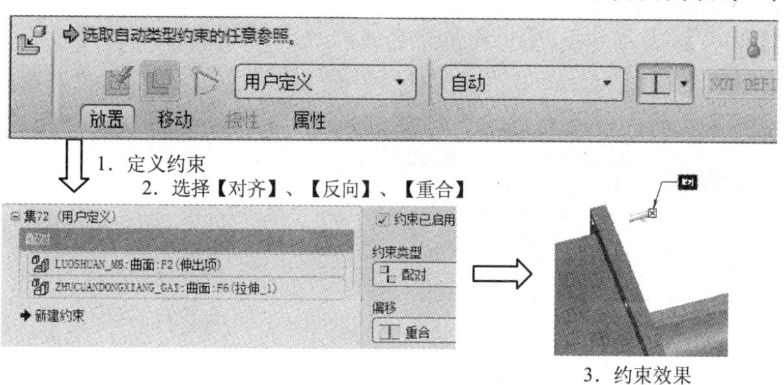

图 9-85　元件装配第一步约束

[7] 在定义约束中单击【新建约束】，重新定义两个约束单元——选择螺栓轴线和螺孔轴线对齐。按照图 9-86 所示进行操作，完成第二步约束。最后单击✓按钮，完成元件的装配。

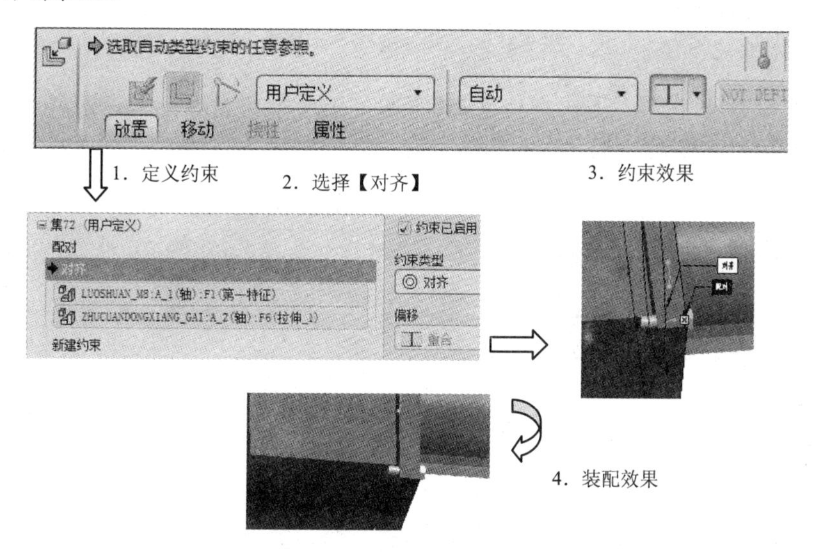

图 9-86　元件装配第二步约束

[8] 同理装配轴传动箱盖上的另外 7 个螺栓，装配效果如图 9-87 所示。

图 9-87　箱盖螺栓装配效果

[9] 选择【插入】/【元件】/【装配】命令或单击特征工具栏中的【装配】按钮，选择要添加的元件【luoshuan_m8.prt】，单击【打开】按钮，在装配操控面板中选择螺栓螺帽下端面和密封筒上端面对齐，如图 9-88 所示，完成第一步约束。

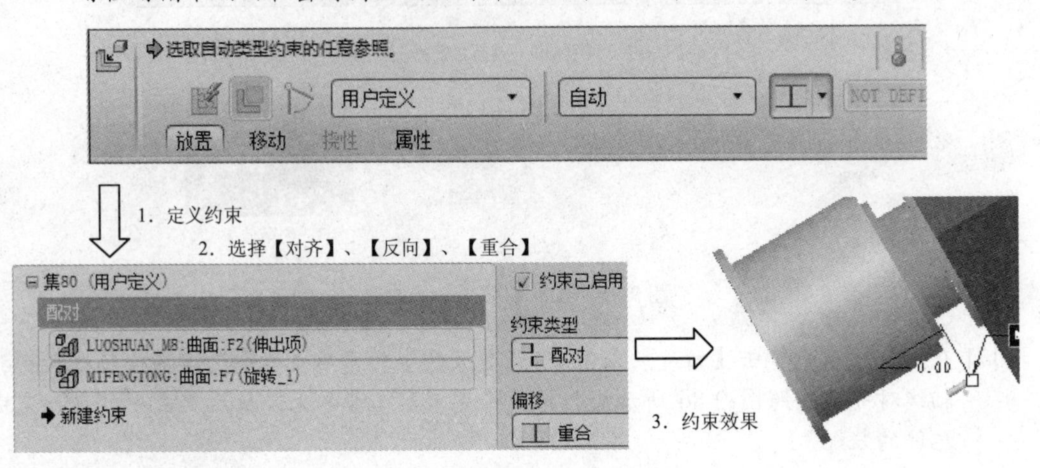

图 9-88 元件装配第一步约束

[10] 在定义约束中单击【新建约束】，重新定义两个约束单元——选择螺栓轴线和螺孔轴线对齐。按照图 9-89 所示进行操作，完成第二步约束。最后单击按钮，完成元件的装配。

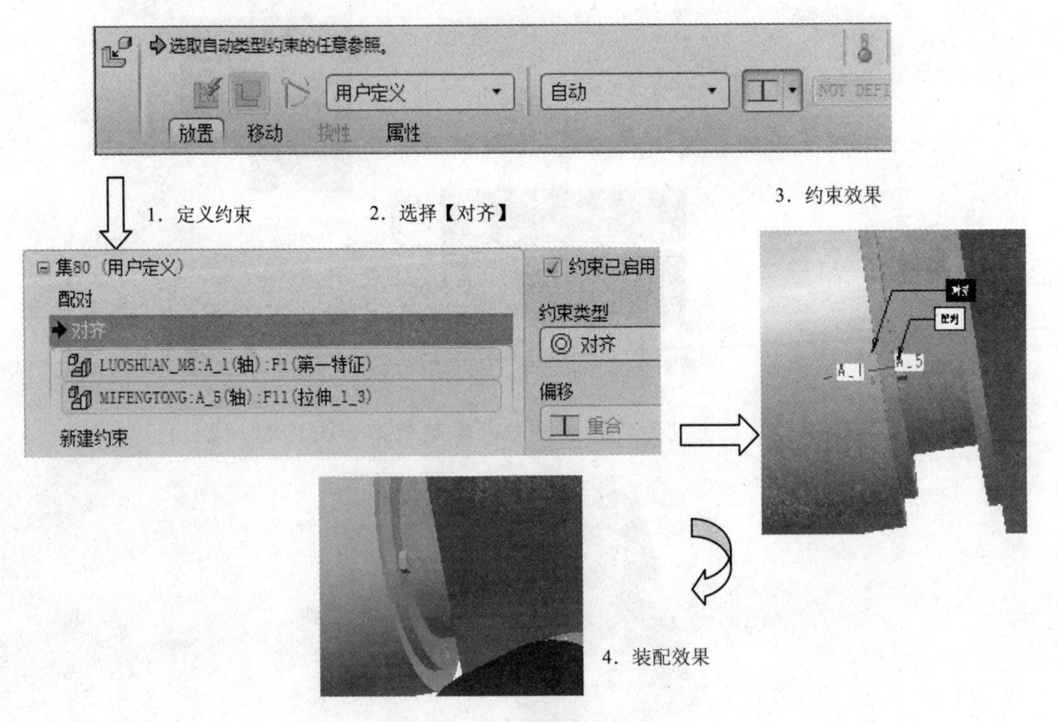

图 9-89 元件装配第二步约束

[11] 选择上步所装配的螺栓，进行轴阵列得到如图 9-90 所示的阵列效果。

图 9-90　密封筒螺栓阵列效果

至此完成了装配，保存文件。

9.5　思考与练习

1. 思考题

（1）在创建复杂装配体设计时，有哪些装配设计方式？请仔细比较不同装配体装配方法之间的差异和各自的优势。

（2）在复杂装配设计中，如何使用自行设计的基准面和基准轴？

2. 操作题

为了帮助读者尽快掌握利用 Pro/E 进行三维造型设计的技能，下面给出一个练习题目，拟设计一工业机器人，其三维模型如图 9-91 所示，其平面结构如图 9-92 所示。希望读者对照例子，依据书中讨论的设计思路，分析该设计，细心领悟其中的技巧。

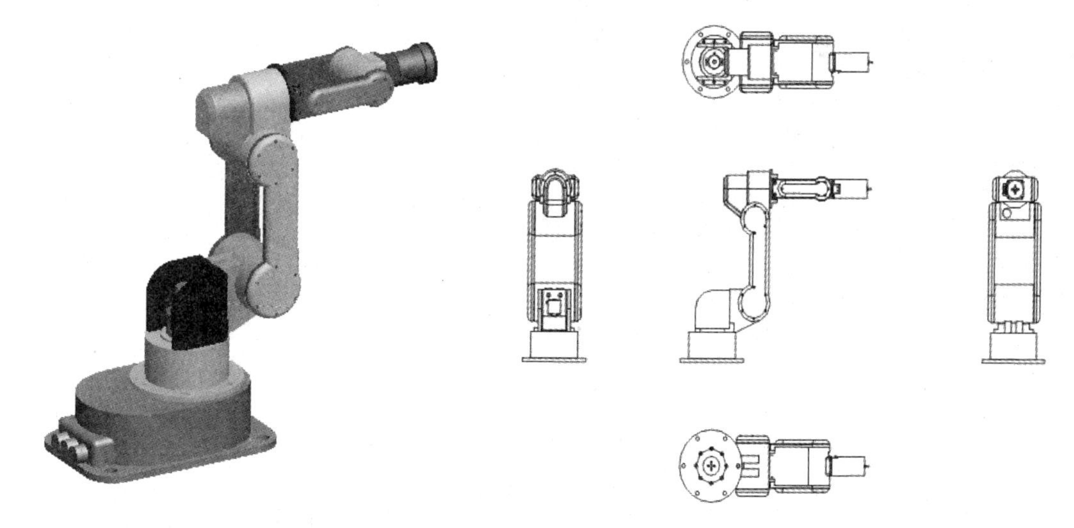

图 9-91　工业机器人三维造型　　图 9-92　工业机器人平面结构图

读者意见反馈表

书名：Pro/Engineer 野火版 5.0 实用教程　　**主编：**张忠林　　**策划编辑：**张　凌

谢谢您关注本书！烦请填写该表。您的意见对我们出版优秀教材、服务教学，十分重要。如果您认为本书有助于您的教学工作，请您认真地填写表格并寄回。**我们将定期给您发送我社相关教材的出版资讯或目录，或者寄送相关样书。**

个人资料

姓名________年龄____联系电话__________（办）__________（宅）______________（手机）

学校______________________________专业__________职称/职务________________

通信地址____________________________邮编__________E-mail________________________

您校开设课程的情况为：

本校是否开设相关专业的课程　□是，课程名称为____________________________________　□否

您所讲授的课程是______________________________________课时______________________

所用教材______________________________出版单位__________________印刷册数__________

本书可否作为您校的教材？

□是，会用于____________________________课程教学　　□否

影响您选定教材的因素（可复选）：

□内容　□作者　□封面设计　□教材页码　□价格　□出版社

□是否获奖　□上级要求　□广告　□其他____________________________________

您对本书质量满意的方面有（可复选）：

□内容　□封面设计　□价格　□版式设计　□其他____________________

您希望本书在哪些方面加以改进？

□内容　□篇幅结构　□封面设计　□增加配套教材　□价格

可详细填写：____

____

您还希望得到哪些专业方向教材的出版信息？

____

感谢您的配合，可将本表按以下方式反馈给我们：

【方式一】电子邮件：登录华信教育资源网（http://www.hxedu.com.cn/resource/OS/zixun/zz_reader.rar）下载本表格电子版，填写后发至 ve@phei.com.cn

【方式二】邮局邮寄：北京市万寿路 173 信箱华信大厦 1302 室　职业教育分社（邮编：100036）

如果您需要了解更详细的信息或有著作计划，请与我们联系。

电话：010-88254583

反侵权盗版声明